职高专计算机系列

MySQL 数据库原理及应用

The Principle and Application of MySQL Database

武洪萍 马桂婷 ◎ 编著

人民邮电出版社
北京

图书在版编目（CIP）数据

MySQL数据库原理及应用 / 武洪萍，马桂婷编著. -- 北京 : 人民邮电出版社，2014.9 (2017.1 重印)
工业和信息化人才培养规划教材. 高职高专计算机系列
ISBN 978-7-115-35759-5

Ⅰ. ①M… Ⅱ. ①武… ②马… Ⅲ. ①关系数据库系统－高等职业教育－教材 Ⅳ. ①TP311.138

中国版本图书馆CIP数据核字(2014)第165323号

内容提要

本书基于 MySQL 重点介绍数据库系统的基本概念、基本原理和基本设计方法，以面向工作过程的教学方法为导向，合理安排各章节的内容。本书突出适用性，减少了理论知识的介绍，并设计了大量的课堂实践和课外拓展，符合高职教育的特点。

本书分 4 个模块，模块 1（第 1 章、第 2 章）讲述从理论层次设计数据库；模块 2（第 3 章）讲述基于 MySQL 创建数据库；模块 3（第 4 章、第 5 章）讲述数据库的应用；模块 4（第 6 章）讲述 MySQL 数据库的高级管理。

本书可作为高职高专院校、成人教育类院校数据库原理及应用课程的教材，同时也可以供参加自学考试的人员、数据库应用系统开发设计人员、工程技术人员及其他相关人员参阅。对于非计算机专业的本科学生，如果希望学到关键、实用的数据库技术，也可采用本书作为教材。

◆ 编　　著　武洪萍　马桂婷
　责任编辑　王　平
　责任印制　杨林杰
◆ 人民邮电出版社出版发行　　北京市丰台区成寿寺路 11 号
　邮编　100164　　电子邮件　315@ptpress.com.cn
　网址　http://www.ptpress.com.cn
　北京鑫正大印刷有限公司印刷
◆ 开本：787×1092　1/16
　印张：17.5　　2014 年 9 月第 1 版
　字数：437 千字　　2017 年 1 月北京第 6 次印刷

定价：44.00 元

读者服务热线：(010)81055256　印装质量热线：(010)81055316
反盗版热线：(010)81055315

前 言 PREFACE

数据库技术是目前计算机领域发展最快、应用最广泛的技术，它的应用遍及各行各业，大到企业级应用程序，如全国联网的飞机票、火车票订票系统、银行业务系统；小到个人的管理信息系统，如家庭理财系统。在互联网流行的动态网站中，数据库的应用也已经非常广泛。学习和掌握数据库的基础知识和基本技能、利用数据库系统进行数据处理是大学生必须具备的基本能力。

本书是编著者在总结了多年数据库应用开发经验与一线教学经验的基础上编写的。本书还在数据库原理及应用省级精品课程建设的基础上，以一个实际的开发项目（学生管理系统）为中心，全面介绍数据库的设计及应用等数据库开发所需的各种知识和技能。通过学习，读者可以快速、全面地掌握 MySQL 数据库管理和开发技术。本书具有以下特色。

（1）进行“面向工作过程”和“任务驱动”的学习情境设计。在数据库原理及应用省级精品课程建设的基础上，编者对用人单位及相关企业进行了大量的走访及调研，在对相关岗位职业能力需求分析的基础上，设计了面向工作过程的学习情境。每一个学习情境都是一个完整的工作过程，在该过程中，既锻炼了学生的职业能力，也培养了学生的职业素质。本书将学习情境贯穿到每个章节中。

（2）真实的项目驱动。在真实数据库管理项目的基础上，将数据库的设计、建立、应用等贯穿到整个教材中，使学生在学习过程中体验数据库应用系统的开发环节。

（3）对知识结构进行了合理整合。本书共分 4 个模块：数据库的设计、数据库的建立、数据库的应用和 MySQL 数据库系统的高级管理。其中，数据库的设计包括第 1 章和第 2 章内容，即数据库的理解、关系运算、数据模型、数据库的设计、规范化等内容被整合为一个模块；数据库的建立模块（第 3 章）包括在 MySQL 中创建数据库和维护数据库；数据库的应用由数据库的基本应用和高级应用两大部分组成，其中，数据库的基本应用（第 4 章）包括管理表、数据查询及数据更新；高级应用（第 5 章）包括索引、视图、存储过程和函数、触发器、游标、事务、锁、SQL 编程基础等内容；MySQL 数据库的高级管理（第 6 章）包括数据库的安全性和数据的备份与恢复。整合以后，知识点更加紧凑。

（4）理论实践一体化。重新组织教学内容，将知识讲解和技能训练设计在同一教学单元，融“教、学、做”于一体。每一个知识模块均进行任务分析，提出课堂任务，然后由教师演示任务完成过程，再让学生模仿完成类似的任务，体现“做中学，学中做，学以致用”的教学理念。每个模块都精心设计了课堂实践和课外拓展内容，以及有针对性的习题，非常适合教师的教和学生的学。

（5）本书选用 MySQL 作为数据库平台。MySQL 因其稳定、可靠、快速、管理方便以及支持众多系统平台的特点，成为世界上最流行的开源数据库之一。目前国内很多大型的网络公司也选择了 MySQL 数据库，足以证明其强大的生命力。书中对数据库的操作不单纯是命令操作，又加上了使用图形管理工具操作数据库，有利于初学者轻松学习。

本书章节课时安排建议：

序号	教学模块	课时	知识要点与教学重点	合计
1	知识准备（1）	2	数据及数据模型	6
		2	关系代数	
		2	数据库的构成	
2	知识准备（2）	2	需求分析、概念设计（一）	8
		2	概念设计（二）	
		2	结构设计	
		2	规范化、物理设计	
3	课堂实践	2	数据库的设计	2
4	知识准备（3）	2	MySQL 的安装；数据库的创建与维护	2
5	课堂实践	2	MySQL 的安装；数据库的创建与维护	2
6	知识准备（4）	2	管理表	12
		2	单表无条件查询和有条件查询	
		2	聚集函数、分组、排序	
		2	多表查询	
		2	嵌套查询	
		2	数据更新	
7	课堂实践	2	表的管理	12
		2	简单查询（1）	
		2	简单查询（2）	
		2	多表查询	
		2	嵌套查询	
		2	数据更新	
8	知识准备（5）	2	索引和视图	10
		2	SQL 编程基础	
		2	存储过程和存储函数	
		2	触发器	
		2	事务、锁	
9	课堂实践	2	索引与视图	10
		2	SQL 语言基础	
		2	存储过程和存储函数	
		2	触发器的使用	
		2	游标和事务的使用	

续表

序号	教学模块	课时	知识要点与教学重点	合计
10	知识准备（6）	2	数据库的用户管理	4
		2	备份和恢复、MySQL 日志的管理	
11	课堂实践	2	数据库的用户管理	4
		2	数据库的备份与恢复、MySQL 日志的管理	
学时总合计：				72

本书由山东信息职业技术学院的武洪萍和马桂婷编著，负责整体结构的设计及全书统稿。参加编写的还有潍坊市社会保险事业管理中心的李永臣，山东信息职业技术学院的王在云和梁宇琪、潍坊职业学院的徐春华。本书的第 1 章、第 4 章、第 5 章由武洪萍和李永臣编写，第 2 章、第 3 章由马桂婷和梁宇琪编写，第 6 章由徐春华和王在云编写。山东师创软件工程有限公司的高级工程师于林平以及北京传智播客教育科技有限公司的总经理黎活明也参与了本书的编写，他们提供了大量的案例，对本书的结构和内容提出了建议。在此表示感谢。

为了便于读者学习，本书免费提供电子教案、示例数据库和习题答案等，请登录 www.ptpedu.com.cn 下载。

由于编者水平所限，书中难免有疏漏和欠缺之处，敬请广大读者提出宝贵意见。

编者联系方式：wuhongp@126.com（武洪萍）、hfmgting@126.com（马桂婷）。

编著者

2014 年 5 月

目 录 CONTENTS

第1章 理解数据库 1

第2章 设计数据库 26

第3章 创建数据库 61

第 4 章 数据库的基本应用 97

第 5 章 数据库的高级应用 166

PART 1

第 1 章 理解数据库

任务要求：

在学习设计和使用数据库之前，需要理解数据库的基本概念和基本原理。

学习目标：

- 数据库基本概念
- 数据模型相关概念
- 关系模型和关系运算
- 数据库系统的组成及结构

学习情境：

为了方便对学生信息的管理，设计人员需要设计并创建一个数据库。在设计数据库之前，设计人员必须理解数据库的基本概念和基本原理。

1.1 什么是数据

【任务分析】

设计人员要理解数据库的基本概念和基本原理，首先需要理解数据、信息及数据处理。

【课堂任务】

本节要理解的相关概念如下。

- 信息和数据
- 数据处理

1.1.1 信息和数据

1．信息

计算机技术的发展把人类推进到信息社会，同时也将人类社会淹没在信息的海洋中。什么是信息？信息（Information）就是对各种事物的存在方式、运动状态和相互联系特征的一种表达和陈述，是自然界、人类社会和人类思维活动普遍存在的一切物质和事物的属性，它存在于人们的周围。

2．数据

数据（Data）是用来记录信息的可识别的符号，是信息的具体表现形式。数据用型和值来表示，数据的型是指数据内容存储在媒体上的具体形式；值是指所描述的客观事物的具体特性。可以用多种不同的数据形式表示同一信息，信息不随数据形式的不同而改变。如一个人的身高可以表示为“1.80”或“1 米 8”，其中“1.80”和“1 米 8”是值，但这两个值的型是不一样的，一个用数字来描述，而另一个用字符来描述。

数据不仅包括数字、文字形式，而且还包括图形、图像、声音、动画等多媒体数据。

1.1.2 数据处理

数据处理是指将数据转换成信息的过程，也称信息处理。

数据处理的内容主要包括数据的收集、组织、整理、存储、加工、维护、查询和传播等一系列活动。数据处理的目的是从大量的数据中，根据数据自身的规律和它们之间固有的联系，通过分析、归纳、推理等科学手段，提取出有效的信息资源。

例如，学生的各门成绩为原始数据，可以经过计算提取出平均成绩、总成绩等信息，其中的计算过程就是数据处理。

数据处理的工作分为以下 3 个方面。

（1）数据管理。它的主要任务是收集信息，将信息用数据表示并按类别组织保存。数据管理的目的是快速、准确地提供必要的可能被使用和处理的数据。

（2）数据加工。它的主要任务是对数据进行变换、抽取和运算。通过数据加工得到更加有用的数据，以指导或控制人的行为或事务的变化趋势。

（3）数据传播。通过数据传播，信息在空间或时间上以各种形式传递。在数据传播过程中，数据的结构、性质和内容不发生改变。数据传播会使更多的人得到信息，并且更加理解信息的意义，从而使信息的作用充分发挥出来。

1.2 数据描述

【任务分析】

为了使用计算机来管理现实世界的事物，技术人员必须将要管理的学生信息转换为计算机能够处理的数据。在理解了数据、信息及数据处理的概念后，要明确怎样得到需要的数据。

【课堂任务】

本节要理解客观存在的事物转换为计算机存储的数据需经历的3个领域及相关概念。

- 现实世界
- 信息世界及相关术语
- 数据世界

人们把客观存在的事物以数据的形式存储到计算机中，经历了3个领域：现实世界、信息世界和数据世界。

1.2.1 现实世界

现实世界是存在于人们头脑之外的客观世界。现实世界存在各种事物，事物与事物之间存在联系，这种联系是由事物本身的性质决定的。例如，学校中有教师、学生、课程，教师为学生授课，学生选修课程并取得成绩；图书馆中有图书、管理员和读者，读者借阅图书，管理员对图书和读者进行管理等。

1.2.2 信息世界

信息世界是现实世界在人们头脑中的反映，人们把它用文字或符号记载下来。在信息世界中，有以下与数据库技术相关的术语。

1．实体（Entity）

客观存在并且可以相互区别的事物称为实体。实体可以是具体的事物，也可以是抽象的事件。如一个学生、一本图书等属于实际事物；教师的授课、借阅图书、比赛等活动是比较抽象的事件。

2．属性（Attribute）

描述实体的特性称为属性。一个实体可以用若干个属性来描述，如学生实体由学号、姓名、性别、出生日期等若干个属性组成。实体的属性用型（Type）和值（Value）来表示，例如，学生是一个实体，学生姓名、学号和性别等是属性的型，也称属性名；而具体的学生姓名如“张三”、“李四”，具体的学生学号如“2002010101”，描述性别的“男”、“女”等是属性的值。

3．码（Key）

唯一标识实体的属性或属性的组合称为码。例如学生的学号是学生实体的码。

4．域（Domain）

属性的取值范围称为该属性的域。例如学号的域为10位整数，姓名的域为字符串集合，年龄的域为小于28的整数，性别的域为男、女等。

5．实体型（Entity Type）

具有相同属性的实体必然具有共同的特征和性质，用实体名及其属性名的集合来抽象和刻画同类实体，称为实体型。例如，学生（学号，姓名，性别，出生日期，系）就是一个实体型。

6．实体集（Entity Set）

同类实体的集合称为实体集。例如全体学生、一批图书等。

7．联系（Relationship）

在现实世界中，事物内部以及事物之间是有联系的，这些联系在信息世界中反映为实体（型）内部的联系和实体（型）之间的联系。实体内部的联系通常是指组成实体的各属性之间的联系；实体之间的联系通常是指不同实体集之间的联系。

两个实体型之间的联系可以分为3类。

（1）一对一联系（One-to-One Relationship）。如果对于实体集A中的每一个实体，实体集B中至多存在一个实体与之联系；反之亦然，则称实体集A与实体集B之间存在一对一联系，记作1∶1。

例如，学校中一个班级只有一个正班长，而一个班长只在一个班中任职，则班级与班长之间存在一对一联系，如图 1.1（a）所示；电影院中观众与座位之间、乘车旅客与车票之间等都存在一对一的联系。

（2）一对多联系（One-to-Many Relationship）。如果对于实体集A中的每一个实体，实体集B中存在多个实体与之联系；反之，对于实体集B中的每一个实体，实体集A中至多只存在一个实体与之联系，则称实体集A与实体集B之间存在一对多的联系，记作1∶n。

例如，一个班里有很多学生，一个学生只能在一个班里注册，则班级与学生之间存在一对多联系；一个部门有许多职工，而一个职工只能在一个部门就职（不存在兼职情况），部门和职工之间存在一对多联系，如图1.1（b）所示。

（3）多对多联系（Many-to-Many Relationship）。如果对于实体集A中的每一个实体，实体集B中存在多个实体与之联系；反之，对于实体集B中的每一个实体，实体集A中也存在多个实体与之联系，则称实体集A与实体集B之间存在多对多联系，记作m∶n。

例如，一个学生可以选修多门课程，一门课程可同时由多个学生选修，则课程和学生之间存在多对多联系，如图 1.1（c）所示；一个药厂可生产多种药品，一种药品可由多个药厂生产，则药厂和药品之间存在多对多联系。

两个以上的实体集之间也存在着一对一、一对多、多对多的联系。

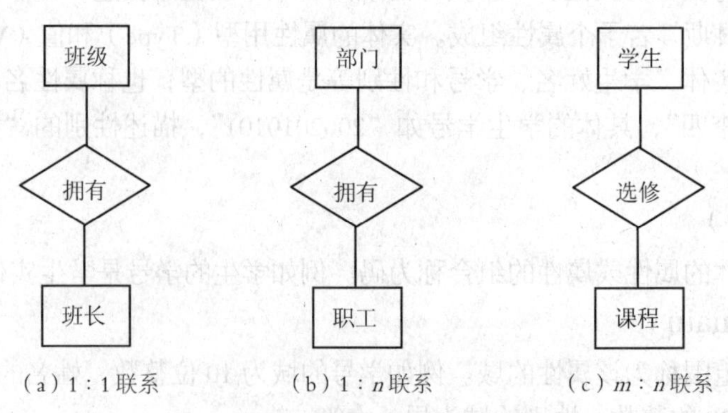

图1.1　两个实体集之间的3类联系

例如，对于课程、教师和参考书 3 个实体型，如果一门课程可以有若干位教师讲授，使用若干本参考书，而每一位教师只讲授一门课程，每一本参考书只供一门课程使用，则课程与教师、参考书之间的联系是一对多的，如图 1.2 所示。

在两个以上的多实体集之间，当一个实体集与其他实体集之间均存在多对多联系而其他实体集之间没有联系时，这种联系称为多实体集间的多对多的联系。

例如，有 3 个实体集：供应商、项目、零件。一个供应商可以供给多个项目多种零件，而每个项目可以使用多个供应商供应的零件，每种零件可由不同的供应商供给，可以看出供应商、项目、零件三者之间存在多对多的联系，如图 1.2 所示。

同一实体集内部的各实体也可以存在一对一、一对多、多对多的联系。

例如，职工实体集内部具有领导与被领导的联系，即某一职工（干部）"领导"若干名职工，而一个职工仅被另外一个职工直接领导，因此这是一对多的联系，如图 1.3 所示。

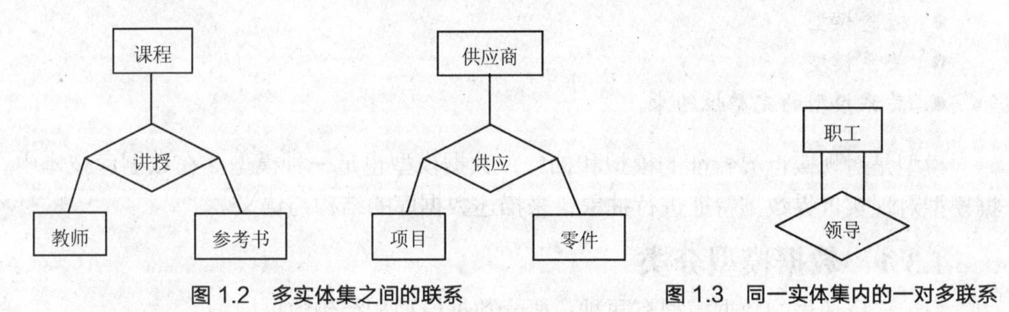

图 1.2　多实体集之间的联系　　图 1.3　同一实体集内的一对多联系

1.2.3　数据世界

数据世界又称机器世界。信息世界的信息在机器世界中以数据形式存储，在这里，每一个实体用记录表示，相应于实体的属性用数据项（又称字段）来表示，现实世界中的事物及其联系用数据模型来表示。

由此可以看出，客观事物及其联系是信息之源，是组织和管理数据的出发点。为了把现实世界中的具体事物抽象、组织为某一数据库管理系统（DBMS）支持的数据模型，人们常常首先将现实世界抽象为信息世界，然后将信息世界转换为机器世界。也就是说，首先把现实世界中的客观对象抽象为某一种信息结构，这种信息结构不依赖于具体的计算机系统，不是某一个数据库管理系统（DBMS）支持的数据模型，而是概念级的模型，然后再把概念模型转换为计算机上某一数据库管理系统（DBMS）支持的数据模型，这一过程如图 1.4 所示。

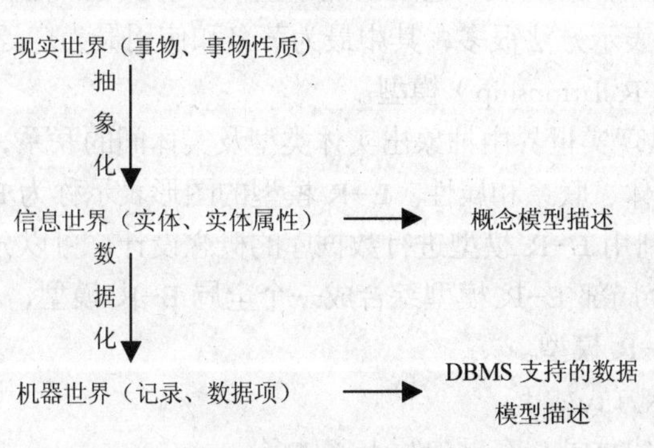

图 1.4　现实世界中客观对象的抽象过程

1.3 数据模型

【任务分析】

设计人员已经理解如何将客观存在的事物转换为计算机存储的数据，接下来需要做的工作是选择一种数据在计算机中的组织模式。在计算机中，处理的数据需要选择什么组织形式才能最有效、方便和快捷，并能保证数据的正确性、一致性呢？那么，供设计人员选择的数据结构有哪些？

【课堂任务】

使用数据模型来表示和处理计算机中的数据，即为数据选择一种数据组织模式。

- 数据模型
- 概念模型
- 关系模型
- 关系模型的完整性约束

模型是对现实世界特征的模拟和抽象，数据模型也是一种模型。在数据库技术中，用数据模型对现实世界数据特征进行抽象，来描述数据库的结构与语义。

1.3.1 数据模型分类

目前广泛使用的数据模型有两种：概念数据模型和结构数据模型。

1．概念数据模型

概念数据模型简称为概念模型，它表示实体类型及实体间的联系，是独立于计算机系统的模型。概念模型用于建立信息世界的数据模型，强调其语义表达功能，要求概念简单、清晰，易于用户理解，它是现实世界的第 1 层抽象，是用户和数据库设计人员之间进行交流的工具。

2．结构数据模型

结构数据模型简称为数据模型，它是直接面向数据库的逻辑结构，是现实世界的第 2 层抽象。数据模型涉及计算机系统和数据库管理系统，例如层次模型、网状模型、关系模型等。数据模型有严格的形式化定义，以便于在计算机系统中实现。

1.3.2 概念模型的表示方法

概念模型是对信息世界的建模，它应当能够全面、准确地描述信息世界，是信息世界的基本概念。概念模型的表示方法很多，其中最为著名和使用最为广泛的是 P.P.Chen 于 1976 年提出的 E-R（Entity-Relationship）模型。

E-R 模型是直接从现实世界中抽象出实体类型及实体间的联系，是对现实世界的一种抽象，它的主要成分是实体、联系和属性。E-R 模型的图形表示称为 E-R 图。设计 E-R 图的方法称为 E-R 方法。利用 E-R 模型进行数据库的概念设计，可以分为 3 步：首先设计局部 E-R 模型，然后把各个局部 E-R 模型综合成一个全局 E-R 模型，最后对全局 E-R 模型进行优化，得到最终的 E-R 模型。

E-R 图通用的表示方式如下。

（1）用矩形框表示实体型，在框内写上实体名。

（2）用椭圆形框表示实体的属性，并用无向边把实体和属性连接起来。

（3）用菱形框表示实体间的联系，在菱形框内写上联系名，用无向边分别把菱形框与有关实体连接起来，在无向边旁注明联系的类型。如果实体间的联系也有属性，则把属性和菱形框也用无向边连接起来。

下面是学生班级与学生、课程与学生之间的 E-R 图，如图 1.5 与图 1.6 所示。

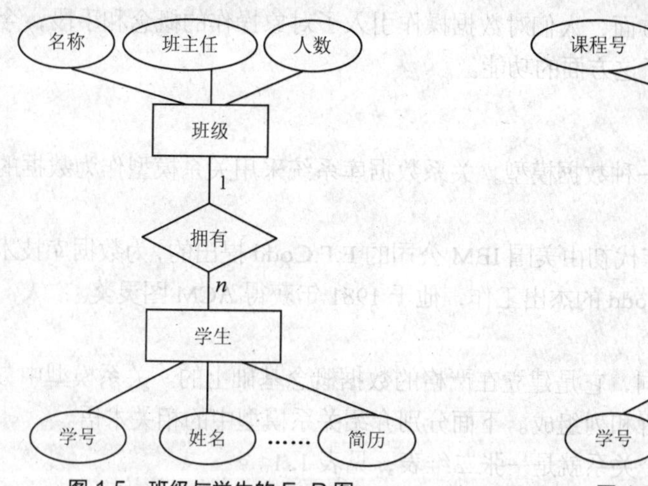

图 1.5　班级与学生的 E-R 图

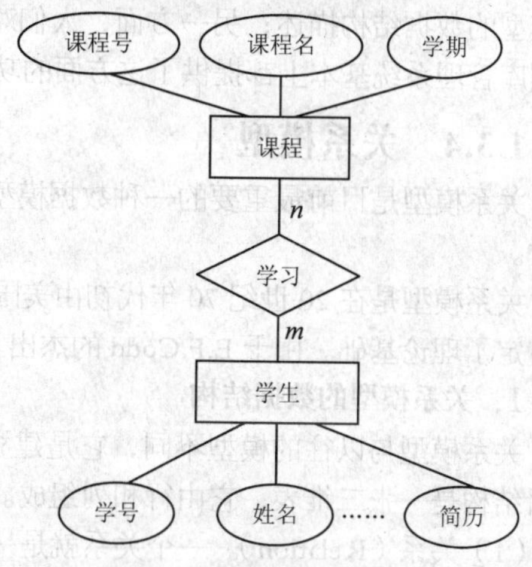

图 1.6　课程与学生的 E-R 图

E-R 模型有两个明显的优点：接近于人的思维，容易理解；与计算机无关，用户容易接受。

E-R 方法是抽象和描述现实世界的有力工具。用 E-R 图表示的概念模型与数据模型相互独立，是各种数据模型的共同基础，因而比数据模型更一般、更抽象、更接近现实世界。

1.3.3　数据模型的要素和种类

数据模型是严格定义的一组概念的集合，这些概念精确地描述了系统的静态特征（数据结构）、动态特征（数据操作）和数据约束条件，这是数据模型的三要素。

1．数据模型的三要素

（1）数据结构：数据结构用于描述系统的静态特征，是所研究的对象类型的集合，这些对象是数据库的组成部分，包括两个方面。

① 数据本身：数据的类型、内容和性质等。例如关系模型中的域、属性、关系等。

② 数据之间的联系：数据之间是如何相互关联的。例如关系模型中的主码、外码联系等。

（2）数据操作：数据操作是对数据库中的各种对象（型）的实例（值）允许执行的操作集合。数据操作包括操作对象及有关的操作规则，主要有检索和更新（包括插入、删除和修改）两类。

（3）数据约束条件：数据约束条件是一组完整性规则的集合。完整性规则是给定数据模型中的数据及其联系所具有的制约和依存规则，用以限定符合数据模型的数据库状态及其状态的变化，以保证数据的正确、有效和相容。

2．常见的数据模型

数据模型是数据库系统的一个关键概念，数据模型不同，相应的数据库系统就完全不同，任何一个数据库管理系统都是基于某种数据模型的。数据库管理系统所支持的数据模型分为 4 种：层次模型、网状模型、关系模型和关系对象模型。

层次模型用“树”结构来表示数据之间的关系，网状模型用“图”结构来表示数据之间的关系，关系模型用“表”结构（或称关系）来表示数据之间的关系。

在层次模型、网状模型、关系模型 3 种数据模型中，关系模型结构简单、数据之间的关系容易实现，因此关系模型是目前广泛使用的数据模型，并且关系数据库也是目前流行的数据库。

关系对象模型一方面对数据结构方面的关系结构进行改进，如 Oracle 8 就提供了关系对象模型的数据结构描述；另一方面，人们对数据操作引入了对象操作的概念和手段，今天的数据库管理系统基本上都提供了这方面的功能。

1.3.4 关系模型

关系模型是目前最重要的一种数据模型，关系数据库系统采用关系模型作为数据的组织方式。

关系模型是在 20 世纪 70 年代初由美国 IBM 公司的 E.F.Codd 提出的，为数据库技术的发展奠定了理论基础。由于 E.F.Codd 的杰出工作，他于 1981 年获得 ACM 图灵奖。

1．关系模型的数据结构

关系模型与以往的模型不同，它是建立在严格的数据概念基础上的。关系模型中数据的逻辑结构是一张二维表，它由行和列组成。下面分别介绍关系模型中的相关术语。

（1）关系（Relation）。一个关系就是一张二维表，见表 1. 1。

表 1. 1　　学生学籍表

学　号	姓　名	年　龄	性　别	所在系
2007X1201	李小双	18	女	信息系
2007D1204	张小玉	20	女	电子系
2007J1206	王大鹏	19	男	计算机系
……	……	……	……	……

（2）元组（Tuple）。元组也称记录，关系表中的每行对应一个元组，组成元组的元素称为分量。数据库中的一个实体或实体之间的一个联系均使用一个元组来表示。例如，表 1.1 中有多个元组，分别对应多个学生，（2007X1201，李小双，18，女，信息系）是一个元组，由 5 个分量组成。

（3）属性（Attribute）。表中的一列即为一个属性，给每个属性取一个名称为属性名，表 1. 1 中有 5 个属性（学号，姓名，年龄，性别，所在系）。

属性具有型和值两层含义：属性的型指属性名和属性值域；属性的值是指属性具体的取值。

关系中的属性名具有标识列的作用，所以在同一个关系中的属性名（列名）不能相同。一个关系中通常有个多个属性，属性用于表示实体的特征。

（4）域（Domain）。属性的取值范围，如表 1. 1 中的“性别”属性的域是男、女，大学生的“年龄”属性域可以设置为 10～30 岁等。

（5）分量（Component）。元组中的一个属性值，如表 1. 1 中的“李小双”、“男”等都是分量。

（6）候选码（Candidate key）。若关系中的某一属性或属性组的值能唯一标识一个元组，且从这个属性组中去除任何一个属性，都不再具有这样的性质，则称该属性或属性组为候选码（Candidate key），候选码简称为码。

（7）主码（Primary key）。若一个关系中有多个候选码，则选定其中一个为主码。例如，表1.1中的候选码之一是“学号”属性；假设表1.1中没有重名的学生，则学生的“姓名”也是该关系的候选码；在该关系中，应当选择“学号”属性作为主码。

（8）全码（All-key）。在最简单的情况下，候选码只包含一个属性；在最极端的情况下，关系模式的所有属性是这个关系模式的候选码，称为全码。全码是候选码的特例。

例如，设有以下关系：

学生选课（学号，课程）

其中的“学号”和“课程”相互独立，属性间不存在依赖关系，它的码就是全码。

（9）主属性（Prime Attribute）和非主属性（Non-prime Attribute）。在关系中，候选码中的属性称为主属性，不包含在任何候选码中的属性称为非主属性。

（10）关系模式（Relation Schema）。关系的描述称为关系模式，它可以形式化地表示为$R(U, D, Dom, F)$。

其中，R为关系名；U为组成该关系的属性的集合；D为属性组U中的属性所来自的域；Dom为属性向域的映像集合；F为属性间数据依赖关系的集合。

关系模式通常可以简记为$R(U)$或$R(A_1, A_2, \cdots, A_n)$。

其中R为关系名，A_1，A_2，…，A_n为属性名。而域名及属性向域的映像常直接称为属性的类型及长度。例如，学生学籍表的关系模式可以表示为：学生学籍表（学号，姓名，年龄，性别，所在系）。

关系是关系模式在某一时刻的状态或内容。关系模式是静态的、稳定的，而关系是动态的、随时间不断变化的，因为关系操作在不断地更新着数据库中的数据。

2．关系的性质

（1）同一属性的数据具有同质性，即每一列中的分量是同一类型的数据，它们来自同一个域。

（2）同一关系的属性名具有不可重复性，即同一关系中不同属性的数据可出自同一个域，但不同的属性要给予不同的属性名。

（3）关系中列的位置具有顺序无关性，即列的次序可以任意交换、重新组织。

（4）关系具有元组无冗余性，即关系中的任意两个元组不能完全相同。

（5）关系中元组的位置具有顺序无关性，即元组的顺序可以任意交换。

（6）关系中每个分量必须取原子值，即每个分量都必须是不可分的数据项。

关系模型要求关系必须是规范化的，即要求关系模式必须满足一定的规范条件，这些规范条件中最基本的一条就是关系的每个分量必须是一个不可分割的数据项。规范化的关系简称范式（Normal Form）。例如，表1.2中的成绩分为C语言和VB语言两门课的成绩，这种组合数据项不符合关系规范化的要求，这样的关系在数据库中是不允许存在的，该表正确的设计格式见表1.3。

表1.2　非规范化的关系结构

姓　　名	所 在 系	成　　绩	
		C语言	VB语言
李武	计算机	95	90
马鸣	信息工程	85	92

表 1.3　　修改后的关系结构

姓　名	所 在 系	C 成绩	VB 成绩
李武	计算机	95	90
马鸣	信息工程	85	92

1.3.5　关系的完整性

关系模型的完整性规则是对关系的某种约束条件。关系模型中允许定义 3 类完整性约束：实体完整性、参照完整性和用户自定义的完整性。其中实体完整性和参照完整性是关系模型必须满足的完整性约束条件，称为两个不变性，应该由关系系统自动支持；用户自定义的完整性是应用领域需要遵循的约束条件，体现了具体领域中的语义约束。

1．实体完整性（Entity Integrity）

规则 1.1　实体完整性规则　若属性 *A* 是基本关系 *R* 的主属性，则属性 *A* 不能取空值。

例如，学生关系“学生（学号，姓名，性别，专业号，年龄）”中，“学号”为主码，则“学号”不能取空值。

实体完整性规则规定基本关系的所有主属性都不能取空值，而不仅是指主码不能取空值。

例如，学生选课关系“选修（学号，课程号，成绩）”中，“学号”、“课程号”为主码，则“学号”和“课程号”两个属性都不能取空值。

对于实体完整性规则说明如下。

（1）实体完整性规则是针对基本关系而言的。一个基本表通常对应信息世界的一个实体集，例如学生关系对应于学生的集合。

（2）信息世界中的实体是可区分的，即它们具有某种唯一性标识。

（3）关系模型中以主码作为唯一性标识。

（4）主属性不能取空值。所谓空值就是“不知道”或“不确定”的值，如果主属性取空值，就说明存在某个不可标识的实体，即存在不可区分的实体，这与第（2）点相矛盾，因此这个规则称为实体完整性规则。

2．参照完整性（Referential Integrity）

在信息世界中，实体之间往往存在着某种联系，在关系模型中实体及实体间的联系都是用关系来描述的，这样就自然存在着关系与关系间的引用。先来看下面 3 个例子。

【例 1.1】　学生关系和专业关系表示如下，其中主码用下画线标识。

学生（<u>学号</u>，姓名，性别，专业号，年龄）

专业（<u>专业号</u>，专业名）

这两个关系之间存在着属性的引用，即学生关系引用了专业关系的主码“专业号”。显然，学生关系中的“专业号”值必须是确实存在的专业的专业号，即专业关系中有该专业的记录，也就是说，学生关系中的某个属性的取值需要参照专业关系的属性来取值。

【例 1.2】　学生、课程、学生与课程之间的多对多联系选修可以用如下 3 个关系表示。

学生（<u>学号</u>，姓名，性别，专业号，年龄）

课程（<u>课程号</u>，课程名，学分）

选修（<u>学号</u>，<u>课程号</u>，成绩）

这 3 个关系之间也存在着属性的引用，即选修关系引用了学生关系的主码“学号”和课程关系的主码“课程号”。同样，选修关系中的“学号”值必须是确实存在的学生的学号，即学生关系中有该学生的记录；选修关系中的“课程号”值也必须是确实存在的课程的课程号，即课程关系中有该课程的记录。也就是说，选修关系中某些属性的取值需要参照其他关系的属性来取值。

不仅两个或两个以上的关系间可以存在引用关系，同一关系内部属性间也可能存在引用关系。

【例 1.3】 在关系“学生（学号，姓名，性别，专业号，年龄，班长）”中，“学号”属性是主码，“班长”属性表示该学生所在班级的班长的学号，它引用了本关系“学号”属性，即“班长”必须是确实存在的学生的学号。

设 *F* 是基本关系 *R* 的一个或一组属性，但不是关系 *R* 的主码。如果 *F* 与基本关系 *S* 的主码 *Ks* 相对应，则称 *F* 是基本关系 *R* 的外码（Foreign Key），并称基本关系 *R* 为参照关系（Referencing Relation），基本关系 *S* 为被参照关系（Referenced Relation）或目标关系（Target Relation）。关系 *R* 和关系 *S* 有可能是同一关系。

显然，被参照关系 *S* 的主码 *Ks* 和参照关系 *R* 的外码 *F* 必须定义在同一个（或一组）域上。

在例 1.1 中，学生关系的“专业号”属性与专业关系的主码“专业号”相对应，因此“专业号”属性是学生关系的外码。这里专业关系是被参照关系，学生关系为参照关系。

在例 1.2 中，选修关系的“学号”属性与学生关系的主码“学号”相对应，“课程号”属性与课程关系的主码“课程号”相对应，因此“学号”和“课程号”属性是选修关系的外码。这里学生关系和课程关系均为被参照关系，选修关系为参照关系。

在例 1.3 中，“班长”属性与本身的主码“学号”属性相对应，因此“班长”是外码。学生关系既是参照关系也是被参照关系。

需要指出的是，外码并不一定要与相应的主码同名。但在实际应用中，为了便于识别，当外码与相应的主码属于不同关系时，则给它们取相同的名字。

参照完整性规则定义了外码与主码之间的引用规则。

规则 1.2 参照完整性规则 若属性（或属性组）*F* 是基本关系 *R* 的外码，它与基本关系 *S* 的主码 *Ks* 相对应（基本关系 *R* 和 *S* 有可能是同一关系），则对于 *R* 中每个元组在 *F* 上的值必须为以下值之一。

（1）或者取空值（*F* 的每个属性值均为空值）。

（2）或者等于 *S* 中某个元组的主码值。

在例 1.1 中学生关系中每个元组的“专业号”属性只能取下面两类值。

（1）空值，表示尚未给该学生分配专业。

（2）非空值，这时该值必须是专业关系中某个元组的“专业号”值，表示该学生不可能分配到一个不存在的专业中，即被参照关系“专业”中一定存在一个元组，它的主码值等于该参照关系“学生”中的外码值。

在例 1.2 中按照参照完整性规则，“学号”和“课程号”属性也可以取两类值：空值或被参照关系中已经存在的值。但由于“学号”和“课程号”是选修关系中的主属性，按照实体完整性规则，它们均不能取空值，所以选修关系中的“学号”和“课程号”属性实际上只能取相应被参照关系中已经存在的主码值。

在参照完整性规则中，关系 *R* 与关系 *S* 可以是同一个关系。在例 1.3 中，按照参照完整性规则，“班长”属性可以取两类值。

（1）空值，表示该学生所在班级尚未选出班长。

（2）非空值，该值必须是本关系中某个元组的学号值。

3. 用户自定义的完整性（User-defined Integrity）

用户自定义的完整性就是针对某一具体关系数据库的约束条件，它反映某一具体应用所涉及的数据必须满足的语义要求。例如某个属性必须取唯一值、属性值之间应满足一定的函数关系、某属性的取值范围在 0～100 等。

例如，性别只能取“男”或“女”；学生的成绩必须在 0～100 分。

1.4 关系代数

【任务分析】

在计算机上存储数据的目的是为了使用数据，当选择好了数据的组织形式后，接下来的任务是明确怎样使用数据。

【课堂任务】

本节要理解对关系模型中的数据进行哪些操作。

- 什么是关系代数
- 传统的集合运算
- 关系的选择、投影及连接操作

关系代数是一种抽象的查询语言，是关系数据操纵语言的一种传统表达方式，它用关系的运算来表达查询。

运算对象、运算符、运算结果是运算的三大要素。关系代数的运算对象是关系，运算结果亦为关系。关系代数中使用的运算符包括 4 类：集合运算符、专门的关系运算符、比较运算符和逻辑运算符，见表 1.4。

表 1.4 关系代数运算符

运算符		含义	运算符		含义
集合运算符	∪ − ∩ ×	并 差 交 广义笛卡儿积	比较运算符	$>$ $\geq$ $<$ $\leq$ $=$ $\neq$	大于 大于等于 小于 小于等于 等于 不等于
专门的关系运算符	σ π ∞ ÷	选择 投影 连接 除	逻辑运算符	¬ ∧ ∨	非 与 或

关系代数的运算按运算符的不同可分为传统的集合运算和专门的关系运算两类。

其中，传统的集合运算将关系看成元组的集合，其运算是从关系的“水平”方向即行的角度进行的，而专门的关系运算不仅涉及行而且涉及列。比较运算符和逻辑运算符是用来辅助专门的关系运算进行操作的。

1.4.1 传统的集合运算

传统的集合运算是二目运算，包括并、交、差、广义笛卡儿积 4 种运算。

设关系 R 和关系 S 具有相同的目 n（即两个关系都具有 n 个属性），且相应的属性取自同一个域，则可以定义并、差、交、广义笛卡儿积运算如下。

1．并（Union）

关系 R 与关系 S 的并记作：

$$R\cup S=\{t \mid t\in R\vee t\in S\}，t\text{是元组变量}$$

其结果关系仍为 n 目关系，由属于 R 或属于 S 的元组组成。

2．差（Difference）

关系 R 与关系 S 的差记作：

$$R-S=\{t \mid t\in R\wedge t\notin S\}，t\text{是元组变量}$$

其结果关系仍为 n 目关系，由属于 R 而不属于 S 的所有元组组成。

3．交（Intersection）

关系 R 与关系 S 的交记作：

$$R\cap S=\{t \mid t\in R\wedge t\in S\}，t\text{是元组变量}$$

其结果关系仍为 n 目关系，由既属于 R 又属于 S 的元组组成。关系的交可以用差来表示，即

$$R\cap S=R-(R-S)$$

4．广义笛卡儿积（Extended Cartesian Product）

两个分别为 n 目和 m 目的关系 R 和 S 的广义笛卡儿积是一个（$n+m$）列的元组的集合。元组的前 n 列是关系 R 的一个元组，后 m 列是关系 S 的一个元组。若 R 有 k_1 个元组，S 有 k_2 个元组，则关系 R 和关系 S 的广义笛卡儿积有 $k_1\times k_2$ 个元组。记作：

$$R\times S=\{\widehat{t_r t_s} \mid t_r\in R\wedge t_s\in S\}$$

例如，关系 R、S 见表 1.5（a）、（b），则 $R\cup S$、$R\cap S$、$R-S$、$R\times S$ 分别见表 1.5（c）~表 1.5（f）。

表 1.5　　传统的集合运算

A	B	C
a_1	b_1	c_1
a_1	b_2	c_2
a_2	b_2	c_1

（a）R

A	B	C
a_1	b_2	c_2
a_1	b_3	c_2
a_2	b_2	c_1

（b）S

A	B	C
a_1	b_1	c_1
a_1	b_2	c_2
a_2	b_2	c_1
a_1	b_3	c_2

（c）$R\cup S$

A	B	C
a_1	b_2	c_2
a_2	b_2	c_1

（d）$R\cap S$

A	B	C
a_1	b_1	c_1

(e) $R-S$

R.A	R.B	R.C	S.A	S.B	S.C
a_1	b_1	c_1	a_1	b_2	c_2
a_1	b_1	c_1	a_1	b_3	c_2
a_1	b_1	c_1	a_2	b_2	c_1
a_1	b_2	c_2	a_1	b_2	c_2
a_1	b_2	c_2	a_1	b_3	c_2
a_1	b_2	c_2	a_2	b_2	c_1
a_2	b_2	c_1	a_1	b_2	c_2
a_2	b_2	c_1	a_1	b_3	c_2
a_2	b_2	c_1	a_2	b_2	c_1

(f) $R\times S$

1.4.2 专门的关系运算

专门的关系运算包括选择、投影、连接、除等。

为了叙述上的方便，先引入几个记号。

- 设关系模式为 $R(A_1, A_2, \cdots, A_n)$，它的一个关系设为 R，$t\in R$ 表示 t 是 R 的一个元组，$t[A_i]$表示元组 t 中相应于属性 A_i上的一个分量。
- 若 $A=\{A_{i1}, A_{i2}, \cdots, A_{ik}\}$，其中 A_{i1}，A_{i2}，…，A_{ik}是 A_1，A_2，…，A_n中的一部分，则 A 称为属性列或域列。$t[A]=(t[A_{i1}], t[A_{i2}], \cdots, t[A_{ik}])$表示元组 t 在属性列 A 上诸分量的集合。$\overline{A}$ 表示$\{A_1, A_2, \cdots, A_n\}$中去掉$\{A_{i1}, A_{i2}, \cdots, A_{ik}\}$后剩余的属性组。
- R 为 n 目关系，S 为 m 目关系。$t_r\in R$，$t_s\in S$，$\widehat{t_r t_s}$ 称为元组的连接，它是一个 $n+m$ 列的元组，前 n 个分量为 R 中的一个 n 元组，后 m 个分量为 S 中的一个 m 元组。
- 给定一个关系 $R(X, Z)$，X 和 Z 为属性组。定义当 $t[X]=x$ 时，x 在 R 中的象集为：

$$Z_x=\{t[Z] \mid t\in R,\ t[X]=x\}$$

它表示 R 中属性组 X 上值为 x 的诸元组在 Z 上分量的集合。

1．选择（Selection）

选择又称为限制（Restriction），它是在关系 R 中选择满足给定条件的诸元组，记作：

$$\sigma_F(R)=\{t \mid t\in R\wedge F(t)='真'\}$$

其中，F 表示选择条件，它是一个逻辑表达式，取逻辑值为“真”或“假”。逻辑表达式 F 的基本形式为：

$$X_1\theta Y_1[\Phi X_2\theta Y_2\cdots]$$

其中，θ 表示比较运算符，它可以是>、≥、<、≤、=或≠；X_1、Y_1 是属性名、常量或简单函数，属性名也可以用它的序号（如 1，2，…）来代替；Φ 表示逻辑运算符，它可以是¬（非）、∧（与）或∨（或）；[ ]表示任选项，即[ ]中的部分可要可不要；……表示上述格式可以重复下去。

选择运算实际上是从关系 R 中选取使逻辑表达式 F 为真的元组，这是从行的角度进行的运算。

设有一个学生—课程数据库见表 1.6，它包括以下内容。

学生关系 Student（说明：sno 表示学号，sname 表示姓名，ssex 表示性别，sage 表示年龄，Sdept 表示所在系）

课程关系 course（说明：cno 表示课程号，cname 表示课程名）

选修关系 score（说明：sno 表示学号，cno 表示课程号，degree 表示成绩）

其关系模式如下。

Student（sno，sname，ssex，sage，sdept）

Course（cno，cname）

Score（sno，cno，degree）

表 1.6　学生—课程关系数据库

sno	sname	ssex	sage	sdept
000101	李晨	男	18	信息系
000102	王博	女	19	数学系
010101	刘思思	女	18	信息系
010102	王国美	女	20	物理系
020101	范伟	男	19	数学系

（a）student

cno	cname
C_1	数学
C_2	英语
C_3	计算机
C_4	制图

（b）course

sno	cno	degree
000101	C_1	90
000101	C_2	87
000101	C_3	72
010101	C_1	85
010101	C_2	42
020101	C_3	70

（c）score

【例 1.4】 查询数学系学生的信息。

$\sigma_{sdept='数学系'}$（Student）

或

$\sigma_{5='数学系'}$（Student）

结果见表 1.7。

表 1.7　查询数学系学生的信息结果

sno	sname	ssex	sage	sdept
000102	王博	女	19	数学系
020101	范伟	男	19	数学系

【例 1.5】 查询年龄小于 20 岁的学生信息。

$\sigma_{sage<20}$(Student)

或

$\sigma_{4<20}$(Student)

结果见表 1.8。

表 1.8　查询年龄小于 20 岁的学生的信息结果

sno	sname	ssex	sage	sdept
000101	李晨	男	18	信息系
000102	王博	女	19	数学系
010101	刘思思	女	18	信息系
020101	范伟	男	19	数学系

2．投影（Projection）

关系 R 上的投影是从 R 中选择出若干属性列组成新的关系，记作：

$$\pi_A(R)=\{\, t[A] \mid t\in R \,\}$$

其中 A 为 R 中的属性列。

投影操作是从列的角度进行的运算。投影之后不仅取消了原关系中的某些列，而且还可能取消某些元组，因为取消了某些属性列后，就可能出现重复元组，关系操作将自动取消相同的元组。

【例 1.6】 查询学生的学号和姓名。

$\pi_{sno,\ sname}$(Student)

或

$\pi_{1,\ 2}$(Student)

结果见表 1.9。

表 1.9　查询学生的学号和姓名结果

sno	sname	sno	sname
000101	李晨	010102	王国美
000102	王博	020101	范伟
010101	刘思思		

【例 1.7】 查询学生关系 Student 中都有哪些系，即查询学生关系 Student 在所在系属性上的投影。

π_{sdept}(Student)

或

π_5(Student)

结果见表 1.10。

表 1.10　查询学生所在系结果

sdept
信息系
数学系
物理系

3. 连接（Join）

连接也称为 θ 连接，它是从两个关系的笛卡儿积中选取属性间满足一定条件的元组，记作：

$$R \underset{A\theta B}{\infty} S = \{\widehat{t_r t_s} \mid t_r \in R \wedge t_s \in S \wedge t_r[A] \theta t_s[B]\}$$

其中 A 和 B 分别为 R 和 S 上数目相等且可比的属性组，θ 是比较运算符。连接运算是从 R 和 S 的笛卡儿积 $R \times S$ 中选取（R 关系）在 A 属性组上的值与（S 关系）在 B 属性组上的值满足比较关系 θ 的元组。

连接运算中有两种最为重要也最为常用的连接：一种是等值连接；另一种是自然连接。

（1）等值连接：θ 为"="的连接运算称为等值连接，它是从关系 R 与 S 的笛卡儿积中选取 A、B 属性值相等的那些元组，等值连接为：

$$R \underset{A=B}{\infty} S = \{\widehat{t_r t_s} \mid t_r \in R \wedge t_s \in S \wedge t_r[A] = t_s[B]\}$$

（2）自然连接：是一种特殊的等值连接，它要求两个关系中进行比较的分量必须是相同的属性组，并且在结果中把重复的属性列去掉，即若 R 和 S 具有相同的属性组 B，则自然连接可记作：

$$R \infty S = \{\widehat{t_r t_s} \mid t_r \in R \wedge t_s \in S \wedge t_r[A] = t_s[B]\}$$

一般的连接操作是从行的角度进行运算的，但自然连接还需要取消重复列，所以自然连接是同时从行和列的角度进行运算的。

【例 1.8】 设关系 R、S 分别见表 1.11（a）和表 1.11（b），一般连接 $C<E$ 的结果见表 1.11（c），等值连接 $R.B=S.B$ 的结果见表 1.11（d），自然连接的结果见表 1.11（e）。

表 1.11　　连接运算举例

A	*B*	*C*
a_1	b_1	5
a_1	b_2	6
a_2	b_3	8
a_2	b_4	12

（a）R

B	*E*
b_1	3
b_2	7
b_3	10
b_3	2
b_5	2

（b）*S*

A	*R.B*	*C*	*S.B*	*E*
a_1	b_1	5	b_2	7
a_1	b_1	5	b_3	10
a_1	b_2	6	b_2	7
a_1	b_2	6	b_3	10
a_2	b_3	8	b_3	10

（c）$R \underset{C<E}{\infty} S$（一般连接）

A	$R.B$	C	$S.B$	E
a_1	b_1	5	b_1	3
a_1	b_2	6	b_2	7
a_2	b_3	8	b_3	10
a_2	b_3	8	b_3	2

（d）$\underset{R.B=S.B}{R\infty S}$（等值连接）

A	B	C	E
a_1	b_1	5	3
a_1	b_2	6	7
a_2	b_3	8	10
a_2	b_3	8	2

（e）$R\infty S$（自然连接）

4．除（Division）

给定一个关系 $R(X, Z)$，X 和 Z 为属性组。定义当 $t[X]=x$ 时，x 在 R 中的象集为：

$$Z_x=\{t[Z] \mid t\in R,\ t[X]=x\}$$

它表示 R 中属性组 X 上值为 x 的诸元组在 Z 上分量的集合。

给定关系 $R(X, Y)$ 和 $S(Y, Z)$，其中 X、Y、Z 可以为单个属性或属性组，关系 R 中的 Y 与关系 S 中的 Y 可以有不同的属性名，但必须出自相同的域。R 与 S 的除运算得到一个新的关系 $P(X)$，P 是 R 中满足下列条件的元组在 X 属性列上的投影：元组在 X 上分量值 x 的象集 Y_x 包含 S 在 Y 上投影的集合，记作：

$$R\div S=\{t_r[X] \mid t_r\in R\wedge Y_x \pi y(S)\subseteq Y_x\}$$

其中 Y_x 为 x 在 R 中的象集，$x=t_r[X]$。

除操作是同时从行和列的角度进行的运算。除操作适合于包含“对于所有的/全部的”语句的查询操作。

【例 1.9】 设关系 R、S 分别见表 1.12（a）、表 1.12（b），$R\div S$ 的结果见表 1.12（c）。在关系 R 中，A 可以取 4 个值$\{a_1, a_2, a_3, a_4\}$。其中：

a_1 的象集为$\{(b_1, c_2), (b_2, c_3), (b_2, c_1)\}$。

表 1.12　　除运算举例

A	B	C
a_1	b_1	c_2
a_2	b_3	c_5
a_3	b_4	c_4
a_1	b_2	c_3
a_4	b_6	c_4
a_2	b_2	c_3
a_1	b_2	c_1

（a）R

B	C	D
b_1	c_2	d_1
b_2	c_1	d_1
b_2	c_3	d_2

（b）S

A
a_1

（c）$R\div S$

a_2的象集为$\{(b_3, c_5), (b_2, c_3)\}$。

a_3的象集为$\{(b_4, c_4)\}$。

a_4的象集为$\{(b_6, c_4)\}$。

S在(B, C)上的投影为$\{(b_1, c_2), (b_2, c_3), (b_2, c_1)\}$。

显然只有a_1的象集$(B, C)_{a1}$包含S在(B, C)属性组上的投影，所以$R \div S = \{a_1\}$。

5．关系代数操作举例（强化训练）

在关系代数中，关系代数运算经过有限次复合后形成的式子称为关系代数表达式。对关系数据库中数据的查询操作可以写成一个关系代数表达式，或者说，写成一个关系代数表达式就表示已经完成了查询操作。以下给出利用关系代数进行查询的例子。

设学生—课程数据库中有3个关系。

学生关系：S（Sno，Sname，Ssex，Sage）

课程关系：C（Cno，Cname，Teacher）

学习关系：SC（Sno，Cno，Degree）

（1）查询学习课程号为C3号课程的学生学号和成绩。

$$\pi_{sno,\ degree}(\sigma_{Cno='C3'}(SC))$$

（2）查询学习课程号为C4课程的学生学号和姓名。

$$\pi_{sno,\ sname}(\sigma_{cno='C4'}(S \infty SC))$$

（3）查询学习课程名为maths的学生学号和姓名。

$$\pi_{sno,\ sname}(\sigma_{cname='maths'}(S \infty SC \infty C))$$

（4）查询学习课程号为C1或C3课程的学生学号。

$$\pi_{sno}(\sigma_{cno='C1' \vee cno='C3'}(SC))$$

（5）查询不学习课程号为C2的学生的姓名和年龄。

$$\pi_{sname,\ sage}(S) - \pi_{sname,\ sage}(\sigma_{cno='C2'}(S \infty SC))$$

（6）查询学习全部课程的学生姓名。

$$\pi_{sname}(S \infty (\pi_{sno,\ cno}(SC) \div \pi_{cno}(C)))$$

（7）查询所学课程包括200701所学课程的学生学号。

$$\pi_{sno,\ cno}(SC) \div \pi_{cno}(\sigma_{sno='200701'}(SC))$$

1.5 数据库系统的组成和结构

【任务分析】

设计人员现在的任务是要明确数据模型怎样在计算机上实现，同时要理解与之相关的基本概念。

【课堂任务】

如何在计算机上实现对数据的管理，本节的任务是明确数据在计算机上的存在形式。

- 数据库相关概念
- 数据库系统的体系结构

1.5.1 数据库相关概念

1．数据库

数据库（Data Base，DB）是长期存放在计算机内、有组织的、可共享的相关数据的集合，它将数据按一定的数据模型组织、描述和存储，具有较小的冗余度、较高的数据独立性和易扩展性、可被各类用户共享等特点。

2．数据库管理系统

数据库管理系统（Data Base Management System，DBMS）是位于用户与操作系统（OS）之间的一层数据管理软件，它为用户或应用程序提供访问数据库的方法，包括数据库的创建、查询、更新及各种数据控制，它是数据库系统的核心。数据库管理系统一般由计算机软件公司提供，目前比较流行的 DBMS 有 Oracle、Access、SQL Server、MySQL、PostgreSQL 等。它们的发展历史、使用特点和发展方向请参考本章 1.6.2 小节阅读材料。

数据库管理系统的主要功能包括以下几个方面。

（1）数据定义功能。DBMS 提供数据定义语言（Data Definition Language，DDL），用户通过它可以方便地对数据库中的数据对象进行定义。

（2）数据操纵功能。DBMS 还提供数据操纵语言（Data Manipulation Language，DML），用户可以使用 DML 操纵数据实现对数据库的基本操作，如查询、插入、删除和修改等。

（3）数据库的运行管理。数据库在创建、运用和维护时由 DBMS 统一管理、统一控制，以保证数据的安全性、完整性、多用户对数据的并发使用及发生故障后的系统恢复。

（4）数据库的创建和维护功能。数据库的创建和维护功能包括数据库初始数据的输入、转换功能，数据库的转储、恢复功能，数据库的组织功能和性能监视、分析功能等。这些功能通常是由一些实用程序完成的。

3．数据库应用系统

凡使用数据库技术管理其数据的系统都称为数据库应用系统（Data Base Application System）。数据库应用系统的应用非常广泛，它可以用于事务管理、计算机辅助设计、计算机图形分析和处理及人工智能等系统中。

4．数据库系统

数据库系统（Data Base System，DBS）是指在计算机系统中引入数据库后的系统，它由计算机硬件、数据库、数据库管理系统（及其开发工具）、数据库应用系统、数据库用户构成。

数据库用户包括数据库管理员、系统分析员、数据库设计人员及应用程序开发人员和终端用户。

数据库管理员（Data Base Administrator，DBA）是高级用户，他的任务是对使用中的数据库进行整体维护和改进，负责数据库系统的正常运行，他是数据库系统的专职管理和维护人员。

系统分析员负责应用系统的需求分析和规范说明，要和用户及 DBA 结合，确定系统的硬件软件配置，并参与数据库系统的概要设计；数据库设计人员负责数据库中数据的确定、数据库各级模式的设计；应用程序开发人员负责设计和编写应用程序的程序模块，并进行调试和安装。

终端用户是数据库的使用者，主要是使用数据，并对数据进行增加、删除、修改、查询、统计等操作，方式有两种，使用系统提供的操作命令或程序开发人员提供的应用程序。在数据库系统中，各组成部分的层次关系如图 1.7 所示。

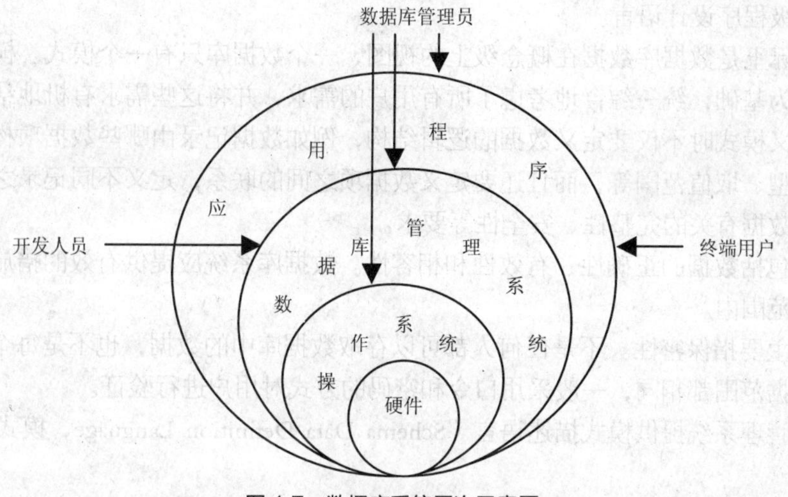

图 1.7　数据库系统层次示意图

1.5.2　数据库系统的体系结构

数据库的体系结构分为三级模式和两级映像，如图 1.8 所示。

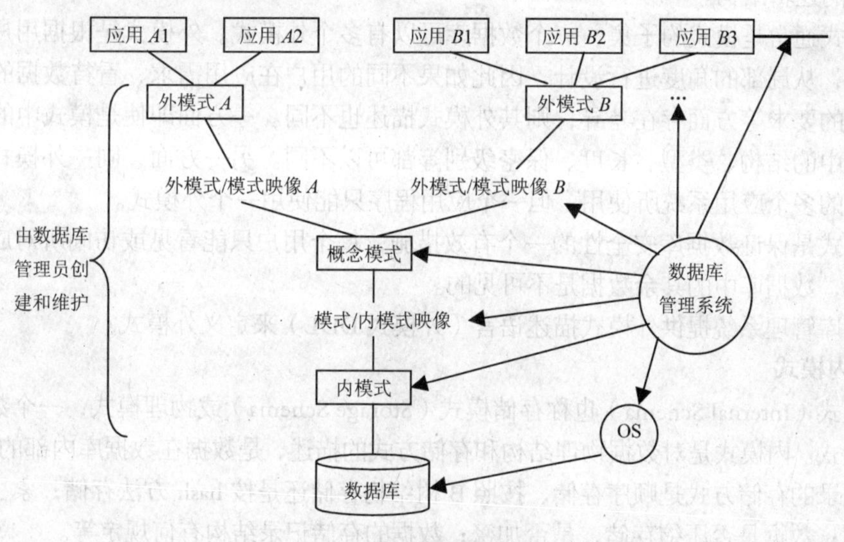

图 1.8　数据库的体系结构

数据库的三级模式结构是数据 3 个抽象级别，它把数据的具体组织留给 DBMS 去处理，用户只要抽象地处理数据，而不必关心数据在计算机中的表示和存储，这样就减轻了用户使用系统的负担。

三级结构之间差别往往很大，为了实现这 3 个抽象级别的联系和转换，DBMS 在三级结构之间提供了两级映像（Mapping）：外模式/模式映像，模式/内模式映像。

正是这两级映像保证了数据库系统中的数据能够具有较高的逻辑独立性和物理独立性。

1．模式

模式（Schema）也称概念模式（Conceptual Schema）或逻辑模式，是对数据库中全部数据的逻辑结构和特征的描述，是所有用户的公共数据视图。它是数据库系统模式结构的中间层，既不涉及数据的物理存储细节和硬件环境，也不涉及具体的应用程序及所使用的应用开发工具和高级程序设计语言。

模式实际上是数据库数据在概念级上的视图，一个数据库只有一个模式。模式通常以某种数据模型为基础，统一综合地考虑了所有用户的需求，并将这些需求有机地结合成一个逻辑整体。定义模式时不仅要定义数据的逻辑结构，例如数据记录由哪些数据项构成，数据项的名称、类型、取值范围等，而且还要定义数据项之间的联系，定义不同记录之间的联系，以及定义与数据有关的完整性、安全性等要求。

完整性包括数据的正确性、有效性和相容性。数据库系统应提供有效的措施，以保证数据处于约束范围内。

安全性主要指保密性。不是任何人都可以存取数据库中的数据，也不是每个合法用户可以存取的数据范围都相同，一般采用口令和密码的方式对用户进行验证。

数据库管理系统提供模式描述语言（Schema Data Definition Language，模式 DDL）来定义模式。

2．外模式

外模式（External Schema）也称子模式（Subschema）或用户模式，它是对数据库用户（包括程序员和最终用户）能够看见和使用的局部数据的逻辑结构和特征的描述，即个别用户涉及的数据的逻辑结构。

外模式通常是模式的子集，一个数据库可以有多个外模式。外模式是根据用户自己对数据的需要，从局部的角度进行设计，因此如果不同的用户在应用需求、看待数据的方式、对数据保密的要求等方面存在差异，则其外模式描述也不同。一方面即使是模式中的同一数据在外模式中的结构、类型、长度、保密级别等都可以不同。另一方面，同一外模式也可以为某一用户的多个应用系统所使用，但一个应用程序只能使用一个外模式。

外模式是保证数据库安全性的一个有效措施，每个用户只能看见或访问所对应的外模式中的数据，数据库中的其余数据是不可见的。

数据库管理系统提供外模式描述语言（外模式 DDL）来定义外模式。

3．内模式

内模式（Internal Schema）也称存储模式（Storage Schema）或物理模式，一个数据库只有一个内模式。内模式是对数据物理结构和存储方式的描述，是数据在数据库内部的表示方式。例如，记录的存储方式是顺序存储、按照 B 树结构存储还是按 hash 方法存储；索引按照什么方式组织；数据是否压缩存储，是否加密；数据的存储记录结构有何规定等。

内模式的设计目标是将系统的模式（全局逻辑结构）组织成最优的物理模式，以提高数据的存取效率，改善系统的性能指标。

数据库管理系统提供内模式描述语言（内模式 DDL）来定义内模式。

4．外模式/模式映像

模式描述的是数据的全局逻辑结构，外模式描述的是数据的局部逻辑结构，对应于同一个模式可以有任意多个外模式。对于每个外模式，数据库系统都有一个外模式/模式映像，它定义了该外模式与模式之间的对应关系。这些映像定义通常包含在各自外模式的描述中。

5．模式/内模式映像

数据库中只有一个模式，也只有一个内模式，所以模式/内模式映像是唯一的，它定义了数据库全局逻辑结构与存储结构之间的对应关系。例如，说明逻辑记录和字段在内部是如何表示的。该映像定义通常包含在模式描述中。

6．两级数据独立性

数据独立性（Data Independence）是指应用程序和数据库的数据结构之间相互独立，不受影响。

（1）逻辑数据独立性。当模式改变时（如增加新的关系、新的属性、改变属性的数据类型等），由数据库管理员对各个外模式/模式映像作相应改变，可以使外模式保持不变。应用程序是依据数据的外模式编写的，因而应用程序不必修改，保证了数据与程序的逻辑独立性，简称逻辑数据独立性。

（2）物理数据独立性。当数据库的存储结构改变了（如选用了另一种存储结构），由数据库管理员对模式/内模式映像作相应改变，可以保证模式保持不变，因而应用程序也不必改变。保证了数据与程序的物理独立性，简称物理数据独立性。

特定的应用程序是在外模式描述的数据结构上编制的，它依赖于特定的外模式，与数据库的模式和存储结构相独立。不同的应用程序可以共用同一外模式。数据库的两级映像保证了数据库外模式的稳定性，从而从底层保证了应用程序的稳定性，除非应用需求本身发生变化，否则应用程序一般不需要修改。

数据与程序之间的独立性，使数据的定义和描述可以从应用程序中分离出去。另外，由于数据的存取由 DBMS 管理，用户不必考虑存取路径等细节，从而简化了应用程序的编写，大大减少了对应用程序的维护及修改工作。

习题

1．选择题

（1）现实世界中客观存在并能相互区别的事物称为（　　）。

A. 实体　B. 实体集　C. 字段　D. 记录

（2）下列实体类型的联系中，属于一对一联系的是（　　）。

A. 教研室对教师的所属联系　B. 父亲对孩子的亲生联系

C. 省对省会的所属联系　D. 供应商与工程项目的供货联系

（3）采用二维表格结构表达实体类型及实体间联系的数据模型是（　　）。

A. 层次模型　B. 网状模型　C. 关系模型　D. 实体联系模型

（4）数据库（DB）、DBMS、DBS 三者之间的关系（　　）。

A. DB 包括 DBMS 和 DBS　B. DBS 包括 DB 和 DBMS

C. DBMS 包括 DB 和 DBS　D. DBS 与 DB 和 DBMS 无关

（5）数据库系统中，用（　　）描述全部数据的整体逻辑结构。

A. 外模式　B. 存储模式　C. 内模式　D. 概念模式

（6）逻辑数据独立性是指（　　）。

A. 概念模式改变，外模式和应用程序不变

B. 概念模式改变，内模式不变

C. 内模式改变，概念模式不变

D. 内模式改变，外模式和应用程序不变

（7）物理数据独立性是指（　　）。

A. 概念模式改变，外模式和应用程序不变

B. 概念模式改变，内模式不变

C. 内模式改变，概念模式不变

D. 内模式改变，外模式和应用程序不变

（8）设关系 R 和 S 的元组个数分别为 100 和 300，关系 T 是 R 与 S 的笛卡儿积，则 T 的元组个数为（　　）。

A. 400　　B. 10000　　C. 30000　　D. 90000

（9）设关系 R 和 S 具有相同的目，且它们相对应的属性的值取自同一个域，则 $R-(R-S)$ 等于（　　）。

A. $R \cup S$　　B. $R \cap S$　　C. $R \times S$　　D. $R \div S$

（10）在关系代数中，（　　）操作称为从两个关系的笛卡儿积中选取它们属性间满足一定条件的元组。

A. 投影　　B. 选择　　C. 自然连接　　D. θ 连接

（11）关系数据模型的 3 个要素是（　　）。

A. 关系数据结构、关系操作集合和关系规范化理论

B. 关系数据结构、关系规范化理论和关系的完整性约束

C. 关系规范化理论、关系操作集合和关系的完整性约束

D. 关系数据结构、关系操作集合和关系的完整性约束

（12）在关系代数的连接操作中，哪一种连接操作需要取消重复列？（　　）

A. 自然连接　　B. 笛卡儿积　　C. 等值连接　　D. θ 连接

（13）设属性 A 是关系 R 的主属性，则属性 A 不能取空值（NULL），这是（　　）。

A. 实体完整性规则　　B. 参照完整性规则

C. 用户定义完整性规则　　D. 域完整性规则

（14）如果在一个关系中，存在多个属性（或属性组）都能用来唯一标识该关系的元组，且其任何子集都不具有这一特性，则这些属性（或属性组）被称为该关系的（　　）。

A. 候选码　　B. 主码　　C. 外码　　D. 连接码

2．填空题

（1）________是指数据库的物理结构改变时，尽量不影响整体逻辑结构、用户的逻辑结构以及应用程序。

（2）用户与操作系统之间的数据管理软件是________。

（3）现实世界的事物反映到人的头脑中经过思维加工成数据，这一过程要经过 3 个领域，依次是________、________和________。

（4）能唯一标识实体的属性集，称为________。

（5）两个不同实体集的实体间有________、________和________ 3 种联系。

（6）表示实体类型和实体间联系的模型，称为________，最著名、最为常用的概念模型是________。

（7）数据独立性分成________独立性和________独立性两级。

（8）DBS 中最重要的软件是________；最重要的用户是________。

（9）设有关系模式 $R(A, B, C)$ 和 $S(E, A, F)$，若 $R.A$ 是 R 的主码，$S.A$ 是 S 的外码，则 $S.A$ 的值或者等于 R 中某个元组的主码值，或者取空值（NULL），这是________完整性规则。

（10）在关系代数中，从两个关系的笛卡儿积中选取它们的属性或属性组间满足一定条件的元组的操作称为________连接。

3．简答题

（1）什么是数据模型？数据模型的作用及三要素是什么？

（2）什么是数据库的逻辑独立性？什么是数据库的物理独立性？为什么数据库系统具有数据与程序的独立性？

（3）数据库系统由哪几部分组成？

（4）DBA 的职责是什么？系统程序员、数据库设计员、应用程序员的职责是什么？

（5）数据管理技术经历了哪几个阶段？

（6）常用的数据库管理系统有哪些？

PART 2

第 2 章 设计数据库

任务要求：

在掌握了数据库的基本概念后，根据学生信息管理系统（本系统用于学生信息管理，主要任务是用计算机对学生各种信息进行日常管理。该系统主要包括学生基本信息管理、学生成绩管理和学生公寓管理 3 部分）的功能要求，需要处理大量的学生基本信息、成绩信息、住宿信息及系部信息等。怎样将这些信息组织起来便于管理，这就需要进行数据库的设计。

学习目标：

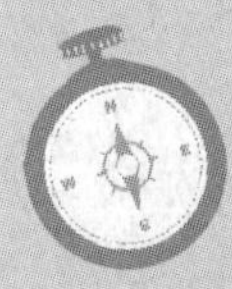

- 数据库设计的步骤和方法
- 怎样收集数据
- 建立 E-R 模型
- 将 E-R 模型转换为关系模式
- 关系模式可能存在的问题及规范化

学习情境：

训练学生掌握数据库设计的步骤及方法。功能如下：

（1）根据学生信息管理系统完成的功能要求画出 E-R 图；

（2）完成 E-R 图的优化；

（3）根据 E-R 图转换为关系模式；

（4）利用规范化理论对关系模式进行规范化，最低达到 3NF。

2.1 数据库设计概述

【任务分析】

设计人员在进行数据库设计时，应首先了解数据库设计的基本步骤。

【课堂任务】

本节要了解数据库设计的基本步骤。

按照规范化设计的方法，考虑数据库及其应用系统开发的全过程，将数据库的设计分为以下 6 个设计阶段（见图 2.1）：需求分析、概念设计、逻辑设计、物理设计、数据库实施、数据库运行和维护。

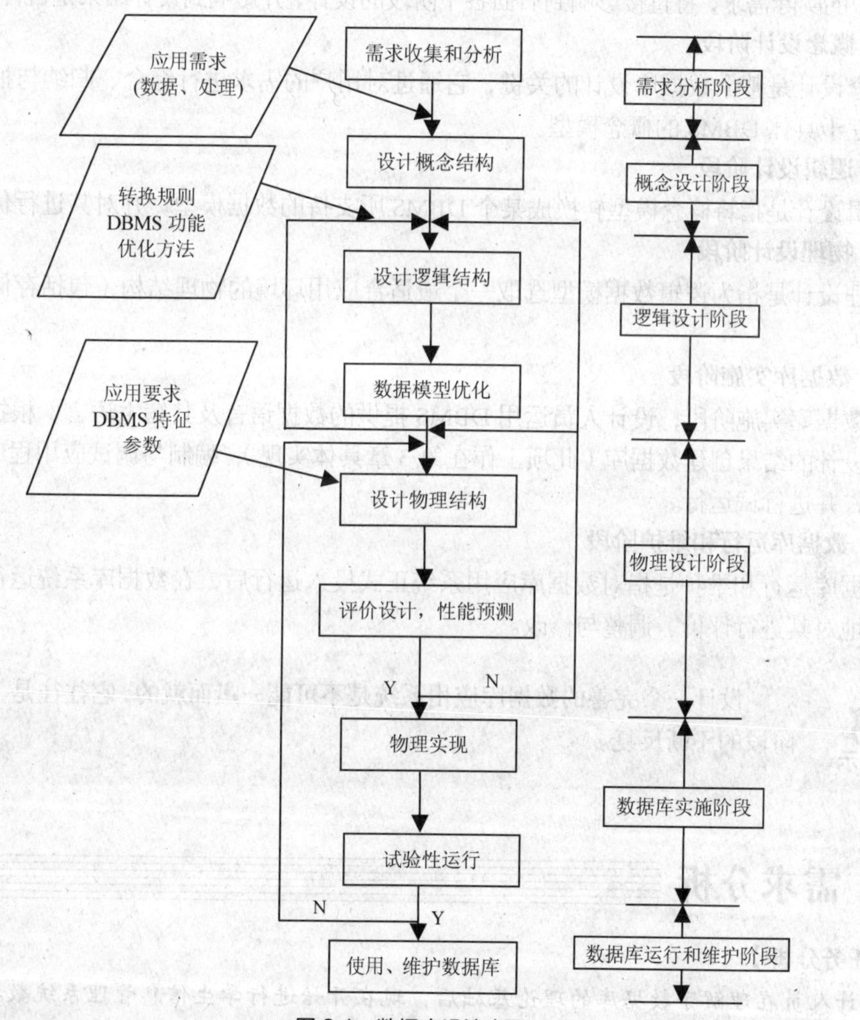

图 2.1 数据库设计步骤

在数据库设计中，前两个阶段是面向用户的应用需求、面向具体的问题，中间两个阶段是面向数据库管理系统，最后两个阶段是面向具体的实现方法。前 4 个阶段可统称为“分析和设计阶段”，后面两个阶段统称为“实现和运行阶段”。

在进行数据库设计之前，首先必须选择参加设计的人员，包括系统分析人员、数据库设计人员、程序员、用户和数据库管理员。系统分析人员和数据库设计人员是数据库设计的核心人员，他们将自始至终参加数据库的设计，他们的水平决定了数据库系统的质量。用户和数据库管理员在数据库设计中也是举足轻重的人物，他们主要参加需求分析和数据库的运行维护，他们的积极参与不但能加快数据库的设计，而且是决定数据库设计质量的重要因素。程序员则在系统实施阶段参与进来，负责编写程序和配置软硬件环境。

如果所设计的数据库应用系统比较复杂，还应该考虑是否需要使用数据库设计工具和CASE 工具以提高数据库设计质量并减少设计工作量，以及考虑选用何种工具。

数据库设计的 6 个阶段具体说明如下。

1．需求分析阶段

需求分析就是根据用户的需求收集数据，是设计数据库的起点。需求分析的结果是否准确反映用户的实际需求，将直接影响到后面各个阶段的设计，并影响到设计结果是否合理和实用。

2．概念设计阶段

概念设计是整个数据库设计的关键，它通过对用户的需求进行综合、归纳与抽象，形成一个独立于具体 DBMS 的概念模型。

3．逻辑设计阶段

逻辑设计是指将概念模型转换成某个 DBMS 所支持的数据模型，并对其进行优化。

4．物理设计阶段

物理设计是指为逻辑数据模型选取一个最适合应用环境的物理结构（包括存储结构和存取方法）。

5．数据库实施阶段

在数据库实施阶段，设计人员运用 DBMS 提供的数据语言及其宿主语言，根据逻辑设计和物理设计的结果创建数据库（此项工作在第 3 章具体实现），编制与调试应用程序，组织数据入库，并进行试运行。

6．数据库运行和维护阶段

数据库运行和维护是指对数据库应用系统正式投入运行后，在数据库系统运行过程中必须不断地对其进行评价、调整与修改。

设计一个完善的数据库应用系统是不可能一蹴而就的，它往往是上述 6 个阶段的不断反复。

2.2 需求分析

【任务分析】

设计人员在理解了数据库的理论基础后，现在开始进行学生信息管理系统数据库设计的第 1 步，即将学生信息管理中的数据收集起来，那么收集的步骤及方法是什么？

【课堂任务】

本节要理解收集数据的步骤和方法。

- 需求分析的任务及目标
- 需求分析的步骤及方法

2.2.1 需求分析的任务及目标

在创建数据库前，首先应该做的一件事情是找出数据库系统中必须要保存的信息是什么，以及应当怎样保存那些信息（例如，信息的长度、用数字或文本的形式保存等）。要完成这一任务，需要进行数据收集。数据收集可以涉及与作为系统所有者的人士进行交谈，以及与要使用系统的用户进行交谈。

需求分析的任务就是收集数据，要尽可能多地收集关于数据库要存储的数据以及将来如何使用这些数据的信息，确保收集到数据库需要存储的全部信息。

设计人员通过对客户和最终用户的详尽调查以及设计人员的亲自体验，充分了解原系统或手工处理工作存在的问题，正确理解用户在数据管理中的数据需求和完整性要求，例如，数据库需要存储哪些数据、用户如何使用这些数据、这些数据有哪些约束等。因此客户和最终用户必须参与到对数据和业务的调查、分析和反馈的工作中，客户和最终用户必须确认是否考虑了业务的所有需求，以及由业务需求转换的数据库需求是否正确。

在收集数据的初始阶段，应尽可能多地收集数据，包括各种单据、凭证、表格、工作记录、工作任务描述、会议记录、组织结构及其职能、经营目标等。在收集到的大量信息中，有一些信息对设计工作是有用的，而有一些可能没有用处，设计人员经过与用户进行多次的交流和沟通，才能最后确定用户的实际需求。在与用户进行讨论和沟通时，要进行详细的记录。明确下面一些问题将有助于帮助实现数据库设计目标。

（1）有多少数据，数据的来源在哪里，是否有已存在的数据资源？

（2）必须保存哪些数据，数据是字符、数字或日期型？

（3）谁使用数据，如何使用？

（4）数据是否经常修改，如何修改和什么时候修改？

（5）某个数据是否依赖于另一个数据或被其他数据引用？

（6）某个信息是否要唯一？

（7）哪些数据是组织内部的和哪些是外部数据？

（8）哪些业务活动与数据有关，数据如何支持业务活动？

（9）数据访问的频度和增长的幅度如何？

（10）谁可以访问数据，如何保护数据。

2.2.2 需求分析的方法

进行需求分析首先是调查清楚用户的实际需求，与用户达成共识，然后分析与表达这些需求。

1. 调查用户需求步骤

调查用户需求的具体步骤如下。

（1）调查组织机构情况。包括了解该组织的部门组成情况、各部门的职责等，为分析信息流程做准备。

（2）调查各部门的业务活动情况。包括了解各个部门输入和使用什么数据，如何加工处理这些数据，输出什么信息，输出到什么部门，输出结果的格式是什么，这是调查的重点。

（3）在熟悉了业务的基础上，协助用户明确对新系统的各种要求，包括信息要求、处理要求、完全性与完整性要求，这是调查的又一个重点。

（4）确定新系统的边界。对前面调查的结果进行初步分析，确定哪些功能由计算机完成或将来准备让计算机完成，哪些活动由人工完成。由计算机完成的功能就是新系统应该实现的功能。

2．常用的调查方法

在调查过程中，可以根据不同的问题和条件使用不同的调查方法。常用的调查方法如下。

（1）跟班作业。通过亲身参加业务工作来了解业务活动的情况。通过这种方法可以比较准确地了解用户的需求，但比较耗费时间。

（2）开调查会。通过与用户座谈来了解业务活动情况及用户需求。座谈时，参加者和用户之间可以相互启发。

（3）请专人介绍。

（4）询问。对某些调查中的问题，可以找专人询问。

（5）问卷调查。设计调查表请用户填写。如果调查表设计得合理，这种方法是很有效的，也易于为用户所接受。

（6）查阅记录。查阅与原系统有关的数据记录。

2.3 概念结构设计

【任务分析】

设计人员完成了数据库设计的第一步，收集到了与学生信息管理系统相关的数据，下一步的工作是将收集到的学生信息管理的数据进行分析，找出它们之间的联系，并用 E-R 图来表示。

【课堂任务】

本节要理解 E-R 图的设计方法。

- 设计局部 E-R 模型
- 设计全局 E-R 模型
- 消除合并局部 E-R 图存在的冲突

概念结构设计是将需求分析得到的用户需求抽象为信息结构即概念模型的过程，它是整个数据库设计的关键。只有将需求分析阶段所得到的系统应用需求抽象为信息世界的结构，才能更好地、更准确地转化为机器世界中的数据模型，并用适当的 DBMS 实现这些需求。

2.3.1 概念结构设计的方法和步骤

1．概念结构设计的方法

概念结构设计的方法通常有以下 4 种。

（1）自顶向下。首先定义全局概念结构的框架，然后逐步细化。

（2）自底向上。首先定义各局部应用的概念结构，然后将它们集成起来，得到全局概念结构。

（3）逐步扩张。首先定义最重要的核心概念结构，然后向外扩充，以滚雪球的方式逐步生成其他概念结构，直至总体概念结构。

（4）混合策略。将自顶向下和自底向上的方法相结合，用自顶向下策略设计一个全局概念结构的框架，以它为框架自底向上设计各局部概念结构。

其中最常采用的策略是混合策略，即自顶向下进行需求分析，然后再自底向上设计概念结构，其方法如图 2.2 所示。

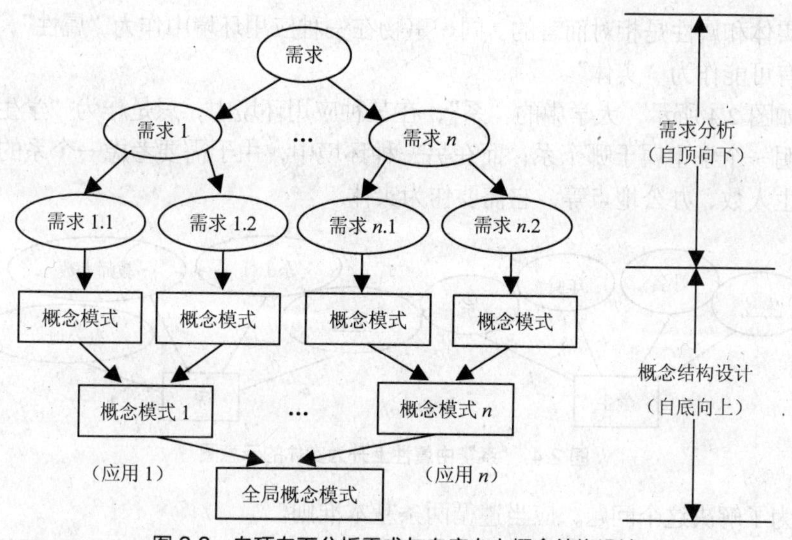

图 2.2　自顶向下分析需求与自底向上概念结构设计

2．概念结构设计的步骤

按照图 2.2 所示的自顶向下需求分析与自底向上概念结构设计的方法，概念结构的设计可分为以下两步。

（1）进行数据抽象，设计局部 E-R 模型。

（2）集成各局部 E-R 模型，形成全局 E-R 模型，其步骤如图 2.3 所示。

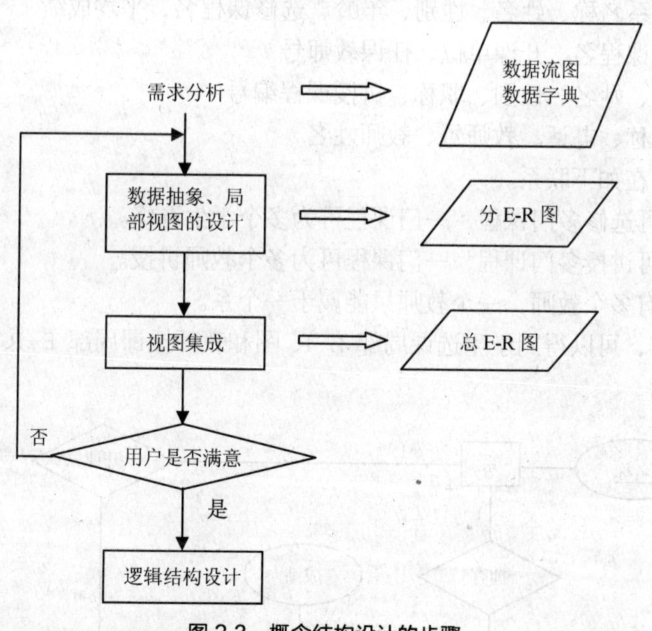

图 2.3　概念结构设计的步骤

2.3.2　局部 E-R 模型设计

设计局部 E-R 图首先需要根据系统的具体情况，在多层的数据流图中选择一个适当层次的数据流图，让这组图中的每一部分对应一个局部应用，然后以这一层次的数据流图为出发点，设计分 E-R 图。将各局部应用涉及的数据分别从数据字典中抽取出来，参照数据流图，确定各局部应用中的实体、实体的属性、标识实体的码、实体之间的联系及其类型（1∶1，1∶n，m∶n）。

实际上实体和属性是相对而言的。同一事物在一种应用环境中作为“属性”，在另一种应用环境中就有可能作为“实体”。

例如，如图 2.4 所示，大学中的“系”，在某种应用环境中，只是作为“学生”实体的一个属性，表明一个学生属于哪个系；而在另一种环境中，由于需要考虑一个系的系主任、教师人数、学生人数、办公地点等，它需要作为实体。

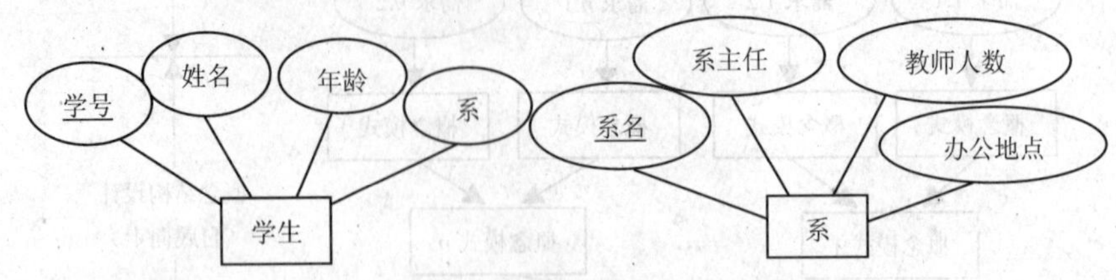

图 2.4 “系”由属性上升为实体的示意图

因此，为了解决这个问题，应当遵循两条基本准则。

（1）属性不能再具有需要描述的性质，即属性必须是不可分的数据项，不能再由另一些属性组成。

（2）属性不能与其他实体具有联系。联系只发生在实体之间。

符合上述两条特性的事物一般作为属性对待。为了简化 E-R 图的处理，现实世界中的事物凡能够作为属性对待的，应尽量作为属性。

【例 2.1】 设有如下实体。

学生：学号、系名称、姓名、性别、年龄、选修课程名、平均成绩

课程：编号、课程名、开课单位、任课教师号

教师：教师号、姓名、性别、职称、讲授课程编号

单位：单位名称、电话、教师号、教师姓名

上述实体中存在如下联系。

① 一个学生可选修多门课程，一门课程可为多个学生选修。

② 一个教师可讲授多门课程，一门课程可为多个教师讲授。

③ 一个系可有多个教师，一个教师只能属于一个系。

根据上述约定，可以得到学生选课局部 E-R 图和教师授课局部 E-R 图，分别如图 2.5 和图 2.6 所示。

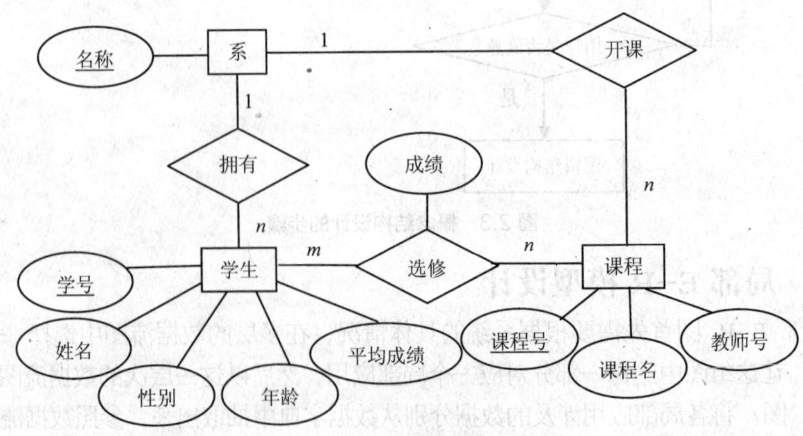

图 2.5 学生选课局部 E-R 图

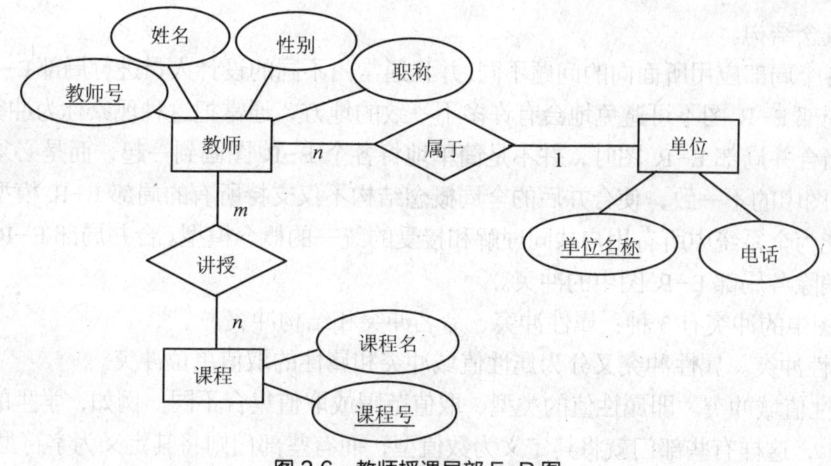

图 2.6　教师授课局部 E-R 图

2.3.3　全局 E-R 模型设计

1．局部 E-R 的集成方法

各个局部 E-R 图建立好后，还需要对它们进行合并，集成为一个整体的概念数据结构即全局 E-R 图。局部 E-R 图的集成有两种方法。

（1）多元集成法，也叫做一次集成，一次性将多个局部 E-R 图合并为一个全局 E-R 图，如图 2.7（a）所示。

（2）二元集成法，也叫做逐步集成，首先集成两个重要的局部 E-R 图，然后用累加的方法逐步将一个新的 E-R 图集成进来，如图 2.7（b）所示。

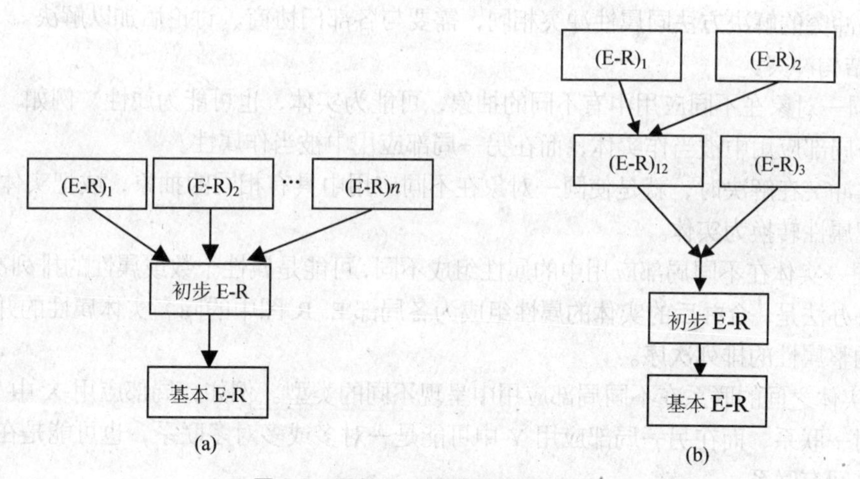

图 2.7　局部 E-R 图集成的两种方法

2．局部 E-R 图集成步骤

在实际应用中，可以根据系统复杂性选择这两种方案。如果局部图比较简单，可以采用一次集成法。在一般情况下，采用逐步集成法，即每次只综合两个图，这样可降低难度。无论使用哪一种方法，E-R 图集成均分为两个步骤。第 1 步为合并，消除各局部 E-R 图之间的冲突，生成初步 E-R 图；第 2 步为优化，消除不必要的冗余，生成基本 E-R 图。

（1）合并分 E-R 图，生成初步 E-R 图。这个步骤将所有的局部 E-R 图综合成全局概念结构。全局概念结构不仅要支持所有的局部 E-R 模型，而且必须合理地表示一个完整、一致的数据库概念结构。

由于各个局部应用所面向的问题不同，并且通常由不同的设计人员进行局部E-R图设计，因此，各局部E-R图不可避免地会有许多不一致的地方，通常把这种现象称为冲突。

因此当合并局部E-R图时，并不是简单地将各个E-R图画到一起，而是必须消除各个局部E-R图中的不一致，使合并后的全局概念结构不仅支持所有的局部E-R模型，而且必须是一个能为全系统中所有用户共同理解和接受的统一的概念模型。合并局部E-R图的关键就是合理消除各局部E-R图中的冲突。

E-R图中的冲突有3种：属性冲突、命名冲突和结构冲突。

① 属性冲突。属性冲突又分为属性值域冲突和属性的取值单位冲突。

a. 属性值域冲突。即属性值的类型、取值范围或取值集合不同。例如，学生的学号通常用数字表示，这样有些部门就将其定义为数值型，而有些部门则将其定义为字符型。

b. 属性的取值单位冲突。比如零件的重量，有的以千克为单位，有的以公斤为单位，有的则以克为单位。

属性冲突属于用户业务上的约定，必须与用户协商后解决。

② 命名冲突。命名不一致可能发生在实体名、属性名或联系名之间，其中属性的命名冲突最为常见。一般表现为同名异义或异名同义。

a. 同名异义，即同一名字的对象在不同的局部应用中具有不同的意义。例如，“单位”在某些部门表示为人员所在的部门，而在某些部门可能表示物品的重量、长度等属性。

b. 异名同义，即同一意义的对象在不同的局部应用中具有不同的名称。例如，对于“房间”这个名称，在教务管理部门中对应教室，而在后勤管理部门中对应学生宿舍。

命名冲突的解决方法同属性冲突相同，需要与各部门协商、讨论后加以解决。

③ 结构冲突。

a. 同一对象在不同应用中有不同的抽象，可能为实体，也可能为属性。例如，教师的职称在某一局部应用中被当作实体，而在另一局部应用中被当作属性。

这类冲突在解决时，就是使同一对象在不同应用中具有相同的抽象，或把实体转换为属性，或把属性转换为实体。

b. 同一实体在不同局部应用中的属性组成不同，可能是属性个数或属性的排列次序不同。

解决办法是，合并后的实体的属性组成为各局部E-R图中的同名实体属性的并集，然后再适当调整属性的排列次序。

c. 实体之间的联系在不同局部应用中呈现不同的类型。例如，局部应用X中E_1与E_2可能是一对一联系，而在另一局部应用Y中可能是一对多或多对多联系，也可能是在E_1、E_2、E_3三者之间有联系。

解决方法：根据应用语义对实体联系的类型进行综合或调整。

下面以例2.1中已画出的两个局部E-R图（见图2.5、图2.6）为例，来说明如何消除各局部E-R图之间的冲突，并进行局部E-R模型的合并，从而生成初步E-R图。

首先，这两个局部E-R图中存在着命名冲突，学生选课局部E-R图中的实体“系”与教师授课局部E-R图中的实体“单位”都是指系，即所谓异名同义，合并后统一改为“系”，这样属性“名称”和“单位名称”即可统一为“系名”。

其次，还存在着结构冲突，实体“系”和实体“单位”在两个局部E-R图中的属性组成不同，合并后这两个实体的属性组成为各局部E-R图中的同名实体属性的并集。解决上述冲突后，合并两个局部 E–R 图，就能生成初步的全局 E–R 图。

（2）消除不必要的冗余，生成基本 E–R 图。在初步的 E–R 图中，可能存在冗余的数据和冗余的实体之间的联系。冗余的数据是指可由基本数据导出的数据，冗余的联系是指可由其他的联系导出的联系。冗余的存在容易破坏数据库的完整性，给数据库的维护增加困难，应该消除。当然，不是所有的冗余数据和冗余联系都必须消除，有时为了提高某些应用的效率，不得不以冗余信息作为代价。设计数据库概念模型时，哪些冗余信息必须消除，哪些冗余信息允许存在，需要根据用户的整体需求来确定。把消除了冗余的初步 E–R 图称为基本 E–R 图。

通常采用分析的方法消除冗余。数据字典是分析冗余数据的依据，还可以通过数据流图分析出冗余的联系。

如图 2.5 和图 2.6 所示的初步 E–R 图中，“课程”实体中的属性“教师号”可由“讲授”这个教师与课程之间的联系导出，而学生的平均成绩可由“选修”联系中的属性“成绩”计算出来，所以“课程”实体中的“教师号”与“学生”实体中的“平均成绩”均属于冗余数据。

另外，“系”和“课程”之间的联系“开课”，可以由“系”和“教师”之间的“属于”联系与“教师”和“课程”之间的“讲授”联系推导出来，所以“开课”属于冗余联系。

这样，图 2.5 和图 2.6 所示的初步 E–R 图在消除冗余数据和冗余联系后，便可得到基本的 E–R 模型，如图 2.8 所示。

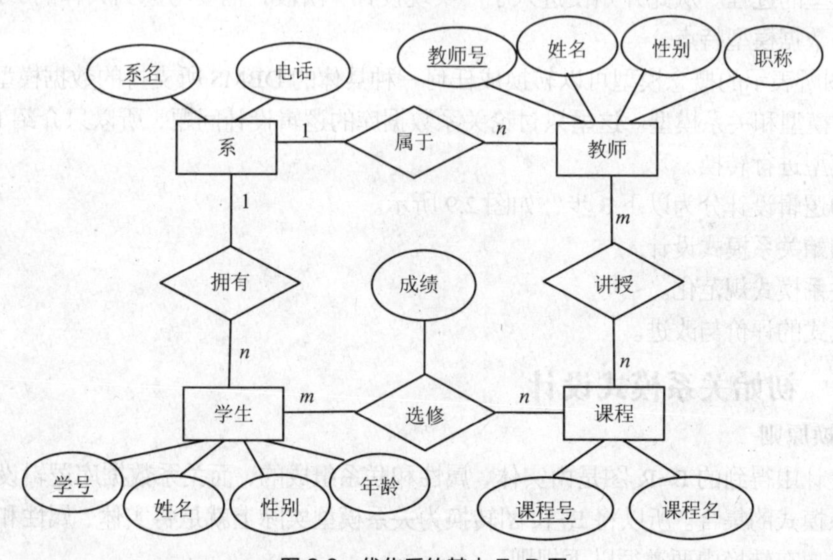

图 2.8　优化后的基本 E–R 图

最终得到的基本 E–R 模型是企业的概念模型，它代表了用户的数据要求，是沟通“要求”和“设计”的桥梁，它决定数据库的总体逻辑结构，是成功创建数据库的关键。如果设计不好，就不能充分发挥数据库的功能，无法满足用户的处理要求。

用户和数据库人员必须对这一模型反复讨论，在用户确认这一模型已正确无误地反映了他们的要求之后，才能进入下一阶段的设计工作。

2.4 逻辑结构设计

【任务分析】

设计人员用E–R方法表示了数据和数据之间的联系。这种表示方法不能直接在计算机上实现，为了创建用户所要求的数据库，需要把概念模型转换为某个具体的DBMS所支持的数据模型。设计人员使用关系数据库存储学生信息管理的数据，因此按照转换规则将E–R模型转换成关系模式（表），并将关系模式进行规范化，保证关系模式达到3NF。

【课堂任务】

本节要掌握将E–R模型转换为关系模式的原则及关系模式的规范化。

- E–R模型转换为关系模式的原则
- 关系模式的规范化
- 非规范化关系模式存在的问题
- 第一范式、第二范式、第三范式

概念结构设计阶段得到的E–R模型是用户的模型，它独立于任何一种数据模型，独立于任何一个具体的DBMS。为了创建用户所要求的数据库，需要把上述概念模型转换为某个具体的DBMS所支持的数据模型。数据库逻辑设计的过程是将概念结构转换成特定DBMS所支持的数据模型的过程。从此开始便进入了“实现设计”阶段，需要考虑到具体的DBMS的性能、具体的数据模型特点。

E–R图所表示的概念模型可以转换成任何一种具体的DBMS所支持的数据模型，如网状模型、层次模型和关系模型。这里只讨论关系数据库的逻辑设计问题，所以只介绍E–R图如何向关系模型进行转换。

一般的逻辑设计分为以下3步，如图2.9所示。

（1）初始关系模式设计。

（2）关系模式规范化。

（3）模式的评价与改进。

2.4.1 初始关系模式设计

1. 转换原则

概念设计中得到的E–R图是由实体、属性和联系组成的，而关系数据库逻辑设计的结果是一组关系模式的集合。所以将E–R图转换为关系模型实际上就是将实体、属性和联系转换成关系模式。在转换中要遵循以下规则。

规则2.1 实体类型的转换：将每个实体类型转换成一个关系模式，实体的属性即为关系的属性，实体的标识符即为关系模式的码。

规则2.2 联系类型的转换：根据不同的联系类型做不同的处理。

规则2.2.1 若实体间联系是1∶1，可以在两个实体类型转换成的两个关系模式中任意一个关系模式中加入另一个关系模式的码和联系类型的属性。

规则2.2.2 若实体间的联系是1∶n，则在n端实体类型转换成的关系模式中加入1端实体类型的码和联系类型的属性。

规则2.2.3 若实体间联系是m∶n，则将联系类型也转换成关系模式，其属性为两端实体类型的码加上联系类型的属性，而码为两端实体码的组合。

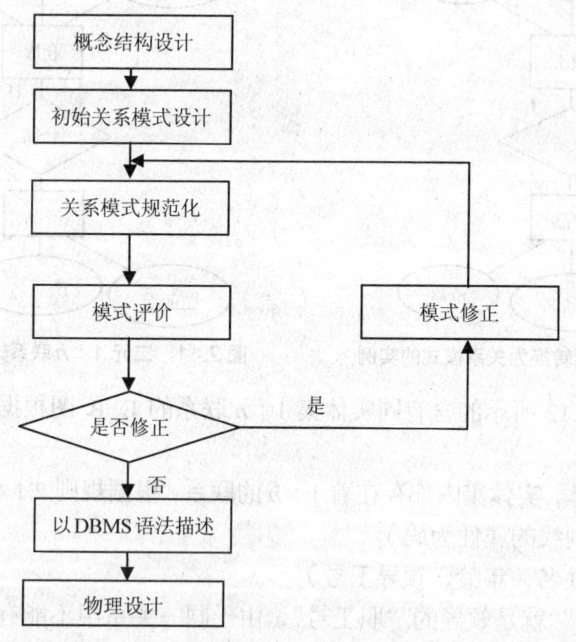

图 2.9　关系数据库的逻辑设计

规则 2.2.4　3 个或 3 个以上的实体间的一个多元联系，不管联系类型是何种方法，总是将多元联系类型转换成一个关系模式，其属性为与该联系相连的各实体的码及联系本身的属性，其码为各实体码的组合。

规则 2.2.5　具有相同码的关系可合并。

2．实例

【例 2.2】　将图 2.10 所示的含有 1∶1 联系的 E-R 图根据上述规则转换为关系模式。

该例包含两个实体，实体间存在着 1∶1 的联系，根据规则 2.1 和规则 2.2.1 可转换为如下关系模式（带下划线的属性为码）。

方案 1："负责"与"职工"两关系模式合并，转换后的关系模式如下。

职工（<u>职工号</u>，姓名，年龄，产品号）

产品（<u>产品号</u>，产品名，价格）

方案 2："负责"与"产品"两关系模式合并，转换后的关系模式如下。

职工（<u>职工号</u>，姓名，年龄）

产品（<u>产品号</u>，产品名，价格，职工号）

将上面两个方案进行比较，方案 1 中，由于并不是每个职工都负责产品，就会造成产品号属性的 NULL 值较多，所以方案 2 比较合理一些。

【例 2.3】　将图 2.11 所示的含有 1∶*n* 联系的 E-R 图根据上述规则转换为关系模式。

该例包含两个实体，实体间存在着 1∶*n* 的联系，根据规则 2.1 和规则 2.2.2 可转换为如下关系模式（带下划线的属性为码）。

仓库（<u>仓库号</u>，地点，面积）

产品（<u>产品号</u>，产品名，价格，仓库号，数量）

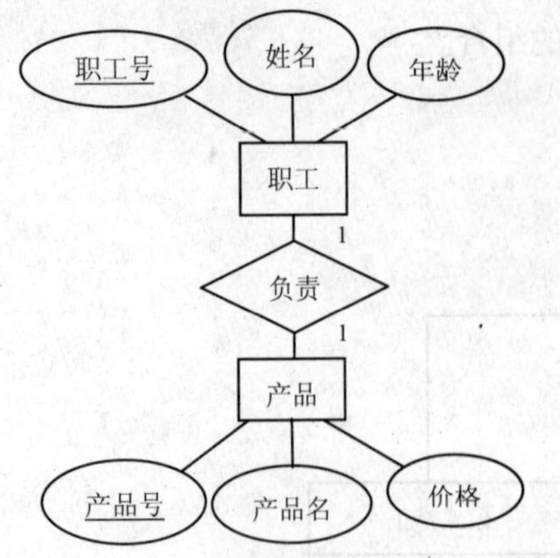

图 2.10　二元 1：1 联系转换为关系模式的实例

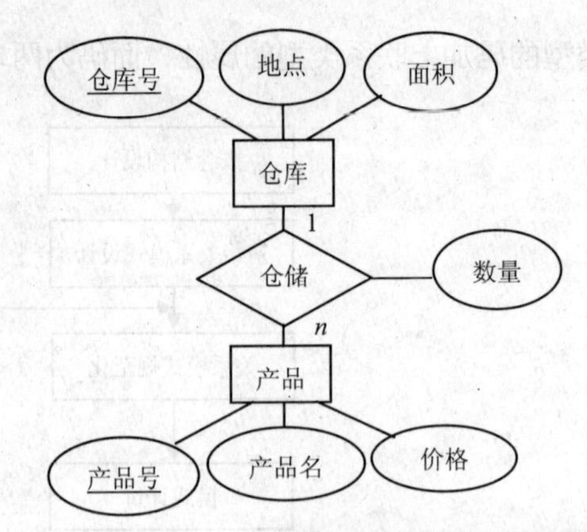

图 2.11　二元 1：n 联系转换为关系模式的实例

【例 2.4】 将图 2.12 所示的含有同实体集 1：n 联系的 E-R 图根据上述规则转换为关系模式。

该例只有一个实体，实体集内部存在着 1：n 的联系，根据规则 2.1 和规则 2.2.2 可转换为如下关系模式（带下划线的属性为码）。

职工（职工号，姓名，年龄，领导工号）

其中，“领导工号”就是领导的“职工号”，由于同一关系中不能有相同的属性名，故将领导的“职工号”改为“领导工号”。

【例 2.5】 将图 2.13 所示的含有 m：n 联系的 E-R 图根据规则转换为关系模式。

该例包含两个实体，实体间存在着 m：n 的联系，根据规则 2.1 和规则 2.2.3 可转换为如下关系模式（带下划线的属性为码）。

商店（店号，店名，店址，店经理）

商品（商品号，商品名，单价，产地）

经营（店号，商品号，月销售量）

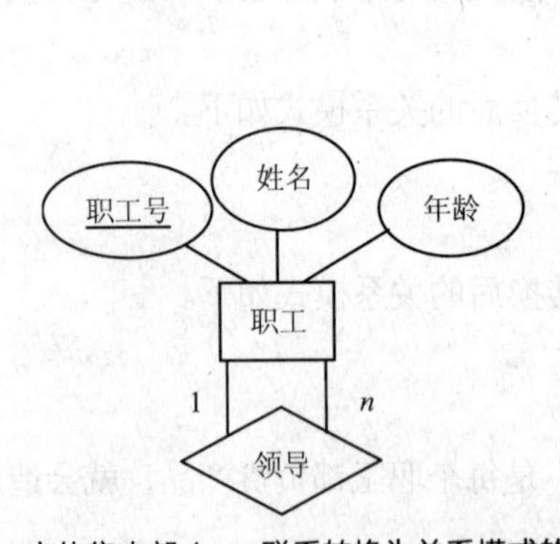

图 2.12　实体集内部 1：n 联系转换为关系模式的实例

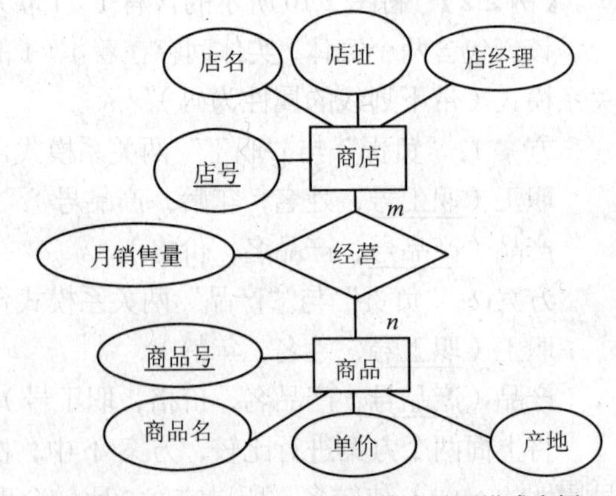

图 2.13　二元 m：n 联系转换为关系模式实例

【例 2.6】 将图 2.14 所示的同实体集间含有 m：n 联系的 E-R 图根据规则转换为关系模式。

该例只有一个实体，实体集内部存在着 m：n 的联系，根据规则 2.1 和规则 2.2.3 可转换为如下关系模式（带下划线的属性为码）。

零件（零件号，名称，价格）

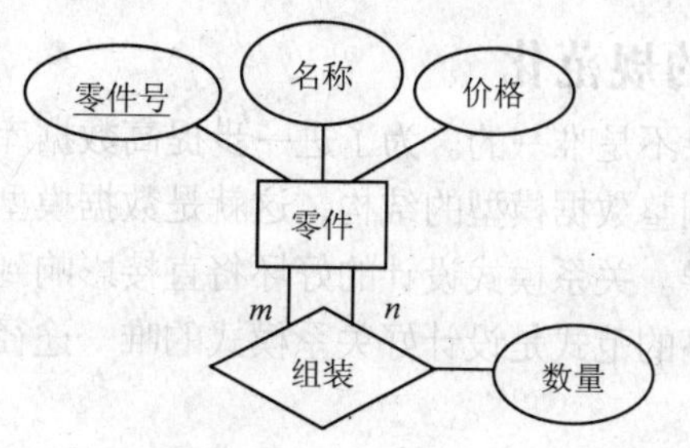

图 2.14　同一实体集内 $m:n$ 联系转换为关系模式的实例

组装（组装件号，零件号，数量）

其中，“组装件号”为组装后的复杂零件号，由于同一个关系中不允许存在同属性名，因而改为“组装件号”。

【例 2.7】 将图 2.15 所示的多实体集间含有 $m:n$ 联系的 E-R 图根据规则转换为关系模式。

该例包含 3 个实体，3 个实体间存在着 $m:n$ 的联系，根据规则 2.1 和规则 2.2.4 可转换为如下关系模式（带下画线的属性为码）。

供应商（供应商号，供应商名，地址）

零件（零件号，零件名，单价）

产品（产品号，产品名，型号）

供应（供应商号，零件号，产品号，数量）

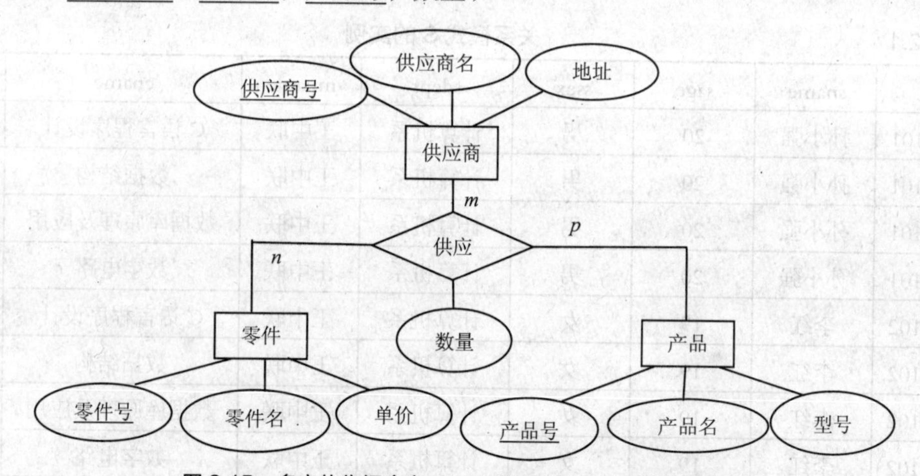

图 2.15　多实体集间含有 $m:n$ 联系转换为关系模式的实例

【例 2.8】 将图 2.8 所示的 E-R 图，根据转换规则转换为关系模式。

在图 2.8 所示的 E-R 图中，包含 4 个实体，实体间存在两个 $1:n$ 的联系和两个 $m:n$ 的联系，根据规则 2.1 和规则 2.2.2、规则 2.2.3 转换为如下关系模式（带下划线的属性为码）。

系（系名，电话）

教师（教师号，姓名，性别，职称，系名）

学生（学号，姓名，性别，年龄，系名）

课程（课程号，课程名）

选修（学号，课程号，成绩）

讲授（教师号，课程号）

2.4.2 关系模式的规范化

数据库逻辑设计的结果不是唯一的。为了进一步提高数据库应用系统的性能，还应该根据应用需要适当地修改、调整数据模型的结构，这就是数据模型的优化。关系数据模型的优化通常以规范化理论为指导。关系模式设计的好坏将直接影响到数据库设计的成败。将关系模式规范化，使之达到较高的范式是设计好关系模式的唯一途径，否则，设计的关系数据库会产生一系列的问题。

1．存在的问题及解决方法

（1）存在的问题。下面以一个实例说明如果一个关系没有经过规范化可能会出现的问题。

例如，要设计一个教学管理数据库，希望从该数据库中得到学生学号、姓名、年龄、性别、系别、系主任姓名、学生学习的课程名和该课程的成绩信息。若将此信息要求设计为一个关系，则关系模式如下。

S（sno，sname，sage，ssex，sdept，mname，cname，score）

该关系模式中各属性之间的关系为：一个系有若干个学生，但一个学生只属于一个系；一个系只能有一名系主任，但一个系主任可以同时兼几个系的系主任；一个学生可以选修多门课程，每门课程可被若干个学生选修；每个学生学习的每门课程都有一个成绩。

可以看出，此关系模式的码为（sno，cname）。仅从关系模式上看，该关系模式已经包括了需要的信息，如果按此关系模式建立关系，并对它进行深入分析，就会发现其中的问题。关系模式 S 的实例见表 2.1。

表 2.1 关系模式 S 的实例

sno	sname	sage	ssex	sdept	mname	cname	score
20060101	孙小强	20	男	计算机系	王中联	C 语言程序设计	78
20060101	孙小强	20	男	计算机系	王中联	数据结构	84
20060101	孙小强	20	男	计算机系	王中联	数据库原理及应用	68
20060101	孙小强	20	男	计算机系	王中联	数字电路	90
20060102	李红	19	女	计算机系	王中联	C 语言程序设计	92
20060102	李红	19	女	计算机系	王中联	数据结构	77
20060102	李红	19	女	计算机系	王中联	数据库原理及应用	83
20060102	李红	19	女	计算机系	王中联	数字电路	79
20060201	张利平	18	男	电子系	张超亮	高等数学	80
20060201	张利平	18	男	电子系	张超亮	机械制图	83
20060201	张利平	18	男	电子系	张超亮	自动控制	73
20060201	张利平	18	男	电子系	张超亮	电工基础	92

从表 2.1 中的数据情况可以看出，该关系存在以下问题。

① 数据冗余太大。每个系名和系主任的名字存储的次数等于该系学生人数乘以每个学生选修的课程门数，系名和系主任数据重复量太大。

② 插入异常。一个新系没有招生时，或系里有学生但没有选修课程，系名和系主任名无法插入到数据库中。因为在这个关系模式中码是（sno，cname），这时没有学生而使得学号无

值，或学生没有选课而使得课程名无值。但在一个关系中，码属性不能为空值，因此关系数据库无法操作，导致插入异常。

③ 删除异常。当某系的学生全部毕业而又没有招新生时，删除学生信息的同时，系及系主任名的信息随之删除，但这个系依然存在，而在数据库中却无法找到该系的信息，即出现了删除异常。

④ 更新异常。若某系换系主任，数据库中该系的学生记录应全部修改。如果稍有不慎，某些记录漏改了，则造成数据的不一致，即出现了更新异常。

为什么会发生插入异常和删除异常？原因是该关系模式中属性与属性之间存在不好的数据依赖。一个“好”的关系模式应当不会发生插入和删除异常，冗余度要尽可能少。

（2）解决方法。对于存在问题的关系模式，可以通过模式分解的方法使之规范化。

例如将上述关系模式分解成 3 个关系模式。

S（sno，sname，sage，ssex，sdept）

SC（sno，cname，score）

DEPT（sdept，mname）

这样分解后，3 个关系模式都不会发生插入异常、删除异常的问题，数据的冗余也得到了控制，数据的更新也变得简单。

“分解”是解决冗余的主要方法，也是规范化的一条原则，“关系模式有冗余问题，就分解它”。

上述关系模式的分解方案是否就是最佳的，也不是绝对的。如果要查询某位学生所在系的系主任名，就要对两个关系做连接操作，而连接的代价也是很大的。一个关系模式的数据依赖会有哪些不好的性质，如何改造一个模式，这就是规范化理论所讨论的问题。

2．函数依赖基本概念

（1）规范化。规范化是指用形式更为简洁、结构更加规范的关系模式取代原有关系模式的过程。

（2）关系模式对数据的要求。关系模式必须满足一定的完整性约束条件以达到现实世界对数据的要求。完整性约束条件主要包括以下两个方面。

① 对属性取值范围的限定。

② 属性值间的相互联系（主要体现在值的相等与否），这种联系称为数据依赖。

（3）属性间的联系。第 1 章讲到客观世界的事物间存在着错综复杂的联系，实体间的联系有两类：一类是实体与实体之间的联系；另一类是实体内部各属性间的联系。这里主要讨论第二类联系。

属性间的联系可分为 3 类。

① 一对一联系（1：1）。以学生关系模式 S（sno，sname，sage，ssex，sdept，mname，cname，score）为例，如果学生无重名，则属性 sno 和 sname 之间是一对一联系，一个学号唯一地决定一个姓名，一个姓名也唯一地决定一个学号。

设 X、Y 是关系 R 的两个属性（集）。如果对于 X 中的任一具体值，Y 中至多有一值与之对应；反之亦然，则称 X、Y 两属性间是一对一联系。

② 一对多联系（1：n）。在学生关系模式 S 中，属性 sdept 和 sno 之间是一对多联系，即

一个系对应多个学号（如计算机系可对应 20060101、20060102 等），但一个学号却只对应一个系（如 20060101 只能对应计算机系）。同样，mname 和 sno、sno 和 score 之间都是一对多联系。

设 X、Y 是关系 R 的两个属性（集）。如果对于 X 中的任一具体值，Y 中至多有一个值与之对应，而 Y 中的一个值却可以和 X 中的 n 个值($n \geq 0$)相对应，则称 Y 对 X 是一对多联系。

③ 多对多联系（$m:n$）。在学生关系模式 S 中，cname 和 score 两属性间是多对多联系。一门课程对应多个成绩，而一个成绩也可以在多门课程中出现。sno 和 cname、sno 和 score 之间也是多对多联系。

设 X、Y 是关系 R 的两个属性（集）。如果对于 X 中的任一具体值，Y 中有 $m(m \geq 0)$ 个值与之对应，而 Y 中的一个值也可以和 X 中的 n 个值($n \geq 0$)相对应，则称 Y 对 X 是多对多联系。

上述属性间的 3 种联系实际上是属性值之间相互依赖又相互制约的反映，称为属性间的数据依赖。

（4）数据依赖。数据依赖是指通过一个关系中属性间值的相等与否体现出来的数据间的相互关系，是现实世界属性间相互联系的抽象，是数据内在的性质。

数据依赖共有 3 种：函数依赖（Functional Dependency，FD）、多值依赖（MultiValued Dependency，MVD）和连接依赖（Join Dependency，JD），其中最重要的是函数依赖和多值依赖。

（5）函数依赖。在数据依赖中，函数依赖是最基本、最重要的一种依赖，它是属性之间的一种联系，假设给定一个属性的值，就可以唯一确定（查找到）另一个属性的值。例如，知道某一学生的学号，可以唯一地查询到其对应的系别，如果这种情况成立，就可以说系别函数依赖于学号。这种唯一性并非指只有一个记录，而是指任何记录。

定义 1：设有关系模式 $R(U)$，X 和 Y 均为 $U=\{A1, A2, \cdots, An\}$ 的子集，r 是 R 的任一具体关系，r 中不可能存在两个元组在 X 上的属性值相等，而在 Y 上的属性值不等（也就是说，如果对于 r 中的任意两个元组 t 和 s，只要有 $t[X]=s[X]$，就有 $t[Y]=s[Y]$），则称 X 函数决定 Y，或称 Y 函数依赖于 X，记作 $X \to Y$，其中 X 叫做决定因素（Determinant），Y 叫做依赖因素（Dependent）。

这里的 $t[X]$ 表示元组 t 在属性集 X 上的值，$s[X]$ 表示元组 s 在属性集 X 上的值。FD 是对关系模式 R 的一切可能的当前值 r 的定义，不是针对某个特定关系的。通俗地说，在当前值 r 的两个不同元组中，如果 X 值相同，就一定要求 Y 值也相同；或者说，对于 X 的每个具体值，都有 Y 唯一的具体值与之对应。

下面介绍一些相关的术语与记号。

① $X \to Y$，但 $Y \not\subseteq X$，则称 $X \to Y$ 是非平凡的函数依赖。

② $X \to Y$，但 $Y \subseteq X$，则称 $X \to Y$ 是平凡的函数依赖。因为平凡的函数依赖总是成立的，所以若不特别声明，本书后面提到的函数依赖，都不包含平凡的函数依赖。

③ 若 $X \to Y$，$Y \to X$，则称 $X \leftrightarrow Y$。

④ 若 Y 不函数依赖于 X，则记作 $X \not\to Y$。

定义 2：在关系模式 $R(U)$ 中，如果 $X \to Y$，并且对于 X 的任何一个真子集 X'，都有 $X' \not\to Y$，则称 Y 对 X 完全函数依赖，记作 $X \xrightarrow{f} Y$。

若 $X \to Y$，如果存在 X 的某一真子集 $X'(X' \subseteq X)$，使 $X' \to Y$，则称 Y 对 X 部分函数依赖，记作 $X \xrightarrow{p} Y$。

定义 3：在关系模式 $R(U)$ 中，X、Y、Z 是 R 的 3 个不同的属性或属性组，如果 $X \to Y$（$Y \not\subseteq X$，Y 不是 X 的子集），且 $Y \not\to X$，$Y \to Z$，则称 Z 对 X 传递函数依赖，记作 $X \xrightarrow{传递} Z$。

加上条件 $Y \nrightarrow X$，是因为如果 $Y \rightarrow X$，则 $X \leftrightarrow Y$，实际上是 $X \rightarrow Z$，是直接函数依赖而不是传递函数依赖。

（6）属性间联系决定函数依赖。前面讨论的属性间的 3 种联系，并不是每种联系中都存在函数依赖。

① 1∶1联系：如果两属性集 X、Y 之间是1∶1联系，则存在函数依赖 $X \leftrightarrow Y$。如学生关系模式S中，如果不允许学生重名，则有 sno↔sname。

② 1∶n 联系：如果两属性集 X、Y 之间是 n∶1 联系，则存在函数依赖 $X \rightarrow Y$，即多方决定一方。如 sno→sdept、sno→sage、sno→mname 等。

③ m∶n 联系：如果两属性集 X、Y 之间是 m∶n 联系，则不存在函数依赖。如 sno 和 cname 之间、cname 和 score 之间就是如此。

【例 2.9】 设有关系模式 S（sno，sname，sage，ssex，sdept，mname，cname，score），判断以下函数依赖的对错。

① sno→sname，sno→ssex，(sno，cname)→score。

② cname→sno，sdept→cname，sno→cname。

在①中，sno 和 sname 之间存在一对一或一对多的联系，sno 和 ssex、（sno，cname）和 score 之间存在一对多联系，所以这些函数依赖是存在的。

在②中，因为 sno 和 cname、sdept 和 cname 之间都是多对多联系，因此它们之间是不存在函数依赖的。

【例 2.10】 设有关系模式：学生课程（学号，姓名，课程号，课程名称，成绩，教师，教师年龄），在该关系模式中，成绩要由学号和课程号共同确定，教师决定教师年龄。所以此关系模式中包含了以下函数依赖关系。

学号→姓名（每个学号只能有一个学生姓名与之对应）

课程号→课程名称（每个课程号只能对应一个课程名称）

（学号，课程号）→成绩（每个学生学习一门课只能有一个成绩）

教师→教师年龄（每一个教师只能有一个年龄）

注　意

属性间的函数依赖不是指关系模式 R 的某个或某些关系满足上述限定条件，而是指 R 的一切关系都要满足定义中的限定。只要有一个具体关系 r 违反了定义中的条件，就破坏了函数依赖，使函数依赖不成立。

识别函数依赖是理解数据语义的一个组成部分，依赖是关于现实世界的断言，它不能被证明，决定关系模式中函数依赖的唯一方法是仔细考察属性的含义。

3．范式

利用规范化理论，使关系模式的函数依赖集满足特定的要求，满足特定要求的关系模式称为范式。

关系按其规范化程度从低到高可分为 5 级范式（Normal Form），分别称为 1NF、2NF、3NF(BCNF)、4NF、5NF。规范化程度较高者必是较低者的子集，即

$$5NF \subseteq 4NF \subseteq BCNF \subseteq 3NF \subseteq 2NF \subseteq 1NF$$

一个低一级范式的关系模式，通过模式分解可以转换成若干个高一级范式的关系模式的集合，这个过程称为规范化。

（1）第一范式（1NF）。

定义 4：如果关系模式 R 中不包含多值属性（每个属性必须是不可分的数据项），则 R 满足第一范式（First Normal Form），记作 $R\in$1NF。

1NF 是规范化的最低要求，是关系模式要遵循的最基本的范式，不满足 1NF 的关系是非规范化的关系。

关系模式如果仅仅满足 1NF 是不够的。尽管学生关系模式 S 满足 1NF，但它仍然会出现插入异常、删除异常、更新异常及数据冗余等问题，只有对关系模式继续规范化，使之满足更高的范式，才能得到高性能的关系模式。

（2）第二范式（2NF）。

定义 5：如果关系模式 $R(U, F)\in$1NF，且 R 中的每个非主属性完全函数依赖于 R 的某个候选码，则 R 满足第二范式（Second Normal Form），记作 $R\in$2NF。

【例 2.11】 关系模式 S-L-C(U, F)

U={SNO，SDEPT，SLOC，CNO，SCORE}，其中 SNO 是学号，SDEPT 是学生所在系，SLOC 是学生的宿舍（住处），CNO 是课程号，SCORE 是成绩。

该关系模式的码=(SNO，CNO)

函数依赖集 F={(SNO，CNO)→SCORE，SNO→SDEPT，SNO→SLOC，SDEPT→SLOC}

非主属性={SDEPT，SLOC，SCORE}

非主属性对码的部分函数依赖={(SNO，CNO) $\xrightarrow{p}$ SDEPT，(SNO，CNO) $\xrightarrow{p}$ SLOC}

显然，该关系模式不满足 2NF。

不满足 2NF 的关系模式，会产生以下几个问题。

① 插入异常。插入一个新学生，若该生没有选课，则 CNO 为空，但码不能为空，所以不能插入。

② 删除异常。某学生只选择了一门课，现在该门课要删除，则该学生的基本信息也将删除。

③ 更新异常。某个学生要从一个系转到另一个系，若该生选修了 K 门课，必须修改的该学生相关的字段值为 $2K$ 个（系别、住处），一旦有遗漏，将破坏数据的一致性。

造成以上问题的原因是 SDEPT、SLOC 部分函数依赖于码。

解决的办法是用投影分解把关系模式分解为多个关系模式。

投影分解是把非主属性及决定因素分解出来构成新的关系，决定因素在原关系中保持，函数依赖关系相应分开转化（将关系模式中部分依赖的属性去掉，将部分依赖的属性单独组成一个新的模式）。

上述关系模式分解的结果如下。

S-C(SNO，CNO，SCORE)

码={(SNO，CNO)}　F={(SNO，CNO)→SCORE }

S-L(SNO，SDEPT，SLOC)

码={SNO}　F={SNO→SDEPT，SNO→SLOC，SDEPT→SLOC}

经过模式分解，两个关系模式中的非主属性对码都是完全函数依赖，所以它们都满足 2NF。

（3）第三范式（3NF）。

定义 6：如果关系模式 $R(U, F)\in$2NF，且每个非主属性都不传递函数依赖于任何候选码，

则 R 满足第三范式（Third Normal Form），记作 $R \in$ 3NF。

在例 2.11 中，关系 S-L(SNO，SDEPT，SLOC)，SNO→SDEPT，SDEPT→SLOC，SLOC 传递函数依赖于码 SNO，所以 S-L 不满足 3NF。

解决的方法同样是将 S-L 进行投影分解，结果如下。

S-D(SNO，SDEPT)码={SNO}　F={SNO→SDEPT}

D-L(SDEPT，SLOC)码={SDEPT}　F={SDEPT→SLOC}

分解后的关系模式中不再存在传递函数依赖，即关系模式 S-D 和 D-L 都满足 3NF。

3NF 是一个可用的关系模式应满足的最低范式，也就是说，一个关系模式如果不满足 3NF，实际上它是不能使用的。

（4）BCNF。BCNF(Boyce Codd Normal Form)是由 Boyce 和 Codd 提出的，比上述的 3NF 又进了一步，通常认为 BCNF 是修正的第三范式，有时也称为扩充的第三范式。

定义 7：关系模式 $R(U,F) \in$ 1NF，若 $X \rightarrow Y$ 且 $Y \not\subseteq X$ 时，X 必含有码，则 $R(U,F) \in$ BCNF。

也就是说，关系模式 $R(U, F)$中，若每个决定因素都包含码，则 $R(U, F) \in$ BCNF。

由 BCNF 的定义可以得出结论，一个满足 BCNF 的关系模式有以下特点。

① 所有非主属性对每一个码都是完全函数依赖。

② 所有的主属性对每一个不包含它的码也是完全函数依赖。

③ 没有任何属性完全函数依赖于非码的任何一组属性。

【例 2.12】 设关系模式 SC(U, F)，其中 U={SNO，CNO，SCORE}

F={(SNO，CNO)→SCORE }

SC 的候选码为（SNO，CNO），决定因素中包含码，没有属性对码传递依赖或部分依赖，所以 SC $\in$ BCNF。

【例 2.13】 设关系模式 STJ(S，T，J)，其中 S 是学生，T 是教师，J 是课程。每位教师只教一门课，每门课有若干教师，某一学生选定某门课，就对应一位固定的教师。

由语义可得到如下的函数依赖：

(S，J)→T，(S，T)→J，T→J

该关系模式的候选码为(S，J)、(S，T)。

因为该关系模式中的所有属性都是主属性，所以 STJ $\notin$ 3NF，但 STJ $\notin$ BCNF，因为 T 是决定因素，但 T 不包含码。

不属于 BCNF 的关系模式，仍然存在数据冗余问题。如例 2.13 中的关系模式 STJ，如果有 100 个学生选定某一门课，则教师与该课程的关系就会重复存储 100 次。STJ 可分解为如下两个满足 BCNF 的关系模式，以消除此种冗余。

TJ（T，J）

ST（S，T）

2.5 数据库的物理设计

【任务分析】

设计人员得到了规范化的关系模式后，下一步的工作是考虑数据库在存储设备的存储方法及优化策略，如采取什么存储结构、存取方法和存放位置，以提高数据存取的效率和空间的利用率。设计人员进行数据库的物理设计时，要确定数据的存放位置和存储结构，包括确定关系、索引、聚簇、日志、备份等的存储安排和存储结构；确定系统配置等。

【课堂任务】

本节要理解物理设计的目的及内容。

- 存取方法的选择
- 存储结构的确定

数据库在物理设备上的存储结构与存取方法称为数据库的物理结构，它依赖于给定的计算机系统。为一个给定的逻辑数据模型选取一个最适合应用要求的物理结构的过程，称为数据库的物理设计。

物理设计的目的是为了有效地实现逻辑模式，确定所采取的存储策略。此阶段是以逻辑设计的结果作为输入，并结合具体 DBMS 的特点与存储设备特性进行设计，选定数据库在物理设备上的存储结构和存取方法。

数据库的物理设计可分为两步。

（1）确定数据库的物理结构，在关系数据库中主要指存储结构和存取方法。

（2）对物理结构进行评价，评价的重点是时间和空间效率。

如果评价结果满足原设计要求，则可进入到物理实施阶段，否则就需要重新设计或修改物理结构，有时甚至要返回逻辑设计阶段修改数据模型。

2.5.1　关系模式存取方法选择

数据库系统是多用户共享的系统，对同一个关系要建立多条存取路径才能满足多用户的多种应用要求。物理设计的任务之一就是要确定选择哪些存取方法，即建立哪些存取路径。存取方法是快速存取数据库中数据的技术。数据库管理系统一般都提供多种存取方法，常用的存取方法有 3 类：第 1 类是索引方法；第 2 类是聚簇（Cluster）方法；第 3 类是 HASH 方法。

1．索引存取方法的选择

在关系数据库中，索引是一个单独的、物理的数据结构，它是某个表中一列或若干列的集合和相应指向表中物理标识这些值的数据页的逻辑指针清单。索引可以提高数据的访问速度，可以确保数据的唯一性。

所谓索引存取方法就是根据应用要求确定对关系的哪些属性列来建立索引、哪些属性列建立组合索引、哪些索引要设计为唯一索引等。

（1）如果一个（或一组）属性经常在查询条件中出现，则考虑在这个（或这组）属性上建立索引（或组合索引）。

（2）如果一个属性经常作为最大值或最小值等聚集函数的参数，则考虑在这个属性上建立索引。

（3）如果一个（或一组）属性经常在连接操作的连接条件中出现，则考虑在这个（或这组）属性上建立索引。

关系上定义的索引数并不是越多越好，因为系统为维护索引要付出代价，并且查找索引也要付出代价。例如，若一个关系的更新频率很高，这个关系上定义的索引数就不能太多。因为更新一个关系时，必须对这个关系上有关的索引做相应的修改。

2．聚簇存取方法的选择

为了提高某个属性或属性组的查询速度，把这个或这些属性（称为聚簇码）上具有相同值的元组集中存放在连续的物理块称为聚簇。

创建聚簇可以大大提高按聚簇码进行查询的效率。例如，要查询信息系的所有学生名单，若信息系有 500 名学生，在极端情况下，这 500 名学生所对应的数据元组分布在 500 个不同的物理块上，尽管可以按系名建立索引，由索引找到信息系学生的元组标识，但由元组标识去访问数据块时就要存取 500 个物理块，执行 500 次 I/O 操作。如果在按系名这个属性上建立聚簇，则同一系的学生元组将集中存放，这将显著地减少访问磁盘的次数。

（1）设计聚簇的规则。

① 凡符合下列条件之一，可以考虑建立聚簇。

a. 对经常在一起进行连接操作的关系可以建立聚簇。

b. 如果一个关系的一组属性经常出现在相等比较条件中，则该关系可建立聚簇。

c. 如果一个关系的一个或一组属性上的值的重复率很高，即对应每个聚簇码值的平均元组数不是太少，则可以建立聚簇。如果元组数太少，聚簇的效果不明显。

② 凡存在下列条件之一，应考虑不建立聚簇。

a. 需要经常对全表进行扫描的关系。

b. 在某属性列上的更新操作远多于查询和连接操作的关系。

（2）使用聚簇需要注意的问题如下。

① 一个关系最多只能加入一个聚簇。

② 聚簇对于某些特定应用可以明显地提高性能，但建立聚簇和维护聚簇的开销很大。

③ 在一个关系上建立聚簇，将导致关系中的元组移动其物理存储位置，并使此关系上的原有索引无效，必须重建。

④ 当一个元组的聚簇码值改变时，该元组的存储也要做相应的移动，所以聚簇码值要相对稳定，以减少修改聚簇码值所引起的维护开销。

因此，通过聚簇码进行访问或连接是关系的主要应用，与聚簇码无关的其他访问很少或者是次要时，可以使用聚簇。当 SQL 语句中包含有与聚簇码有关的 ORDER BY、GROUP BY、UNION、DISTINCT 等子句或短语时，使用聚簇特别有利，可以省去对结果集的排序操作；否则很可能会适得其反。

3．HASH 存取方法的选择

有些数据库管理系统提供了 HASH 存取方法。选择 HASH 存取方法的规则如下。

如果一个关系的属性主要出现在等值连接条件中或主要出现在相等比较选择条件中，并且满足下列两个条件之一时，则此关系可以选择 HASH 存取方法。

（1）如果一个关系的大小可预知，并且不变。

（2）如果关系的大小动态改变，并且所选用的 DBMS 提供了动态 HASH 存取方法。

2.5.2 确定数据库的存储结构

确定数据库的物理结构主要是指确定数据的存放位置和存储结构，包括确定关系、索引、聚簇、日志、备份等的存储安排和存储结构；确定系统配置等。

提 示

确定数据的存放位置和存储结构要综合考虑存取时间、存储空间利用率和维护代价 3 方面的因素。这 3 个方面常常相互矛盾，因此在实际应用中需要进行全方位的权衡，选择一个折中的方案。

1. **确定数据的存放位置**

为了提高系统性能，应该根据实际应用情况将数据库中数据的易变部分与稳定部分、常存取部分、存取频率较低部分分开存放。有多个磁盘的计算机可以采用下面几种存取位置的分配方案。

（1）将表和该表的索引放在不同的磁盘上。在查询时，由于两个磁盘驱动器并行操作，提高了物理 I/O 读/写的效率。

（2）将比较大的表分别放在两个磁盘上，以加快存取速度，这在多用户环境下特别有效。

（3）将日志文件与数据库的对象（表、索引等）放在不同的磁盘上，以改进系统的性能。

（4）对于经常存取或存取时间要求高的对象（如表、索引）应放在高速存储器（如硬盘）上；对于存取频率小或存取时间要求低的对象（如数据库的数据备份和日志文件备份等，只在故障恢复时才使用），如果数据量很大，可以存放在低速存储设备上。

2. **确定系统配置**

DBMS 产品一般都提供了一些系统配置变量、存储分配参数，以供设计人员和 DBA 对数据库进行物理优化。在初始情况下，系统都为这些变量赋予了合理的默认值。这些初始值并不一定适合每种应用环境，在进行物理设计时，需要重新对这些变量赋值，以改善系统的性能。

系统配置变量很多，例如，同时使用数据库的用户数、同时打开数据库的对象数、内存分配参数、缓冲区分配参数（使用的缓冲区长度、个数）、存储分配参数、物理块的大小、物理块装填因子、时间片大小、数据库的大小、锁的数目等。这些参数值会影响存取时间和存储空间的分配，因此在进行物理设计时就要根据应用环境来确定这些参数值，以使系统性能最佳。

3. **数据库的实施和维护**

完成数据库的物理设计之后，设计人员就要用关系数据库管理系统提供的数据定义语言和其他实用程序将数据库逻辑设计和物理设计的结果严格地描述出来，成为 DBMS 可以接受的代码，再经过调试产生目标模式，然后就可以组织数据入库了，这就是数据库实施阶段。

（1）数据的载入。数据库实施阶段包括两项重要的工作：一项是数据载入；另一项是应用程序的编码和调试。

在一般数据库系统中，数据量都很大，而且数据来源于部门中的各个不同的单位，数据的组织方式、结构和格式都与新设计的数据库系统有相当的差距。组织数据录入就是将各类源数据从各个局部应用中抽取出来，输入计算机，再分类转换，最后综合成新设计的数据库结构的形式，输入数据库。所以这样的数据转换、组织入库的工作是相当费力费时的工作。

由于各个不同的应用环境差异很大，不可能有通用的转换器，DBMS 产品也不提供通用的转换工具。为提高数据输入工作的效率和质量，应该针对具体的应用环境设计一个数据录入子系统，由计算机来完成数据入库的任务。

由于要入库的数据在原来系统中的格式结构与新系统中的不完全一样，有的差别可能比较大，不仅向计算机输入数据时发生错误，而且在转换过程中也有可能出错。因此在源数据入库之前要采用多种方法对它们进行检查，以防止不正确的数据入库，这部分的工作在整个数据输入子系统中是非常重要的。

数据库应用程序的设计应该与数据库设计同时进行，因此在组织数据入库的同时还要调试应用程序。应用程序的设计、编码和调试的方法、步骤在程序设计语言中有详细讲解，这里就不再赘述了。

（2）数据库试运行。在部分数据输入到数据库后，就可以开始对数据库系统进行联合调试，这称为数据库试运行。

这一阶段要实际运行数据库应用程序，执行对数据库的各种操作，测试应用程序的功能是否满足设计要求。如果不满足，则要对应用程序部分进行修改、调整，直到达到设计要求为止。

在数据库试运行时，还要测试系统的性能指标，分析其是否达到了设计目标。在对数据库进行物理设计时已初步确定了系统的物理参数值，但在一般的情况下，设计时的考虑在许多方面只是近似的估计，和实际系统运行总有一定的差距，因此必须在试运行阶段实际测量和评价系统性能指标。事实上，有些参数的最佳值往往是经过运行调试后找到的。如果测试的结果与设计的目标不符，则要返回物理设计阶段，重新调整物理结构，修改系统参数，某些情况下甚至要返回逻辑设计阶段，修改逻辑结构。

这里要特别强调两点。第一，由于数据入库的工作量实在太大，费时又费力，如果试运行后还要修改物理结构甚至逻辑结构，会导致数据重新入库。因此应分期分批地组织数据入库，先输入小批量数据供调试用，待试运行基本合格后，再大批量输入数据，逐步增加数据量，逐步完成运行评价。第二，在数据库试运行阶段，由于系统还不稳定，硬、软件故障随时都可能发生，并且系统的操作人员对新系统还不熟悉，误操作也不可避免，因此必须首先调试运行 DBMS 的恢复功能，做好数据库的转储和恢复工作。一旦故障发生，能使数据库尽快恢复，尽量减少对数据库的破坏。

（3）数据库的运行与维护。数据库试运行合格后，数据库开发工作就基本完成了，即可正式投入运行了。但是，由于应用环境在不断变化，在数据库运行过程中物理存储也会不断变化，对数据库设计进行评价、调整、修改等维护工作是一项长期的任务，也是设计工作的继续和提高。

在数据库运行阶段，对数据库经常性的维护工作主要是由 DBA 完成的，它包括以下几个方面。

① 数据库的转储和恢复。数据库的转储和恢复是系统正式运行后最重要的维护工作之一。DBA 要针对不同的应用要求制定不同的转储计划，以保证一旦发生故障能尽快将数据库恢复到某种一致的状态，并尽可能减少对数据库的破坏。

② 数据库的安全性、完整性控制。在数据库运行过程中，由于应用环境的变化，对安全性的要求也会发生变化。比如有的数据原来是机密的，现在可以公开查询了，而新加入的数据又可能是机密的。系统中用户的级别也会改变。这些都需要 DBA 根据实际情况修改原有的安全性控制。同样，数据库的完整性约束条件也会变化，也需要 DBA 不断修改，以满足用户的要求。

③ 数据库性能的监督、分析和改进。在数据库运行过程中，监督系统运行、分析监测数据、找出改进系统性能的方法是 DBA 的又一重要任务。DBA 应仔细分析这些数据，判断当前系统运行状况是否最佳，应当做哪些改进。例如，调整系统物理参数，或对数据库的运行状况进行重组织或重构造等。

④ 数据库的重组织与重构造。数据库运行一段时间后，由于记录不断增、删、改，会使数据库的物理存储情况变坏，降低了数据的存取效率，数据库性能下降，这时 DBA 就要对数据库进行重组织或部分重组织（只对频繁增、删的表进行重组织）。DBMS 一般都提供数据重组织用的实用程序。在重组织的过程中，按原设计要求重新安排存储位置、回收垃圾、减少

指针链等，以提高系统的性能。

数据库的重组织并不修改原设计的逻辑结构和物理结构，而数据库的重构造则不同，它是指部分修改数据库的模式和内模式。

2.6 任务实现

【任务分析】

设计学生信息管理数据库。

【课堂任务】

通过上面的学习，设计人员已经了解了关系数据库设计的全过程，即设计关系数据库包括下面几个步骤。

- 收集数据
- 创建 E-R 模型
- 创建数据库关系模型
- 规范化数据
- 确定数据存储结构及存取方法

2.6.1 收集数据

为了收集数据库需要的信息，设计人员与学生管理人员和系统的操作者进行了交谈，从最初的谈论中，记录了如下要点。

（1）数据库要存储每位学生的基本信息、各系部的基本信息、各班级的基本信息、教师基本信息、教师授课基本信息和学生宿舍基本信息。

（2）管理人员可以通过数据库管理各系部、各班、各教师、全院学生的基本信息。

（3）按工作的要求查询数据，如浏览某系部、某班级、某年级、某专业等学生基本信息。

（4）根据要求实现对各种数据的统计。如学生人数，应届毕业生人数，某系、某专业、某班级男女生人数，各系部教师人数，退、休学人数等。

（5）能实现对学生学习成绩的管理（录入、修改、查询、统计、打印）。

（6）能实现对学生住宿信息的管理，如查询某学生的宿舍楼号、房间号及床位号等。

（7）能实现历届毕业生的信息管理，如查询某毕业生的详细信息。

（8）数据库系统的操作人员可以查询数据，而管理人员可以修改数据。

（9）使用关系数据库模型。

上述列表中的信息没有固定的顺序，并且有一些信息也可能有重复，或者遗漏了某些重要的信息，这里收集到的信息在后面的设计工作中要与用户进行反复查对，以确保收集到了关于数据库的完整和准确的信息。对于比较大的系统，可能需要数次会议，每一次会议会针对系统的一部分进行讨论和研究，即便如此，对于每一部分，可能还要花费数次会议反复讨论。此外，还可以通过分发调查表、安排相关人员的面谈，或者亲临现场观察业务活动的实际进行过程等方式收集数据。所有这一切，都是为了尽可能多地收集关于数据库以及如何使用数据库的信息。

完成了收集数据任务，设计人员就可以进入数据库设计的下一步：概念设计，即创建 E-R 模型。

2.6.2 创建E-R模型

1．进行数据抽象，设计局部E-R模型

设计人员对收集到的大量信息进行分析、整理后，确定了数据库系统中应该存储如下一些信息：学生基本信息、系部基本信息、班级基本信息、教师基本信息、课程基本信息、学生学习成绩信息、学生综合素质成绩信息、毕业生基本信息、宿舍基本信息、系统用户信息。

设计人员根据这些信息抽象出系统将要使用的实体：学生、系部、班级、课程、教师、宿舍。定义实体之间的联系以及描述这些实体的属性，最后用E-R图表示这些实体和实体之间的联系。

学生实体的属性：学号，姓名，性别，出生日期，身份证号，家庭住址，联系电话，邮政编码，政治面貌，简历，是否退学，是否休学。码是学号。

系部实体的属性：系号，系名，系主任，办公室，电话。码是系号。

班级实体的属性：班级号，班级名称，专业，班级人数，入学年份，教室，班主任，班长。码是班级号。

课程实体的属性：课程号，课程名，学期。码是课程号+学期。

教师实体的属性：教师号，姓名，性别，出生日期，所在系别，职称。码是教师号。

宿舍实体的属性：楼号，房间号，住宿性别，床位数。码是楼号+房间号。

实体与实体之间的联系为：一个系拥有多个学生，每个学生只能属于一个系；一个班级拥有多个学生，每个学生只能属于一个班级；一个系拥有多名教师，一位教师只能属于一个系；一个学生只在一个宿舍里住宿，一个宿舍里可容纳多名学生；一个学生可学习多门课程，一门课程可由多名学生学习；一位教师可承担多门课程的教授任务，一门课程可由多位教师讲授。因此，系部实体和学生实体的联系是一对多联系；系部实体和教师实体是一对多联系；班级实体和学生实体是一对多联系；学生实体和课程实体是多对多联系；课程实体和教师实体多对多联系；宿舍实体和学生实体是一对多联系。

根据上述抽象，可以得到学生选课、教师授课、学生住宿、学生班级等局部E-R图，如图2.16～图2.19所示。

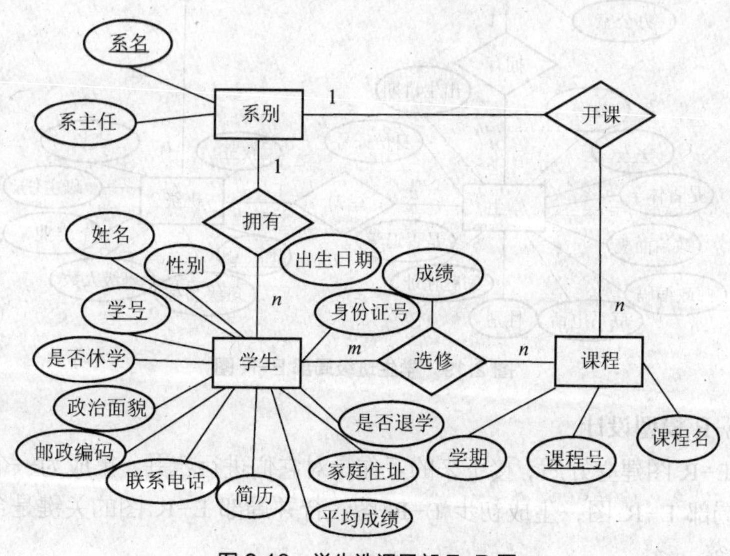

图2.16 学生选课局部E-R图

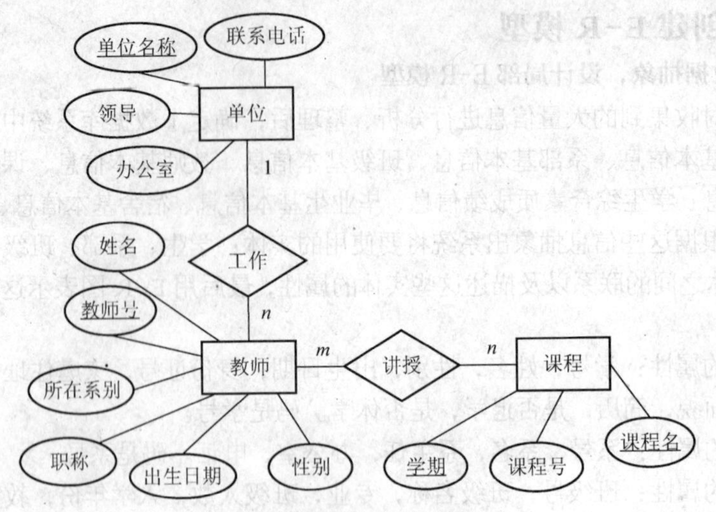

图 2.17 教师授课局部 E-R 图

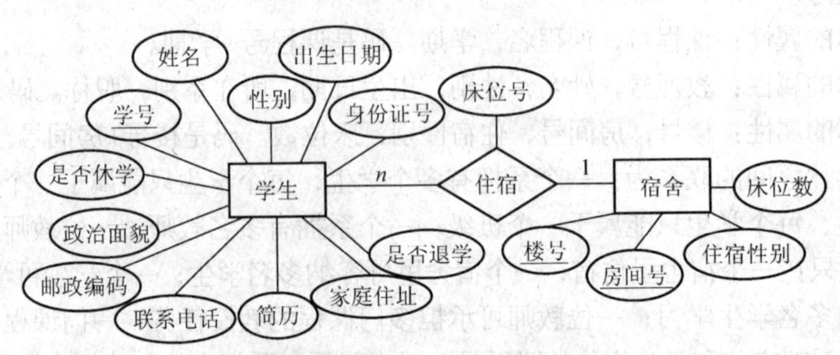

图 2.18 学生住宿局部 E-R 图

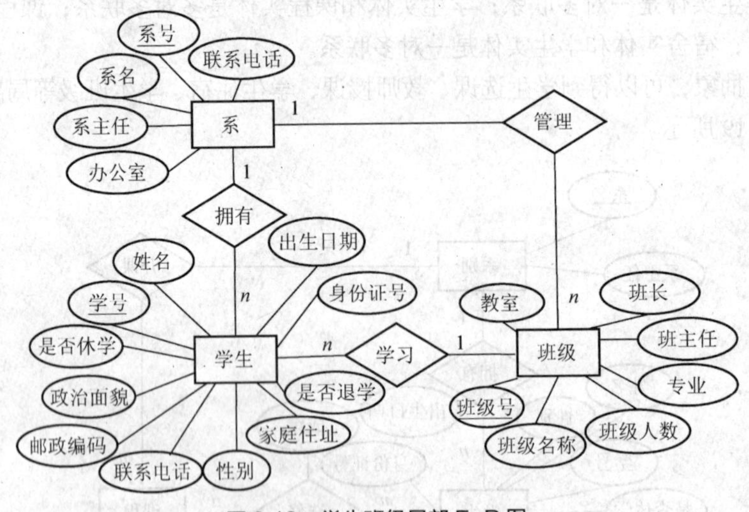

图 2.19 学生班级局部 E-R 图

2．全局 E-R 模型设计

各个局部 E-R 图建立好后，接下来的工作是对它们进行合并，集成为一个全局 E-R 图。

（1）合并局部 E-R 图，生成初步 E-R 图。合并局部 E-R 图的关键是合理消除各局部 E-R 图中的冲突。

学生选课局部 E-R 图和教师授课局部 E-R 图中“系”的命名存在冲突，学生选课 E-R

图中的“系”命名为“系别”，教师授课局部 E–R 图中“系”命名为“单位”；同时两局部 E–R 图中存在结构冲突，学生选课局部 E–R 图中“系”的属性有“系名”、“系主任”，教师授课局部 E–R 图中“系”的属性有“单位名称”、“领导”、“办公室”、“联系电话”。

学生选课局部 E–R 图、学生住宿局部 E–R 图和学生班级局部 E–R 图中同一个“学生”实体的属性组成不同，属性的个数和排列次序均不同。

（2）消除不必要的冗余，生成全局 E–R 图。学生选课局部 E–R 图中，“系别”和“课程”之间的联系“开课”，可以由“系”和“教师”之间的“工作”联系与“教师”和“课程”之间的“讲授”联系推导出来，所以“开课”属于冗余联系。

学生选课局部 E–R 图中“学生”实体的属性“平均成绩”可由“选修”联系中的属性“成绩”计算出来，所以“学生”实体中的“平均成绩”属于冗余数据。

教师授课局部 E–R 图中的“所在系别”属性和与之有联系的“系别”实体所反映的信息是一致的，因此该属性为冗余数据。

最后，在消除冗余数据和冗余联系后，得到了该管理系统的全局 E–R 图，如图 2.20 所示。

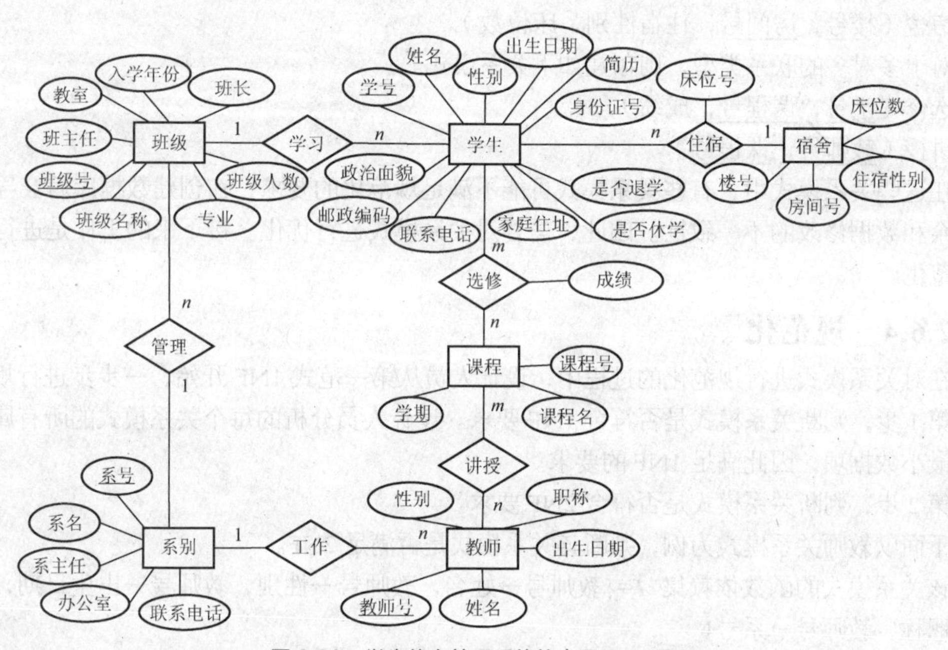

图 2.20　学生信息管理系统的全局 E–R 图

完成了数据的需求分析，得到描述业务需求的 E–R 模型后，接下来的工作是建立数据库的关系模式。

2.6.3　设计关系模式

根据设计要求，学生信息管理数据库采用关系数据模型，按照转换规则将 E–R 图转换成关系模式（表）。

第 1 步，处理 E–R 图中的实体。E–R 图中共有 6 个实体，每个实体转成一个表，实体的属性转换为表的列，实体的码转换为表的主码。得到 6 个关系模式如下。

学生（学号，姓名，性别，出生日期，身份证号，家庭住址，联系电话，邮政编码，政治面貌，简历，是否退学，是否休学）

系（系号，系名，系主任，办公室，电话）

班级（班级号，班级名称，专业，班级人数，入学年份，教室，班主任，班长）

课程（课程号，课程名，学期）

教师（教师号，姓名，性别，出生日期，职称）

宿舍（楼号，房间号，住宿性别，床位数）

第 2 步，处理 E−R 图中的联系。在 E−R 图中共有两种联系类型：一对多的联系和多对多的联系。设计人员在经过讨论后决定，对于一对多的联系类型，不创建单独的表，而是通过添加外码的方式建立数据之间的联系。转换后得到关系模式如下。

学生（学号，姓名，性别，出生日期，身份证号，家庭住址，联系电话，邮政编码，政治面貌，简历，是否退学，是否休学，楼号，房间号，床位号，班级号）

系（系号，系名，系主任，办公室，电话）

班级（班级号，班级名称，专业，班级人数，入学年份，教室，班主任，班长，系号）

课程（课程号，课程名，学期）

教师（教师号，姓名，性别，出生日期，职称，系号）

宿舍（楼号，房间号，住宿性别，床位数）

对于多对多的联系类型，则创建如下关系模式。

选修（学号，课程号，成绩）

讲授（教师号，课程号）

在这些关系模式中，有些关系模式可能不满足规范化的要求，在创建数据库后会导致数据冗余和数据修改的不一致性。因此，需要对关系模式进行优化。接下来的工作是进行数据的规范化。

2.6.4　规范化

在对关系模式进行规范化的过程中，设计人员从第一范式 1NF 开始，一步步进行规范。

第 1 步，判断关系模式是否符合 1NF 要求。设计人员分析的每个关系模式的所有属性，都是最小数据项，因此满足 1NF 的要求。

第 2 步，判断关系模式是否符合 2NF 要求。

下面以教师关系模式为例，判断该关系模式是否满足 2NF。

该关系模式的函数依赖集 *F*={教师号→姓名，教师号→性别，教师号→出生日期，教师号→职称，教师号→系号}

该关系模式的码为教师号，不存在非主属性对码的部分函数依赖，因此该关系模式达到 2NF。

设计人员查看了第 1 步之后的所有关系模式，每个关系模式中的所有非主属性都是由主码决定的，因此是满足 2NF 的。

第 3 步，判断关系模式是否符合 3NF 要求。

设计人员查看了第 2 步之后的所有表，每个表中的所有非主属性都只依赖于码，因此满足 3NF。

经过分析、设计和判断，得到的最终关系模式如下。

学生（学号，姓名，性别，出生日期，身份证号，家庭住址，联系电话，邮政编码，政治面貌，简历，是否退学，是否休学，楼号，房间号，床位号，班级号）

系（系号，系名，系主任，办公室，电话）

班级（班级号，班级名称，专业，班级人数，入学年份，教室，班主任，班长，系号）

课程（课程号，课程名，学期）

教师（教师号，姓名，性别，出生日期，职称，系号）

宿舍（楼号，房间号，住宿性别，床位数）

选修（学号，课程号，成绩）

讲授（教师编号，课程号）

学生信息管理数据库的逻辑模型设计已经完成，下一步的工作转向物理设计，此时要开始考虑数据库的存储结构及存取方法。具体设计内容见后面章节。

2.7 课堂实践：设计数据库

1．实践目的

（1）熟悉数据库设计的步骤和任务。

（2）掌握数据库设计的基本技术。

（3）独立设计一个小型关系数据库。

2．实践内容

（1）“医院病房管理系统”数据库的设计。

某医院病房计算机管理中需要如下信息。

科室：科室名，科室地址，科电话，医生姓名，科室主任。

病房：病房号，床位号，所属科室名。

医生：姓名，职称，所属科室名，年龄，工作证号。

病人：病历号，姓名，性别，诊断，主管医生，病房号。

其中，一个科室有若干个病房、多个医生，一个病房只能属于一个科室，一个医生只属于一个科室，但可负责多个病人的诊治，一个病人的主管医生只有一个。

（2）“订单管理系统”数据库的设计。

设某单位销售产品所需管理的信息有：订单号，客户号，客户名，客户地址，产品号，产品名，产品价格，订购数量，订购日期。一个客户可以有多个订单，一个订单可以订多种产品。

（3）“课程安排管理系统”数据库的设计。

课程安排管理需要对课程、学生、教师和教室进行协调。每个学生最多可以同时选修 5 门课程，每门课程必须安排一间教室以便学生可以去上课，一个教室在不同的时间可以被不同的班级使用；一个教师可以教授多个班级的课程，也可以教授同一班级的多门不同的课程，但教师不能在同一时间教授多个班级或多门课程；课程、学生、教师和教室必须匹配。

（4）“论坛管理系统”数据库的设计。

现有一论坛（BBS），由论坛的用户管理版块，用户可以发新帖，也可以对已发帖跟帖。

其中，论坛用户的属性包括：昵称、密码、性别、生日、电子邮件、状态、注册日期、用户等级、用户积分、备注信息。版块信息包括：版块名称、版主、本版留言、发帖数、点击率。发帖：帖子编号、标题、发帖人、所在版块、发帖时间、发帖表情、状态、正文、点击率、回复数量、最后回复时间。跟帖：帖子编号、标题、发帖人、所在版块、发帖时间、发帖表情、正文、点击率。

3．实践要求

（1）分析实验内容中包括的实体，画出 E-R 图。

（2）将 E-R 图转换为关系模式，并对关系模式进行规范化。

2.8 课外拓展

现有一个关于网络玩具销售系统的项目，要求开发数据库部分。系统所能达到的功能包括以下几个方面。

（1）客户注册功能。客户在购物之前必须先注册，所以要有客户表来存放客户信息。如客户编号、姓名、性别、年龄、电话、通信地址等。

（2）顾客可以浏览到库存玩具信息，所以要有一个库存玩具信息表，用来存放玩具编号、名称、类型、价格、所剩数量等信息。

（3）顾客可以订购自己喜欢的玩具，并可以在未付款之前修改自己的选购信息。商家可以根据顾客是否付款，通过顾客提供的通信地址给顾客邮寄其所订购的玩具。这样就需要有订单表，用来存放订单号、用户号、玩具号、所买个数等信息。

操作内容及要求如下。

- 根据案例分析过程提取实体集和它们之间的联系，画出相应的 E-R 图。
- 把 E-R 图转换为关系模式。
- 将转换后的关系模式规范化为第三范式。

习题

1．选择题

（1）E-R 方法的三要素是（　　）。

A. 实体、属性、实体集　　B. 实体、键、联系

C. 实体、属性、联系　　D. 实体、域、候选键

（2）如果采用关系数据库实现应用，在数据库的逻辑设计阶段需将（　　）转换为关系数据模型。

A. E-R 模型　　B. 层次模型　　C. 关系模型　　D. 网状模型

（3）概念设计的结果是（　　）。

A. 一个与 DBMS 相关的概念模式　　B. 一个与 DBMS 无关的概念模式

C. 数据库系统的公用视图　　D. 数据库系统的数据词典

（4）如果采用关系数据库来实现应用，则应在数据库设计的（　　）阶段将关系模式进行规范化处理。

A. 需求分析　　B. 概念设计　　C. 逻辑设计　　D. 物理设计

（5）在数据库的物理结构中，将具有相同值的元组集中存放在连续的物理块称为（　　）存储方法。

A. HASH　　B. B+树索引　　C. 聚簇　　D. 其他

（6）在数据库设计中，当合并局部 E-R 图时，学生在某一局部应用中被当作实体，而在另一局部应用中被当作属性，那么这种冲突称为（　　）。

A. 属性冲突　　B. 命名冲突　　C. 联系冲突　　D. 结构冲突

（7）在数据库设计中，E-R 模型是进行（ ）的一个主要工具。

A. 需求分析 B. 概念设计 C. 逻辑设计 D. 物理设计

（8）在数据库设计中，学生的学号在某一局部应用中被定义为字符型，而在另一局部应用中被定义为整型，那么这种冲突称为（ ）。

A. 属性冲突 B. 命名冲突 C. 联系冲突 D. 结构冲突

（9）下列关于数据库运行和维护的叙述中，（ ）是正确的。

A. 只要数据库正式投入运行，标志着数据库设计工作的结束

B. 数据库的维护工作就是维护数据库系统的正常运行

C. 数据库的维护工作就是发现问题，修改问题

D. 数据库正式投入运行标志着数据库运行和维护工作的开始

（10）下面有关 E-R 模型向关系模型转换的叙述中，不正确的是（ ）。

A. 一个实体类型转换为一个关系模式

B. 一个 1：1 联系可以转换为一个独立的关系模式合并的关系模式，也可以与联系的任意一端实体所对应

C. 一个 1：n 联系可以转换为一个独立的关系模式合并的关系模式，也可以与联系的任意一端实体所对应

D. 一个 m：n 联系转换为一个关系模式

（11）在数据库逻辑结构设计中，将 E-R 模型转换为关系模型应遵循相应原则。对于 3 个不同实体集和它们之间的一个多对多联系，最少应转换为（ ）个关系模式？

A. 2 B. 3 C. 4 D. 5

（12）存取方法设计是数据库设计的（ ）阶段的任务。

A. 需求分析 B. 概念设计 C. 逻辑设计 D. 物理设计

（13）下列关于 E-R 模型的叙述中，哪一条是不正确的？（ ）

A. 在 E-R 图中，实体类型用矩形表示，属性用椭圆形表示，联系类型用菱形表示

B. 实体类型之间的联系通常可以分为 1：1、1：n 和 m：n 这 3 类

C. 1：1 联系是 1：n 联系的特例，1：n 联系是 m：n 联系的特例

D. 联系只能存在于两个实体类型之间

（14）规范化理论是关系数据库进行逻辑设计的理论依据，根据这个理论，关系数据库中的关系必须满足：其每个属性都是（ ）。

A. 互不相关的 B. 不可分解的 C. 长度可变的 D. 互相关联的

（15）关系数据库规范化是为解决关系数据库中（ ）问题而引入的。

A. 插入、删除和数据冗余 B. 提高查询速度

C. 减少数据操作的复杂性 D. 保证数据的安全性和完整性

（16）规范化过程主要为克服数据库逻辑结构中的插入异常、删除异常以及（ ）的缺陷。

A. 数据的不一致性 B. 结构不合理

C. 冗余度大 D. 数据丢失

（17）关系模型中的关系模式至少是（ ）。

A. 1NF B. 2NF C. 3NF D. BCNF

（18）以下哪一条属于关系数据库的规范化理论要解决的问题？（ ）

A. 如何构造合适的数据库逻辑结构 B. 如何构造合适的数据库物理结构

C. 如何构造合适的应用程序界面　　D. 如何控制不同用户的数据操作权限

（19）下列关于关系数据库的规范化理论的叙述中，哪一条是不正确的？（　）

A. 规范化理论提供了判断关系模式优劣的理论标准

B. 规范化理论提供了判断关系数据库管理系统优劣的理论标准

C. 规范化理论对于关系数据库设计具有重要指导意义

D. 规范化理论对于其他模型的数据库的设计也有重要指导意义

（20）下列哪一条不是由于关系模式设计不当所引起的问题？（　）

A. 数据冗余　　B. 插入异常　　C. 删除异常　　D. 丢失修改

（21）下列关于部分函数依赖的叙述中，哪一条是正确的？（　）

A. 若 $X \rightarrow Y$，且存在属性集 Z，$Z \cap Y \neq \Phi$，$X \rightarrow Z$，则称 Y 对 X 部分函数依赖

B. 若 $X \rightarrow Y$，且存在属性集 Z，$Z \cap Y = \Phi$，$X \rightarrow Z$，则称 Y 对 X 部分函数依赖

C. 若 $X \rightarrow Y$，且存在 X 的真子集 X'，$X' \nrightarrow Y$，则称 Y 对 X 部分函数依赖

D. 若 $X \rightarrow Y$，且存在 X 的真子集 X'，$X' \rightarrow Y$，则称 Y 对 X 部分函数依赖

（22）下列关于关系模式的码的叙述中，哪一项是不正确的？（　）

A. 当候选码多于一个时，选定其中一个作为主码

B. 主码可以是单个属性，也可以是属性组

C. 不包含在主码中的属性称为非主属性

D. 若一个关系模式中的所有属性构成码，则称为全码

（23）在关系模式中，如果属性 A 和 B 存在 1 对 1 的联系，则（　）。

A. $A \rightarrow B$　　B. $B \rightarrow A$　　C. $A \leftrightarrow B$　　D. 以上都不是

（24）候选关键字中的属性称为（　）。

A. 非主属性　　B. 主属性　　C. 复合属性　　D. 关键属性

（25）由于关系模式设计不当所引起的插入异常指的是（　）。

A. 两个事务并发地对同一关系进行插入而造成数据库不一致

B. 由于码值的一部分为空而不能将有用的信息作为一个元组插入到关系中

C. 未经授权的用户对关系进行了插入

D. 插入操作因为违反完整性约束条件而遭到拒绝

（26）任何一个满足 2NF 但不满足 3NF 的关系模式都存在（　）。

A. 主属性对候选码的部分依赖　　B. 非主属性对候选码的部分依赖

C. 主属性对候选码的传递依赖　　D. 非主属性对候选码的传递依赖

（27）在关系模式 R 中，若其函数依赖集中所有候选关键字都是决定因素，则 R 最高范式是（　）。

A. 1NF　　B. 2NF　　C. 3NF　　D. BCNF

（28）关系模式中，满足 2NF 的模式（　）。

A. 可能是 1NF　　B. 必定是 1NF　　C. 必定是 3NF　　D. 必定是 BCNF

2．填空题

（1）数据库设计的 6 个主要阶段是：________、________、________、________、________、________。

（2）数据库系统的逻辑设计主要是将________转化成 DBMS 所支持的数据模型。

（3）如果采用关系数据库来实现应用，则在数据库的逻辑设计阶段需将________转化为

关系模型。

(4)当将局部 E-R 图集成为全局 E-R 时，如果同一对象在一个局部 E-R 图中作为实体，而在另一个局部 E-R 图中作为属性，则这种现象称为________冲突。

(5) 在关系模式 R 中，如果 $X \to Y$，且对于 X 的任意真子集 X'，都有 $X' \nrightarrow Y$，则称 Y 对 X________函数依赖。

(6) 在关系 A(S，SN，D)和 B(D，CN，NM)中，A 的主键是 S，B 的主键是 D，则 D 在 A 中称为________。

(7) 在一个关系 R 中，若每个数据项都是不可分割的，那么 R 一定属于________。

(8) 如果 $X \to Y$ 且有 Y 是 X 的子集，那么 $X \to Y$ 称为________。

(9) 用户关系模式 R 中所有的属性都是主属性，则 R 的规范化程度至少达到________。

3．简答题

(1) 数据库的设计过程包括几个主要阶段？每个阶段的主要任务是什么？哪些阶段独立于数据库管理系统？哪些阶段依赖于数据库管理系统？

(2) 需求分析阶段的设计目标是什么？调查内容是什么？

(3) 什么是数据库的概念结构？试述其特点和设计策略。

(4) 什么是 E-R 图？构成 E-R 图的基本要素是什么？

(5) 为什么要 E-R 图集成？E-R 图集成的方法是什么？

(6) 什么是数据库的逻辑结构设计？试述其设计步骤。

(7) 试述 E-R 图转换为关系模型的转换规则。

(8) 试述数据库物理设计的内容和步骤。

4．综合题

(1) 现有一局部应用，包括两个实体："出版社"和"作者"。这两个实体属多对多的联系，设计适当的属性，画出 E-R 图，再将其转换为关系模型（包括关系名、属性名、码、完整性约束条件）。

(2) 设计一个图书馆数据库，此数据库对每个借阅者都保持读者记录，包括：读者号、姓名、地址、性别、年龄、单位。对每本书有：书号、书名、作者、出版社。对每本被借出的书有：读者号、借出的日期、应还日期。要求给出 E-R 图，再将其转换为关系模型。

(3) 某公司设计的"人事管理信息系统"，其中涉及职工、部门、岗位、技能、培训课程、奖惩等信息，其 E-R 图如图 2.21 所示。

该 E-R 图有 7 个实体类型，其属性如下。

职工（工号，姓名，性别，年龄，学历）

部门（部门号，部门名称，职能）

岗位（岗位编号，岗位名称，岗位等级）

技能（技能编号，技能名称，技能等级）

奖惩（序号，奖惩标志，项目，奖惩金额）

培训课程（课程号，课程名，教材，学时）

工资（工号，基本工资，级别工资，养老金，失业金，公积金，纳税）

该 E-R 图有 7 个联系类型，其中一个 1：1 联系，两个 1：n 联系，4 个 m：n 联系。联系类型的属性如下。

选课（时间，成绩）

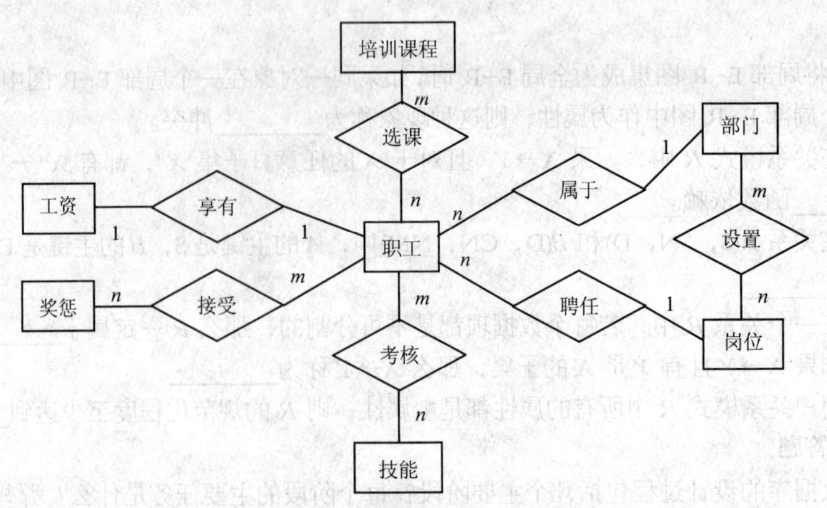

图 2.21　某公司“人事管理信息系统”E-R 图

设置（人数）

考核（时间，地点，级别）

接受（奖惩时间）

将该 E-R 图转换成关系模式集。

（4）某公司设计的“库存销售管理信息系统”对仓位、车间、产品、客户、销售员的信息进行了有效的管理，其 E-R 图如图 2.22 所示。

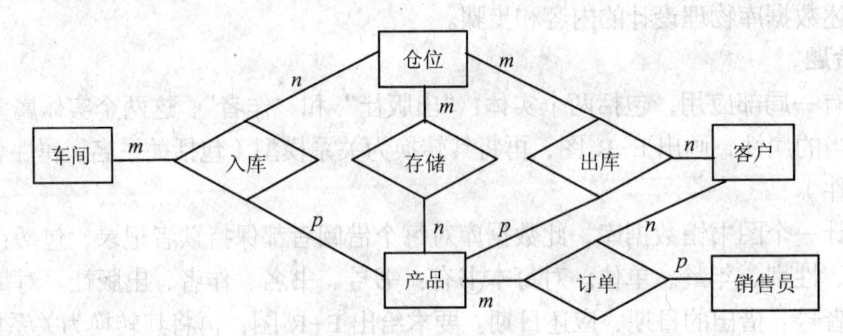

图 2.22　某公司“库存销售管理信息系统”E-R 图

该 E-R 图有 5 个实体类型，其属性如下。

车间（车间号，车间名，主任名）

产品（产品号，产品名，单价）

仓位（仓位号，地址，主任名）

客户（客户号，客户名，联系人，电话，地址，税号，账号）

销售员（销售员号，姓名，性别，学历，业绩）

该 E-R 图有 4 个联系类型，其中 3 个是 $m:n:p$，一个是 $m:n$，属性如下。

入库（入库单号，入库量，入库日期，经手人）

存储（核对日期，核对员，存储量）

出库（出库单号，出库量，出库日期，经手人）

订单（订单号，数量，折扣，总价，订单日期）

将该 E-R 图转换成关系模式集。

PART 3

第 3 章 创建数据库

任务要求

通过数据收集、设计 E-R 图、转换关系模式、对关系模式进行规范化处理，得到了数据库的逻辑结构，下一步工作就是在 MySQL 数据库管理系统支持下创建和维护学生信息管理数据库。

学习目标

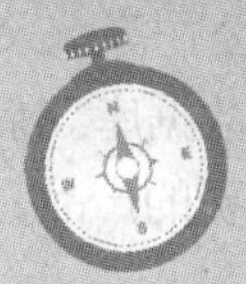

- 了解 MySQL 的基本知识
- 掌握如何在 Windows 平台下安装和配置 MySQL 5.5
- 了解如何在 Linux 平台下安装和配置 MySQL 5.5
- 掌握如何启动服务并登录 MySQL 5.5 数据库
- 熟悉 MySQL 常用图形管理工具的功能及使用
- 掌握 MySQL 数据库的创建方法
- 掌握 MySQL 数据库的删除
- 熟悉常见的存储引擎

学习情境

训练学生掌握 DBMS 软件的安装方法、步骤及数据库的创建，主要步骤如下。

（1）安装并配置 MySQL 5.5 数据库平台。

（2）在 MySQL 5.5 中创建学生信息管理数据库（利用 Navicat 工具和 SQL 命令）。

（3）实现对学生信息管理数据库的删除。

3.1 MySQL概述

【任务分析】

设计人员在理解了设计数据库的方法及步骤后，完成了学生信息管理数据库的逻辑结构设计，下一步的工作是要在MySQL中创建和维护数据库，那么首先要了解MySQL数据库管理系统，熟悉其工作环境，掌握MySQL数据库的相关知识，为创建数据库打下基础。

【课堂任务】

本节要熟悉MySQL相关知识、版本信息和MySQL工具的使用。

- MySQL简介
- MySQL版本信息
- MySQL工具的功能及使用

3.1.1 MySQL简介

MySQL是一个小型关系数据库管理系统，开发者为瑞典MySQL AB公司，在2008年1月16日被Sun公司收购。MySQL被广泛地应用在Internet上的中小型网站中。由于其体积小、速度快、总体拥有成本低，尤其是开放源码这一特点，许多中小型网站为了降低网站总体拥有成本而选择了MySQL作为网站数据库。如雅虎、Google、新浪、网易、百度等公司等就采用了MySQL数据库。MySQL数据库可以称得上是目前运行速度最快的SQL语言数据库。除了具有许多其他数据库所不具备的功能和选择之外，MySQL数据库是一种完全免费的产品，用户可以直接从网上下载。

MySQL数据库主要有以下特点。

1．可移植性

使用C和C++编写，并使用了多种编译器进行测试，保证源代码的可移植性。

2．可扩展性和灵活性

MySQL可以支持UNIX、Linux和Mac OS以及Windows等操作系统平台。在一个操作系统中实现的应用可以很方便地移植到其他操作系统。MySQL作为开源性质的数据库服务器，可以为那些想要增加独特需求的用户提供完全定制的功能。

3．强大的数据保护功能

MySQL有一个非常灵活且安全的权限和密码系统。为确保只有获授权用户才能进入该数据库服务器，所有的密码传输均采用加密形式，同时也提供了SSH和SSI支持，以实现安全和可靠的连接。MySQL强大的数据加密和解密功能，可以保证敏感数据不受未经授权的访问。

4．支持大型数据库

虽然对于用PHP编写的网页来说，只要能够存放数百条以上的记录数据就够了，但MySQL可以方便地支持上千万条记录的数据库。作为一个开放源代码的数据库，MySQL可以针对不同的应用进行相应的修改。

5．超强的稳定性

MySQL拥有一个非常快速而且稳定的基于线程的内存分配系统，可以持续使用而不必担心其稳定性。线程是轻量级的进程，它可以灵活地为用户提供服务，而不占用过多的系统资源。用多线程和C语言实现的MySQL能够充分地利用CPU。

6．强大的查询功能

MySQL 支持查询的 select 和 where 语句的全部运算符和函数，并且可以在同一查询中混用来自不同数据库的表，从而使得查询变得快捷、方便。

3.1.2 MySQL 版本信息

1．根据操作系统分类

根据操作系统的类型，MySQL 大体可以分为 Windows 版、UNIX 版、Linux 版和 Mac OS 版。因为 UNIX 和 Linux 操作的版本很多，不同的 UNIX 和 Linux 版本有不同的 MySQL 版本。因此，如果要下载 MySQL，必须先了解自己使用的是什么操作系统，然后根据操作系统来下载相应的 MySQL。

2．根据用户群体分类

（1）针对不同用户群体，MySQL 分为两个不同的版本。

① MySQL Community Server（社区版）：该版本完全免费，自由下载，但官方不提供技术支持。如果是个人学习，可选择此版本。

② MySQL Enterprise Server（企业版）：该版本能够以很高的性价比为企业提供完善的技术支持，需要付费使用。

（2）MySQL 的命名机制：MySQL 的命名机制由 3 个数字和 1 个后缀组成，如 mysql-5.5.36。

① 第 1 个数字（5）是主版本号，描述了文件格式，所有版本 5 的发行版都有相应的文件格式。

② 第 2 个数字（5）是发行级别，主版本号和发行级别组合在一起便构成了发行序列号。

③ 第 3 个数字（36）是在此发行系列的版本号，随每次新分发版本递增。通常选择已经发行的最新版本。

（3）后缀说明。

后缀显示发行的稳定性级别。可能的后缀如下。

① alpha：表明发行包含大量未被 100%测试的新代码。大多数 alpha 版本也有新的命令和扩展。

② beta：表明所有的新代码都已被测试，没有增加重要的新特征。当 alpha 版本至少一个月没有出现报导的致命漏洞，并且没有计划增加导致已经实施的功能不稳定的新功能时，版本则从 alpha 版变为 beta 版。

③ rc（gamma）：是一个发行了一段时间的 beta 版本，看起来应该运行正常。只增加了很小的修复。

④ 无后缀：如果没有后缀，这意味着该版本已经在很多地方运行一段时间了，而且没有非平台特定的缺陷报告。只增加了关键漏洞修复修复。

（4）在 MySQL 开发过程中，同时存在多个发布系列，每个发布系列处在不同成熟度阶段。

① MySQL 5.6 是最新开发的发布系列，是将执行新功能的系列。不久的将来可以使用，以便感兴趣的用户进行广泛的测试，目前还在开发过程中。

② MySQL 5.5 是当前稳定（GA）的发布系列。只针对漏洞修复重新发布，没有增加会影响稳定性的新功能。本书中使用的 MySQL 为 5.5.36 版本。

③ MySQL 5.1 是前一稳定（产品质量）的发布系列。只针对严重漏洞修复和安全修复重

新发布，没有增加会影响该系列的重要功能。

对于 MySQL 4.1、4.0 和 3.23 等低于 5.0 的老版本，官方将不再提供支持。而所有发布的 MySQL(Current Generally Available Release)版本已经经过严格标准的测试，可以保证其安全可靠地使用。针对不同的操作系统，读者可以在 MySQL 官方下载页面（http://dev.mysql.com/downloads/）下载到相应的安装文件。同时也可以在百度、谷歌或雅虎等搜索引擎中搜索下载链接。

3.1.3 MySQL 工具

MySQL 数据库管理系统提供了许多命令行工具，这些工具可以用来管理 MySQL 服务器、对数据库进行访问控制、管理 MySQL 用户以及数据库备份和恢复工具等。MySQL 也提供图形化管理工具，这使得对数据库的操作更加简单。下面将为读者介绍这些工具的作用。

1. MySQL 命令行实用程序

（1）MySQL 服务器端实用工具程序如下。

① mysqld：SQL 后台程序（即 MySQL 服务器进程）。该程序必须运行之后，客户端才能通过连接服务器来访问数据库。

② mysqld_safe：服务器启动脚本。在 Unix 和 NetWare 中推荐使用 mysqld_safe 来启动 MySQL 服务器。mysql_safe 增加了一些安全特性，例如当出现错误时重启服务器并向错误日志文件写入运行时间信息。

③ mysql.server：服务器启动脚本。该脚本用于使用包含为特定级别的、运行启动服务的脚本的、运行目录的系统。它调用 mysqld_safe 来启动 MySQL 服务器。

④ mysqld_multi：服务器启动脚本，可以启动或停止系统上安装的多个服务器。

⑤ myisamchk：用来描述、检查、优化和维护 MyISAM 表的实用工具。

⑥ mysqlbug：MySQL 缺陷报告脚本。它可以用来向 MySQL 邮件系统发送缺陷报告。

⑦ mysql_install_db：该脚本用默认权限创建 MySQL 授权表。通常只有在系统上首次安装 MySQL 时执行一次。

（2）MySQL 客户端实用工具程序如下。

① myisampack：压缩 MyISAM 表以产生更小的只读表的一个工具。

② mysql：交互式输入 SQL 语句或从文件以批处理模式执行它们的命令行工具。

③ mysqlaccess：检查访问主机名、用户名和数据库组合的权限的脚本。

④ mysqladmin：执行管理操作的客户程序，例如创建或删除数据库，重载授权表，将表刷新到硬盘上，以及重新打开日志文件。mysqladmin 还可以用来检索版本、进程，以及服务器的状态信息。

⑤ mysqlbinlog：从二进制日志读取语句的工具。在二进制日志文件中包含执行过的语句，可用来帮助系统从崩溃中恢复。

⑥ mysqlcheck：检查、修复、分析以及优化表的表维护客户程序。

⑦ mysqldump：将 MySQL 数据库转储到一个文件（例如 SQL 语句或 tab 分隔符文本文件）的客户程序。

⑧ mysqlhotcopy：当服务器在运行时，快速备份 MyISAM 或 ISAM 表的工具。

⑨ mysql import：使用 LOAD DATA INFILE 将文本文件导入相关表的客户程序。

⑩ mysqlshow：显示数据库、表，或有关表中列以及索引的客户程序。

⑪ perror：显示系统或 MySQL 错误代码含义的工具。

2．MySQL Workbench

MySQL Workbench 是下一代可视化数据库设计、管理软件，它是著名的数据库设计工具 DB Designer 4 的继任者。它为数据库管理员、程序开发人员和系统规划师提供了一整套可视化数据库操作环境，主要功能如下。

- 数据库设计与模型建立。
- SQL 开发（取代 MySQL Query Browser）。
- 数据库管理（取代 MySQL Administrator）。
- 数据库迁移。

MySQL Workbench 有开源和商业化的两个版本，该软件支持 Windows、Linux 和 Mac 系统。

（1）MySQL Workbench Community Edition（也叫 MySQL Workbench OSS，社区版），MySQL Workbench OSS 是在 GPL 证书下发布的开源社区版本。

（2）MySQL Workbench Standard Edition（也叫 MySQL Workbench SE，商业版），MySQL Workbench SE 是按年收费的商业版本。

提　示

截至 2013 年 8 月 19 日，版本号 MySQL Workbench 6.0 已经正式推出。

3.2 MySQL 的安装与配置

【任务分析】

设计人员在了解 MySQL 数据库管理系统的特点及相关知识后，接下来的工作是掌握 MySQL 的安装与配置过程。因 MySQL 支持多种平台，不同平台下的安装和配置过程也不相同。本节重点讲述 Windows 和 Linux 两个平台下 MySQL 的安装与配置过程。

【课堂任务】

本节要掌握 MySQL 的安装与配置过程。

- 掌握如何在 Windows 平台下安装与配置 MySQL 5.5
- 掌握启动服务并登录 MySQL 5.5 数据库
- 熟悉 MySQL 常用图形管理工具
- 熟悉如何在 Linux 平台下配置 MySQL 5.5

3.2.1 Windows 平台下安装与配置 MySQL 5.5

在 Windows 操作系统平台下安装 MySQL 5.5，可以使用图形化的安装包，图形化的安装包提供了详细的安装向导，读者可以根据向导一步一步地完成对 MySQL 的安装。下面介绍使用图形化安装包安装 MySQL 5.5 的步骤。

1．下载 MySQL 安装文件

下载 MySQL 安装文件的具体操作步骤如下。

（1）打开浏览器，在地址栏中输入网址 http://dev.mysql.com/downloads/mysql，打开 Download

MySQL Community Server 下载页面，如图 3.1 所示。

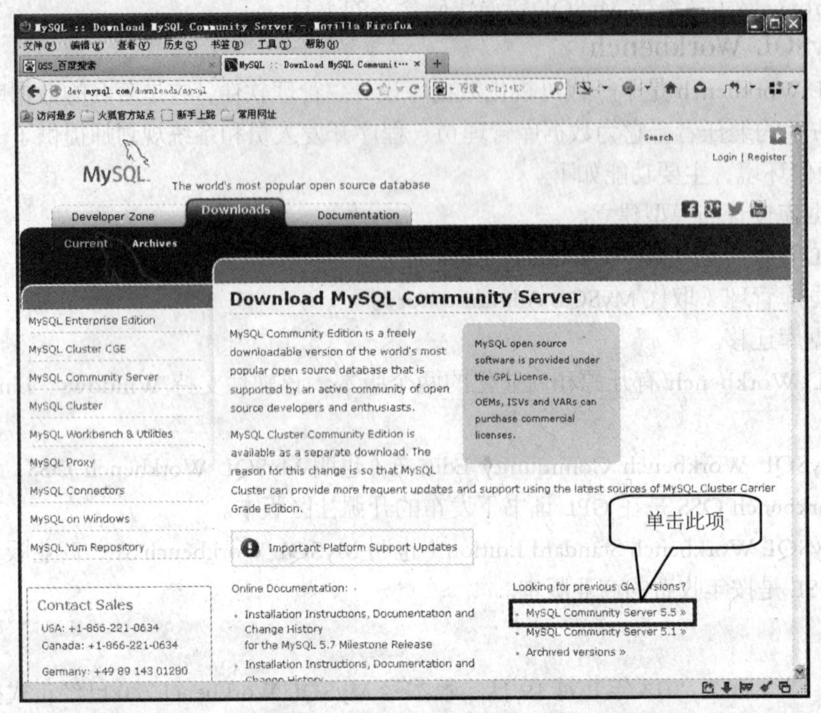

图 3.1　Download MySQL Community Server 下载页面

（2）单击右下角的 MySQL Community Server 5.5 选项，则进入 Generally Available(GA) Releases 类型的安装包下载界面，如图 3.2 所示。

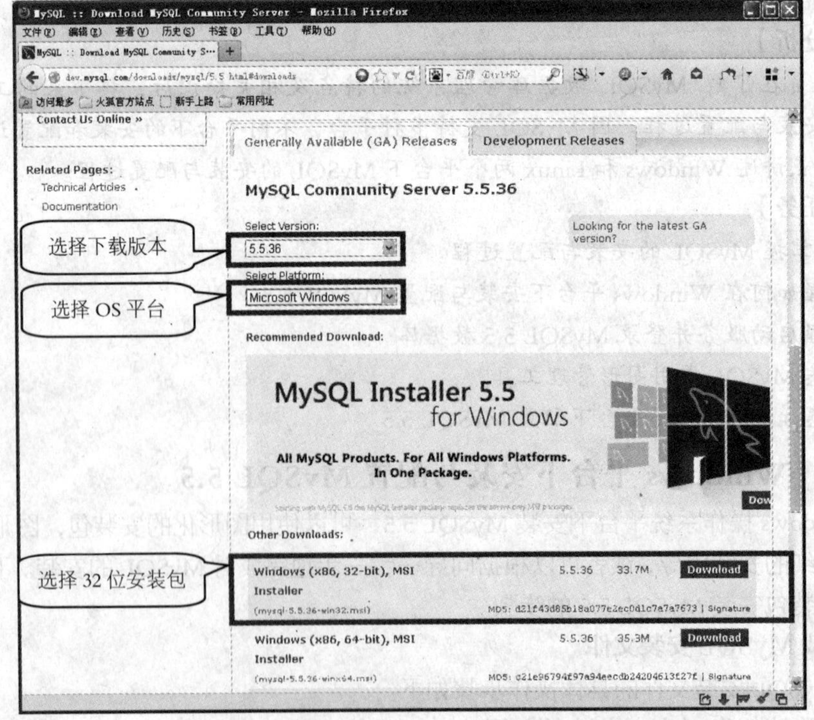

图 3.2　Generally Available(GA) Releases 类型的安装包下载界面

（3）在图 3.2 中，根据用户需求，分别选择下载的版本、操作系统平台，再根据平台选择 32 位或者 64 位安装包，在这里选择 32 位，单击右侧的【Download】按钮开始下载。

2．安装 MySQL 5.5

要想在 Windows 中运行 MySQL，需要 32 位或 64 位 Windows 操作系统，例如 Windows 2000、Windows XP、Windows 7.0、Windows Server 2003 或 Windows Server 2008 等。Windows 可以将 MySQL 服务器作为服务来运行，通常在安装时需要管理员权限。

Windows 平台下提供两种安装方式。一种是 MySQL 二进制分发版（.msi 安装文件）和免安装版（.zip 压缩文件）。一般来讲，应当使用二进制分发版，因为该版本比其他的分发版使用起来要简单，不再需要其他工具来启动就可以运行 MySQL。这里，选用图形化的二进制安装方式。

MySQL 下载完成后，找到下载文件，双击进行安装，具体操作步骤如下。

（1）双击下载的 mysql-5.5.36-win32.msi 文件，如图 3.3 所示。

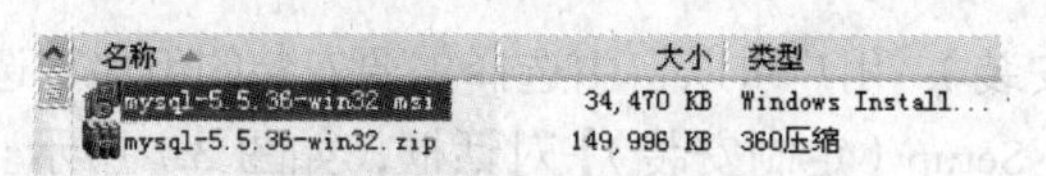

图 3.3　MySQL 安装文件名称

（2）弹出 MySQL 5.5 安装向导对话框，如图 3.4 所示，单击【Next】按钮。

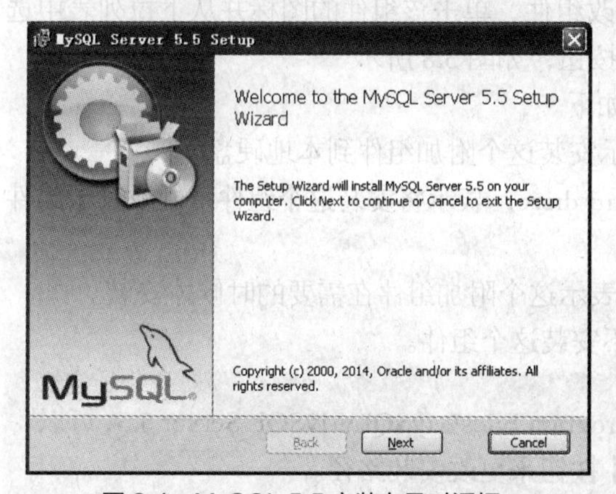

图 3.4　MySQL 5.5 安装向导对话框

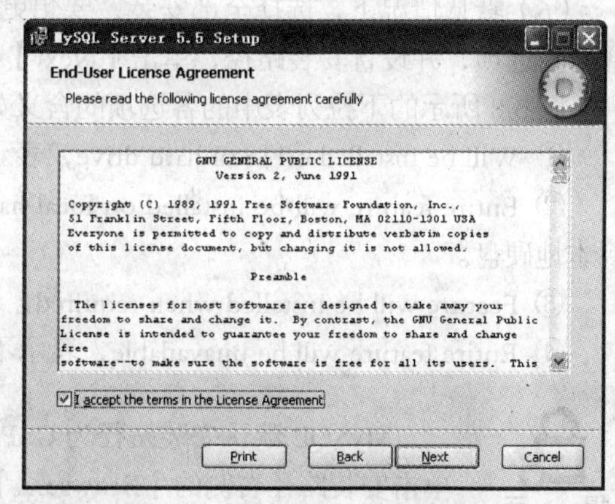

图 3.5　用户许可证协议对话框

（3）打开【End-User License Agreement（用户许可证协议）】对话框，选中【I accept the terms in the License Agreement（我接受许可协议）】复选框，单击【Next】按钮，如图 3.5 所示。

（4）打开【Choose Setup Type（安装类型选择）】对话框，其中列出了 3 种安装类型，分别是 Typical（典型安装）、Custom（定制安装）和 Complete（完全安装）。如果选择典型安装和完全安装，将进入确认对话框，确认选择并开始安装。如果选择定制安装，将进入定制安装对话框，在这里选择定制安装，单击【Custom】按钮，如图 3.6 所示。

3 种安装类型的含义如下。

① Typical（典型安装）：只安装 MySQL 服务器、mysql 命令行客户端和命令行实用程序。命令行客户端和实用程序包括 mysqldump、myisamchk 和其他几个工具来帮助管理 MySQL 服务器。此选项为默认选项。

② Complete（完全安装）：将安装软件包内包含的所有组件。完全安装软件包包括的组件有嵌入式服务器库、基准套件、支持脚本和文档。此选项占用的磁盘空间比较大，一般不推荐用这种方式安装。

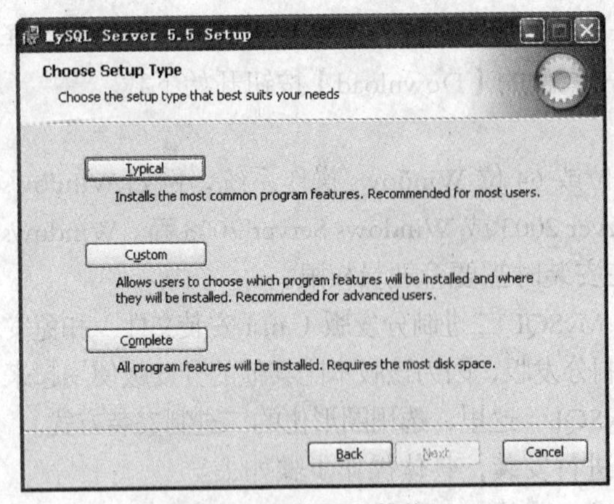

图 3.6　安装类型对话框

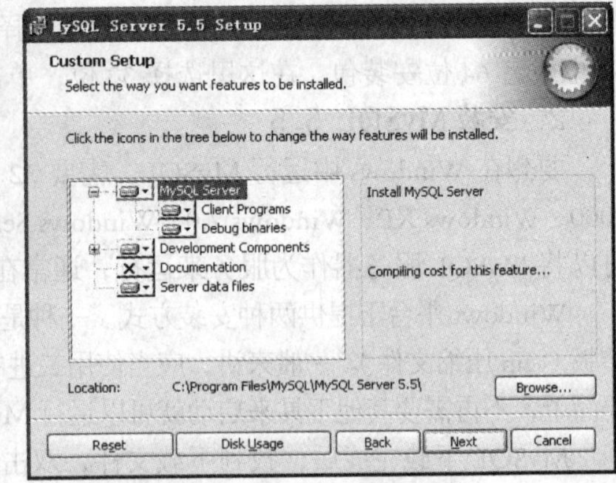

图 3.7　定制安装组件对话框

③ Custom（定制安装）：用户可以自由选择需要安装的组件、选择安装路径等。

（5）打开【Custom Setup（定制安装）】对话框，如图 3.7 所示。所有可用组件列入定制安装对话框左侧的树状视图内，未安装的组件用红色 X 图标表示，已经安装的组件用灰色图标表示。

（6）默认情况下，选择全部安装，要想更改组件，单击该组件的图标并从下拉列表中选择新的选项，并设置安装路径，单击【Next】按钮，如图 3.8 所示。

图 3.8 所示的下拉列表中的各选项的含义如下。

① Will be installed on local hard drive，表示安装这个附加组件到本地硬盘。

② Entire feature will be installed on local hard drive，表示将安装这个组件特性及其子组件到本地硬盘。

③ Feature will be installed when required，表示这个附加组件在需要的时候才安装。

④ Entire feature will be unavailable，表示不安装这个组件。

MySQL 默认安装路径为 C:\Program Files\MySQL\MySQL Server 5.5，可以单击安装路径右侧的【Browse...】按钮来更改安装路径。

（7）进入安装确认对话框，单击【Install】按钮，如图 3.9 所示。

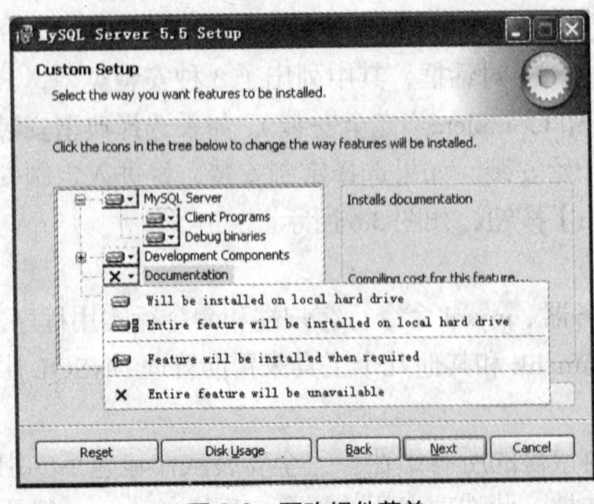

图 3.8　更改组件菜单

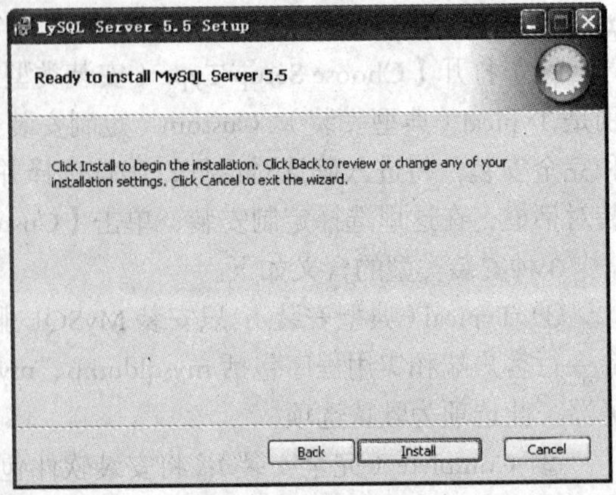

图 3.9　安装确认对话框

（8）开始安装 MySQL 文件，安装过程中所做的设置将在安装完成之后生效，用户可以通过进度条查看当前安装进度，如图 3.10 所示。

（9）安装完成后，将打开有关 MySQL Enterprise 版的介绍说明对话框，如图 3.11 所示。

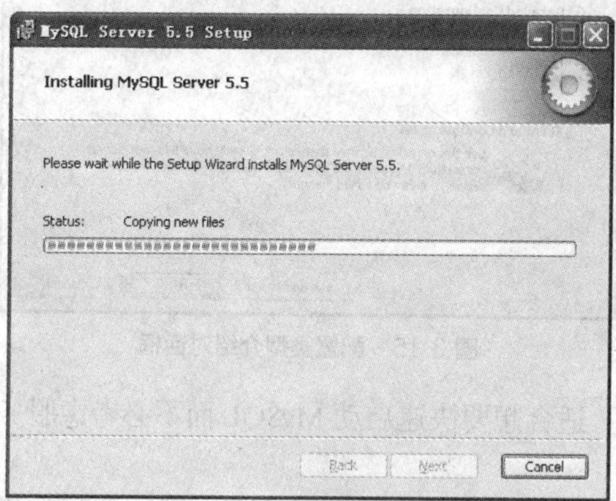

图 3.10 安装进度对话框

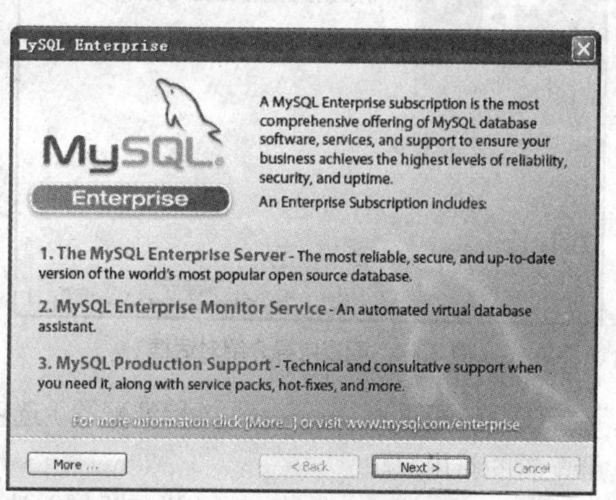

图 3.11 介绍对话框 1

（10）如果单击【More...】按钮，会自动弹出一个说明网页，如图 3.11 所示。单击【Next】按钮，进入如图 3.12 所示的说明界面。单击【Next】按钮，进入安装完成界面，如图 3.13 所示。在安装完成对话框中，有一个选项【Launch the MySQL Instance Configuration Wizard】，若选中该复选框，MySQL 安装文件将启动 MySQL 配置向导。此处，选中该选项，然后单击【Finish】按钮，将进入 MySQL 向导对话框，开始配置 MySQL。

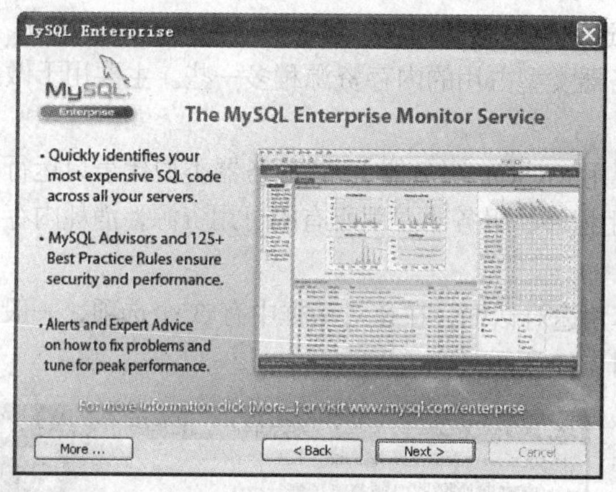

图 3.12 介绍对话框 2

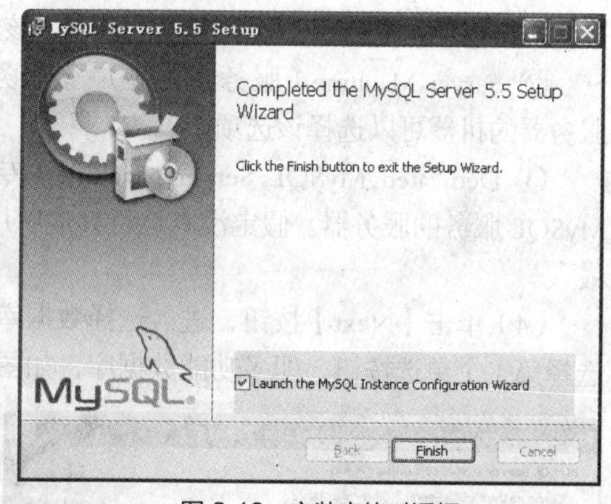

图 3.13 安装完毕对话框

提 示

如果此处取消选中该选项，还可以进入 MySQL 安装 bin 文件夹中直接启动 MySQLInstanceConfig.exe 文件，进入 MySQL 配置。

3. 配置 MySQL 5.5

MySQL 安装完毕后，需要对服务器进行配置，具体的配置步骤如下。

（1）启动配置向导，进入配置对话框，如图 3.14 所示。

（2）单击【Next】按钮，进入选择配置类型对话框，在此对话框中可以选择两种配置类型：Detailed Configuration（详细设置）和 Standard Configuration（标准配置），如图 3.15 所示。

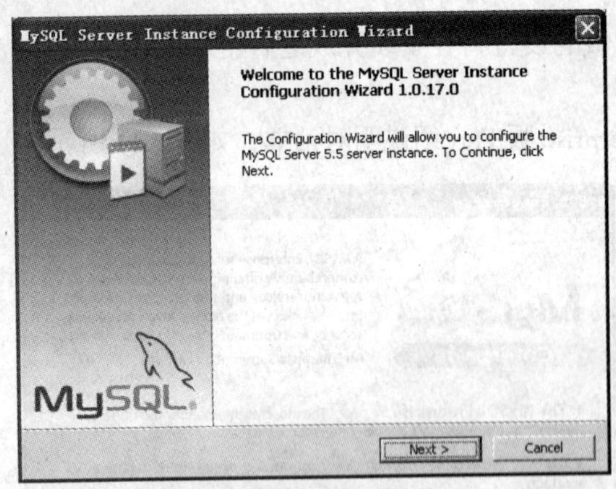

图 3.14 配置向导介绍对话框

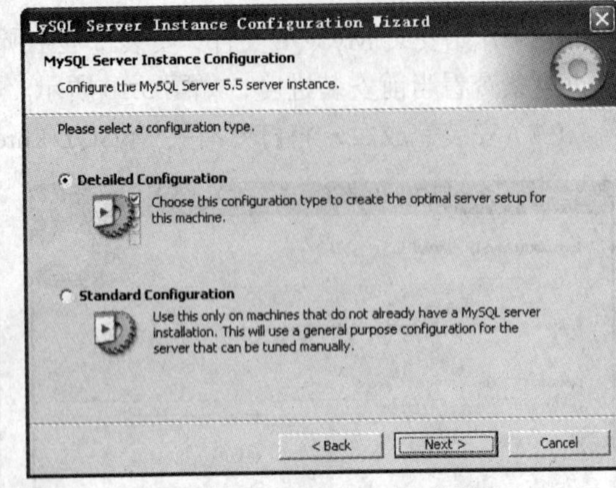

图 3.15 配置类型介绍对话框

① Standard Configuration（标准配置）选项：适合想要快速启动 MySQL 而不必考虑服务器配置的新用户。

② Detailed Configuration（详细设置）选项：适合想要更加详细控制服务器配置的高级用户。

（3）为了了解 MySQL 详细的配置过程，在此选择详细配置选项。单击【Next】按钮，进入服务器类型对话框，此对话框中有 3 种服务器类型可供选择，选择哪种服务器将影响到 MySQL Configuration Wizard 对内存、硬盘和 CPU 使用的决策，如图 3.16 所示。

3 种服务器类型的介绍如下。

① Developer Machine（开发者类型）：该服务器类型占用很少的资源，消耗的内存资源最省。该选项主要适用于软件开发的读者。该选项也是默认选项，建议一般用户选择该选项。

② Server Machine（服务器类型）：该服务器类型占用的内存资源稍多一些。主要用于做服务器的机器可以选择该选项。

③ Dedicated MySQL Server Machine（专用 MySQL 服务器）：该服务器类型代表只运行 MySQL 服务的服务器。假定没有运行其他应用程序，服务器占用所有的可用资源，消耗内存最大。

（4）单击【Next】按钮，进入选择数据库用途对话框，在该对话框中有 3 个选项，一般选择第 1 个单选按钮，即多功能数据库，如图 3.17 所示。

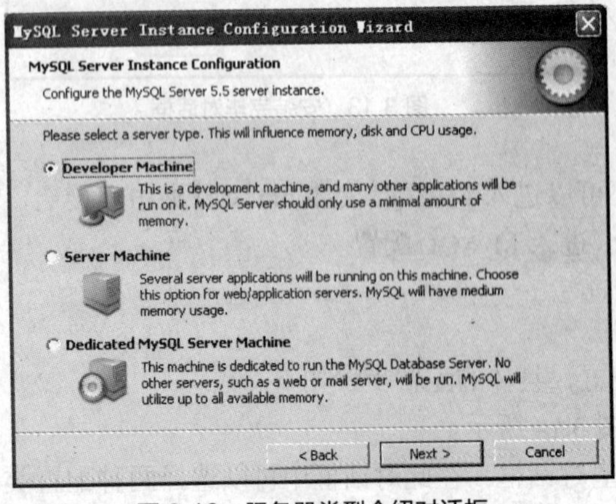

图 3.16 服务器类型介绍对话框

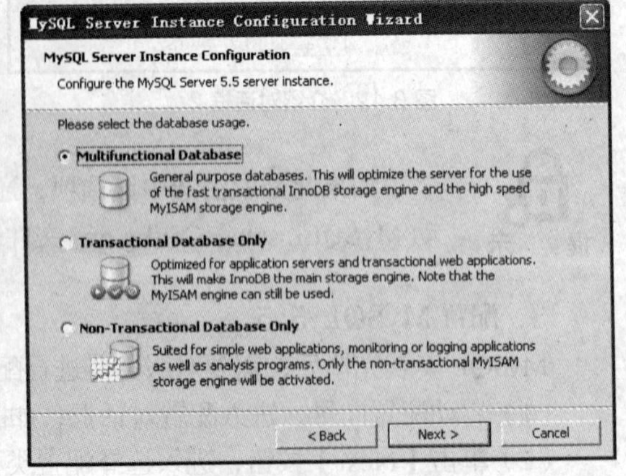

图 3.17 数据库用途对话框

① Multifunctional Database（多功能数据库）：选择该选项，则同时使用 InnoDB 和 MyISAM 存储引擎，并在两个引擎之间平均分配资源。建议经常使用两个存储引擎的用户选择此选项。

② Transactional Database Only（仅为事务处理数据库）：该选项同时使用 InnoDB 和 MyISAM 存储引擎，但是将大多数服务器资源指派给 InnoDB 存储引擎。建议主要使用 InnoDB，只偶尔使用 MyISAM 的用户选择该选项。

③ Non-Transactional Database Only（仅为非事务处理数据库）：该选项完全禁用 InnoDB 存储引擎，将所有服务器资源指派给 MyISAM 存储引擎。仅支持不支持事务的 MyISAM 数据类型。

（5）单击【Next】按钮，进入 InnoDB 表空间设置对话框，如图 3.18 所示。为 InnoDB 数据库文件选择存储位置，一般直接选择默认位置，Drive Info 显示了存放位置的分区信息。

（6）单击【Next】按钮，进入设置服务器最大并发连接数对话框，该对话框提供了 3 种不同的连接选项，读者可以根据自己的需要选择。本书将选择 Decision Support（DSS）/OLAP，如图 3.19 所示。

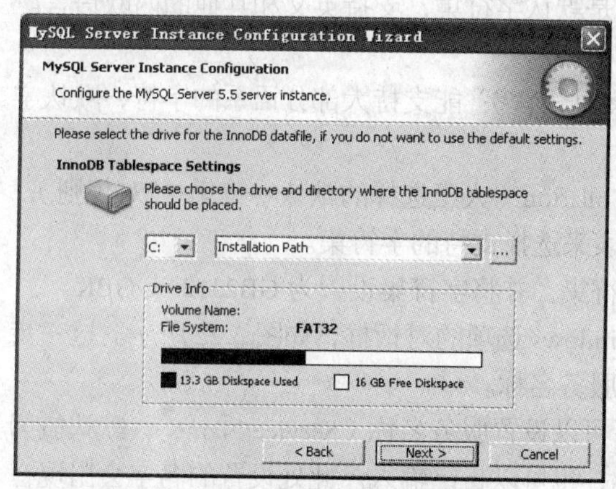

图 3.18 InnoDB 表空间设置对话框

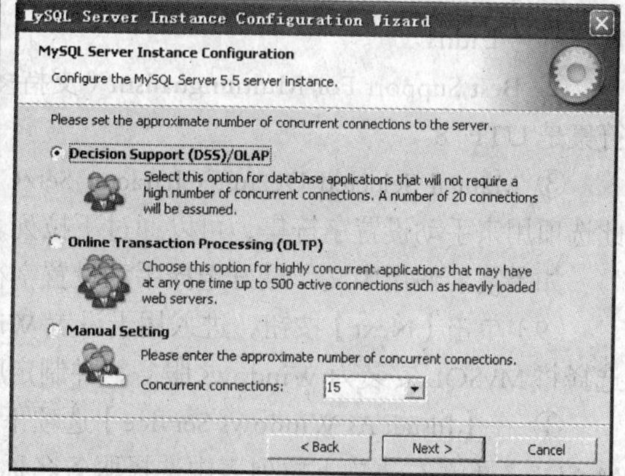

图 3.19 并发连接数设置对话框

3 种连接选项介绍如下。

① Decision Support（决策支持，DSS/OLAP）：如果服务器不需要大量的并行连接，可以选择该选项。默认连接数为 20 个左右。

② Online Transaction Processing（联机事务处理，OLTP）：如果需要大量的并行连接，则选择该选项。默认连接数为 500 个。

③ Manual Setting（人工设置）：此选项可手工设置连接数。通过下拉列表来选择需要设置的连接数，也可以通过手工输入连接数，该选项的默认值是 15。

（7）单击【Next】按钮，进入网络选项设置对话框，在 Networking Options（网络选项）对话框中可以启用或禁用 TCP/IP 网络，并配置用来连接 MySQL 服务器的端口号，如图 3.20 所示。

默认配置是启用 TCP/IP 网络，默认端口为 3306。要想更改访问 MySQL 使用的端口，从下拉列表中选择一个新端口号或直接输入新的端口号，但要保证选择的端口号没有被占用。如果选择【Add firewall exception for this port】复选框，防火墙将允许通过该端口访问，在这里勾选上该选项。如果选中【Enable Strict Mode】选项，MySQL 会对输入的数据进行严格的检验，对于初学者来说，可以不用选择，在这里可以取消该选项。

（8）单击【Next】按钮，打开用于设置 MySQL 默认语言编码字符集的对话框，该对话框提供了 3 种类型字符集，如图 3.21 所示。

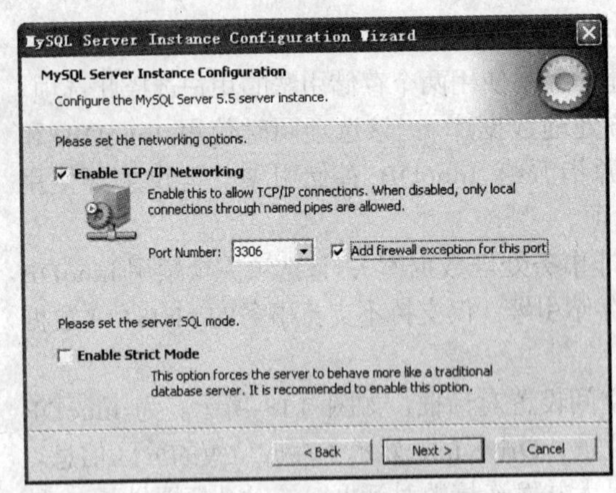

图 3.20　网络选项设置对话框

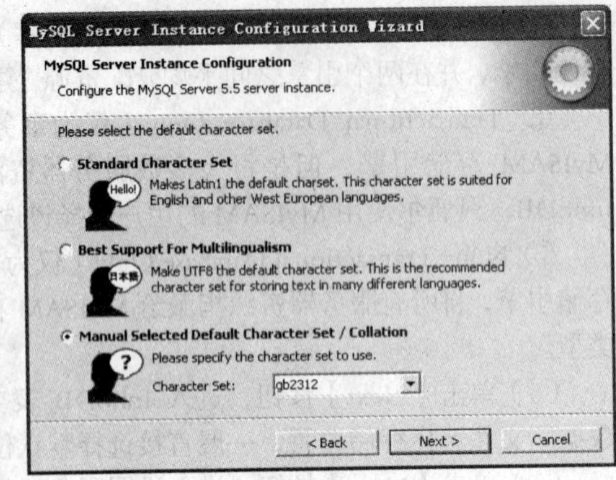

图 3.21　默认字符集设置对话框

3 种类型的字符集介绍如下。

① Standard Character Set（标准字符集）：是默认字符集，支持英文和其他的西欧语言。默认值为 Latin1。

② Best Support For Multilingualism（支持多种语言）：能支持大部分语系的字符，默认字符集是 UTF-8。

③ Manual Selected Default Character Set/Collation（人工选择的默认字符集/校对规则）：此选项用来手动设置字符集，可以通过下拉列表来选择支持的字符集。

如果需要使用中文，最好选择手动设置字符集，并将字符集设置为 GB2312 或 GBK。

（9）单击【Next】按钮，进入用于设置 Windows 选项的对话框，如图 3.22 所示。这一步选择将 MySQL 安装为 Windows 服务，并制定服务名称。

① 在【Install As Windows Service】选项下可以设置服务名称（Service Name），默认值为 MySQL。可在右边的下拉列表中选择服务名称，也可以自己输入。此处设置的名字会出现在 Windows 服务列表中。

② 选中【Launch the MySQL Server automatically】选项，则 Windows 启动之后，MySQL 会自动启动。

③ 选中【Include Bin Directory in Windows PATH】选项后，MySQL 的 bin 目录将会添加到环境变量 PATH 中，这样就可以直接在 DOS 窗口中访问 MySQL，而不需要到 MySQL 的 bin 目录下进行访问。

建议读者一定要选中【Include Bin Directory in Windows PATH】选项。

（10）选择好相应选项后，单击【Next】按钮，进入用于设置安全选项的对话框，如图 3.23 所示。

【Modify Security Settings】选项可以设置 root 用户的密码。【New root password】表示为 root 用户设置密码，【Confirm】选项表示再次输入密码，保证两次输入的密码一致。【Enable root access from remote machines】选项用来设置能否从远程的机器使用 root 权限登录，建议用户不选中此选项，这样可以提高 rootm 账户的安全。【Create An Anonymous Account】选项可以设置一个匿名用户，建议不要设置该选项。

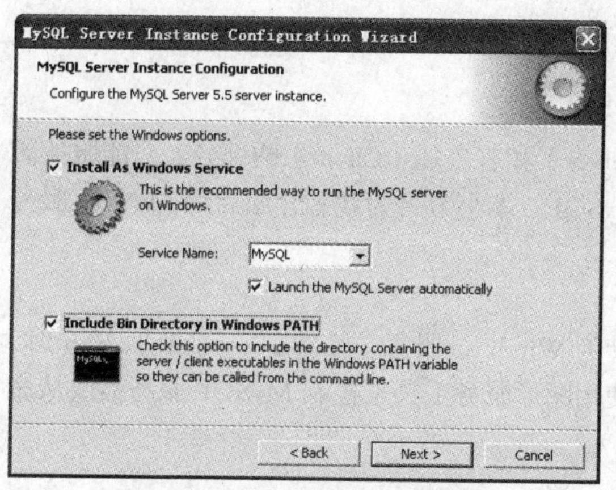

图 3.22 Windows 选项设置对话框

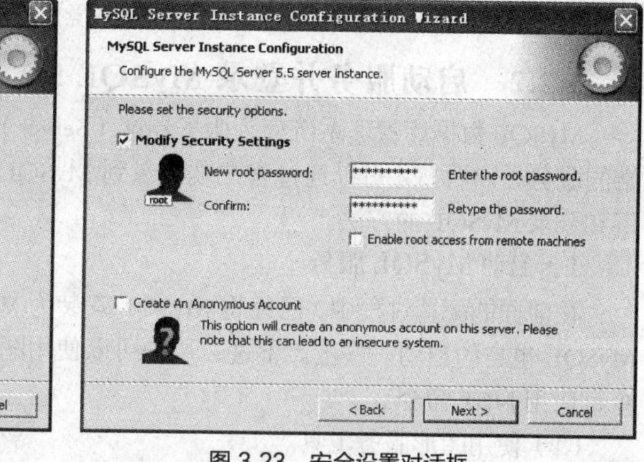

图 3.23 安全设置对话框

（11）单击【Next】按钮，进入准备执行配置对话框，如图 3.24 所示。

（12）如果对设置确认无误，单击【Execute】按钮，MySQL Server 配置向导执行一系列的任务，并在对话框中显示任务进度，执行完毕后显示如图 3.25 所示的对话框，单击【Finish】按钮完成整个配置过程。

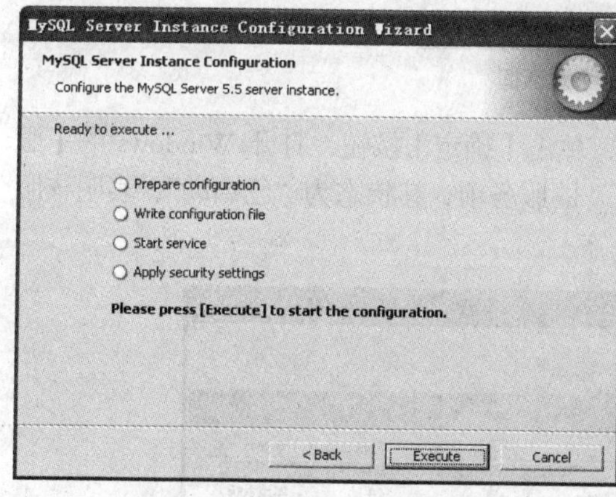

图 3.24 准备执行配置对话框

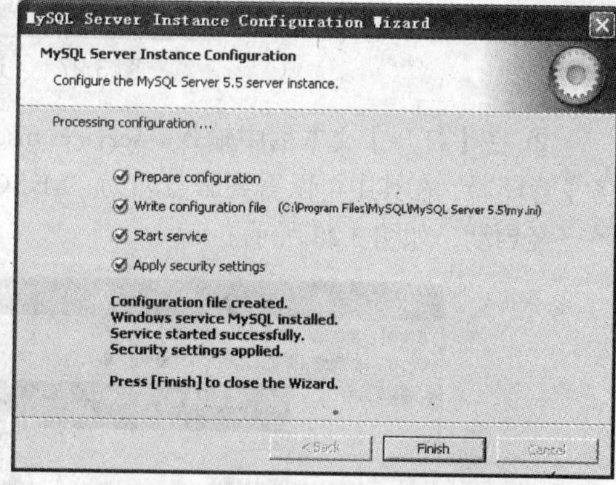

图 3.25 配置完毕对话框

（13）按【Ctrl+Alt+Del】组合键，打开 Windows 任务管理器窗口，可以看到，MySQL 5.5 服务进程 mysqld.exe 已经启动了，如图 3.26 所示。

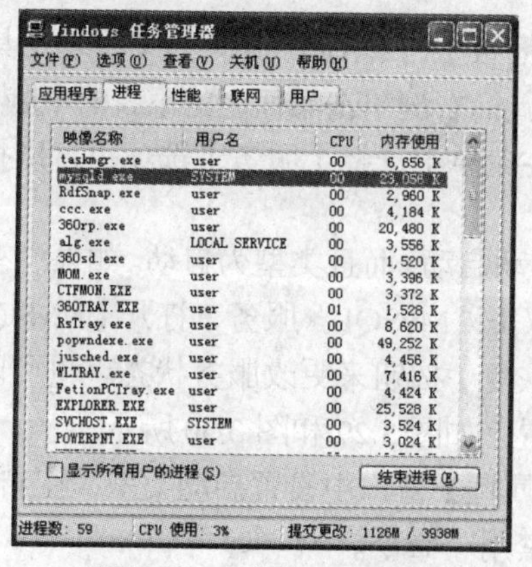

图 3.26 任务管理器窗口

至此，就完成了在 Windows 操作系统环境下安装 MySQL 的操作。

3.2.2 启动服务并登录 MySQL 5.5

MySQL 数据库管理系统分为服务器端（Server）和客户端（Client）两部分。只能服务器端的服务开启后，才可以通过客户端登录到 MySQL。本小节将为读者介绍启动 MySQL 服务器和登录 MySQL 的方法。

1．启动 MySQL 服务

在前面的配置过程中，已经将 MySQL 安装为 Windows 服务。当 Windows 启动、停止时，MySQL 也自动启动、停止。不过，用户可以使用图形服务工具来控制 MySQL 服务器或从命令行使用 NET 命令。

（1）使用图形服务工具。

① 从【开始】菜单中选择【运行】命令，打开【运行】对话框，如图 3.27 所示。

图 3.27 【运行】对话框

② 在【打开】文本框中输入“services.msc”，单击【确定】按钮，打开 Windows 的【服务】管理器，在其中可以看到服务名为“MySQL”的服务项，其状态为“已启动”，表明该服务已经启动，如图 3.28 所示。

图 3.28 【服务】管理器窗口

通过【控制面板】|【性能与维护】|【管理工具】|【服务】打开【服务】管理器窗口，或鼠标右键单击桌面上的【我的电脑】图标，在快捷菜单中单击【管理】菜单，在菜单中选择【服务】选项也可以打开。

由于设置了 MySQL 为自动启动，而且类型为自动。如果没有“已启动”字样，说明 MySQL 服务未启动。启动方法为：双击“MySQL”服务，打开【MySQL 的属性】对话框，单击【启动】、【停止】、【暂停】或【恢复】按钮来更改服务状态。也可以用鼠标右键单击“MySQL”服务，在快捷菜单中进行设置，如图 3.29 和图 3.30 所示。

读者可以在【MySQL 的属性】窗口中设置启动类型，在启动类型处的下拉菜单中可以选择“自动”、“手动”或“已禁用”命令。

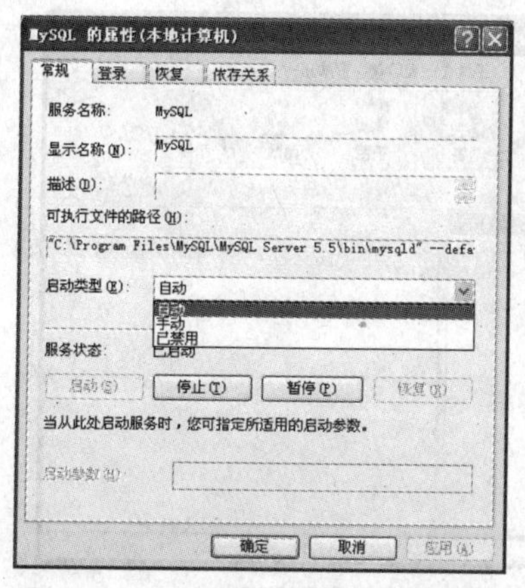

图 3.29 【MySQL 的属性】对话框

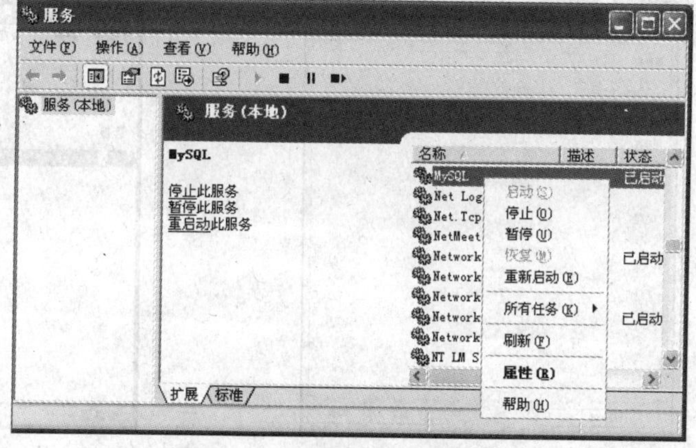

图 3.30 MySQL 服务快捷菜单

（2）使用行命令启动。使用行命令启动 MySQL 服务的方法是：从【开始】菜单中选择【运行】命令，在【运行】对话框中输入“cmd”，回车后弹出命令提示符界面，然后输入“net start mysql”，按下回车键，就能启动 MySQL 服务了，停止 MySQL 服务的命令是“net stop mysql”，如图 3.31 所示。

命令行中输入的“mysql”是服务的名字。如果读者的 MySQL 服务的名字是 mydb 或其他名字，应该输入“net start mydb”或其他名称。

2．登录 MySQL 服务器

当 MySQL 服务启动后，便可以通过客户端来登录 MySQL。在 Windows 操作系统下，可以通过 3 种方式登录 MySQL。

（1）用图形管理工具登录。本书使用的图形管理工具是 Navicat for MySQL，该管理工具简单易学、支持中文、有免费版本提供。

首次启动 Navicat for MySQL，如图 3.32 所示，在左侧连接栏中没有任何项目，单击 按钮，会弹出如图 3.33 所示的【新建连接】对话框，在此对话框中输入连接名和密码，单击【确定】按钮，便可登录到 MySQL 服务器上了，如图 3.34 所示。

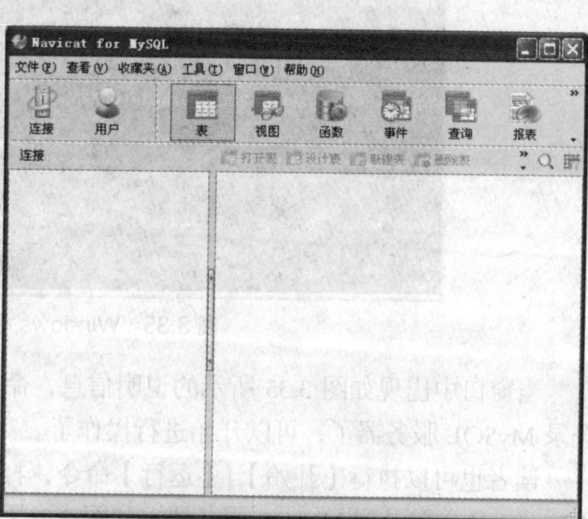

图 3.32 Navicat 初始界面

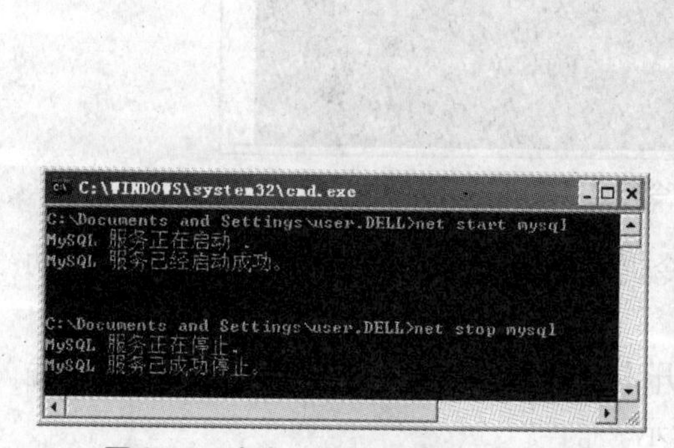

图 3.31 命令行中启动和停止 MySQL

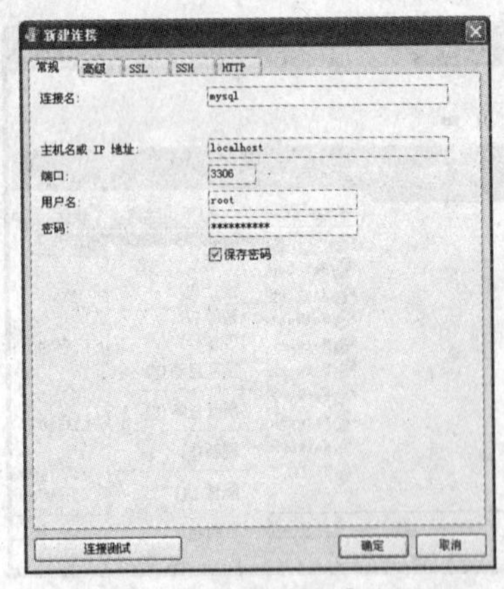

图 3.33 【新建连接】对话框

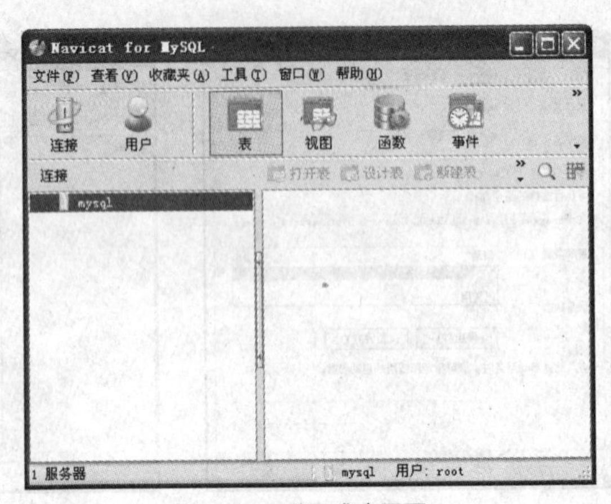

图 3.34 登录成功界面

(2)用 Windows 命令行方式登录。具体操作步骤如下。

① 在【开始】菜单中执行【运行】命令，打开【运行】对话框，在其中输入命令“cmd”，单击【确定】按钮，打开 DOS 窗口。

② 在 DOS 窗口中通过执行登录命令连接到 MySQL，连接 MySQL 的命令格式如下。

```
mysql -h hostname -u username -p
```

其中 mysql 为登录命令。-h 后面的参数是服务器的主机地址，在这里客户端和服务器在同一台机器上，可以输入 localhost 或者 IP 地址 127.0.0.1。-u 后面跟登录 MySQL 的用户名称，这里为 root。-p 后面是用户登录密码。

接下来，输入如下命令：

```
mysql -h localhost -u root -p
```

输入回车键后，系统会提示输入密码“Enter password”，这里输入在前面配置向导中设置的密码，验证正确后，即可登录到 MySQL 服务器端，如图 3.35 所示。

```
C:\WINDOWS\system32\cmd.exe - mysql -h localhost -u root -p

C:\Documents and Settings\user.DELL>mysql -h localhost -u root -p
Enter password: **********
Welcome to the MySQL monitor.  Commands end with ; or \g.
Your MySQL connection id is 1
Server version: 5.5.36 MySQL Community Server (GPL)

Copyright (c) 2000, 2014, Oracle and/or its affiliates. All rights reserved.

Oracle is a registered trademark of Oracle Corporation and/or its
affiliates. Other names may be trademarks of their respective
owners.

Type 'help;' or '\h' for help. Type '\c' to clear the current input statement.

mysql> _
```

图 3.35 Windows 命令行登录窗口

当窗口中出现如图 3.35 所示的说明信息，命令提示符变成“mysql>”时，表明已经成功登录 MySQL 服务器了，可以开始进行操作了。

读者也可以执行【开始】|【运行】命令，打开【运行】对话框，在【打开】文本框中输入 mysql 命令登录到 MySQL 服务器，如图 3.36 所示。

单击【确定】按钮后，会进入提示输入密码的 DOS 窗口中，如图 3.37 所示。输入正确的密码后，就可以登录到 MySQL 服务器上了。登录后的情况与图 3.35 所示的情况一致。

图 3.36　在【运行】对话框中执行 MySQL 命令

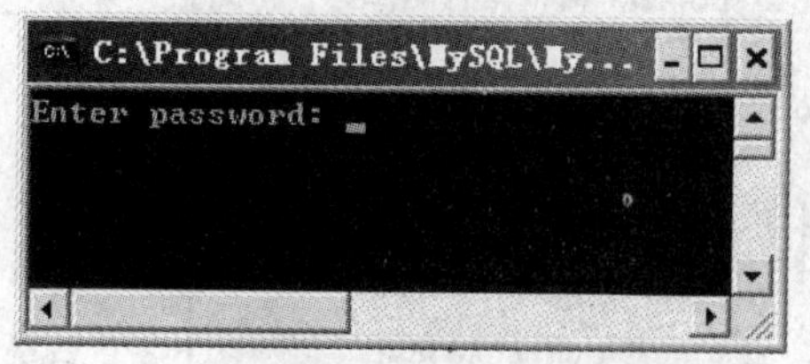

图 3.37　提示输入密码的 DOS 窗口

（3）使用 MySQL CommandLine Client 登录。依次选择【开始】|【所有程序】|【MySQL】|【MySQL Server 5.5】|【MySQL 5.5 Command Client】菜单命令，将进入密码输入窗口，如图 3.37 所示。后面的操作与第 2 种方法一样。

3．配置 PATH 变量

在上小节中，登录 MySQL 服务器时，直接输入 mysql 命令，是因为把 MySQL 的 bin 目录添加到了系统的环境变量里面，所以可以直接运行。

在 3.2.1 节的 MySQL 5.5 的配置中，图 3.22 所示的界面中勾选了【Include Bin Directory in Windows PATH】选项，MySQL 的 bin 目录会添加到环境变量 PATH 中。如果没有把 MySQL 的 bin 目录添加到环境变量 PATH 中，那么每次在命令行下都要输入完整的 bin 目录路径或切换到 bin 目录，这样做比较麻烦，也容易出错。

下面介绍如何手动配置 PATH 变量，具体操作步骤如下。

（1）在桌面上用鼠标右键单击【我的电脑】图标，在弹出的快捷菜单中选择【属性】菜单命令，如图 3.38 所示。

（2）打开【系统属性】对话框，并选择【高级】选项卡，如图 3.39 所示。

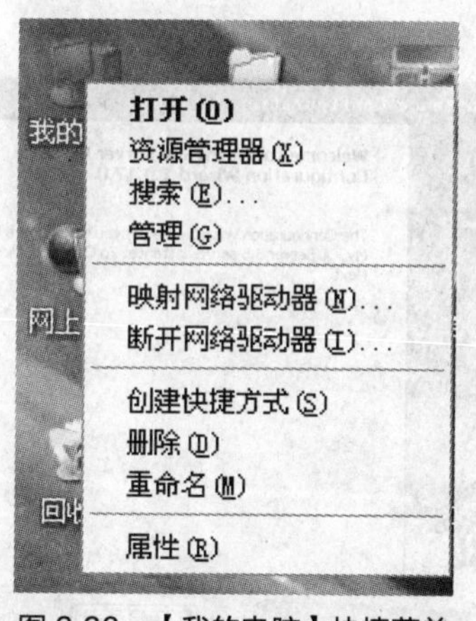

图 3.38　【我的电脑】快捷菜单

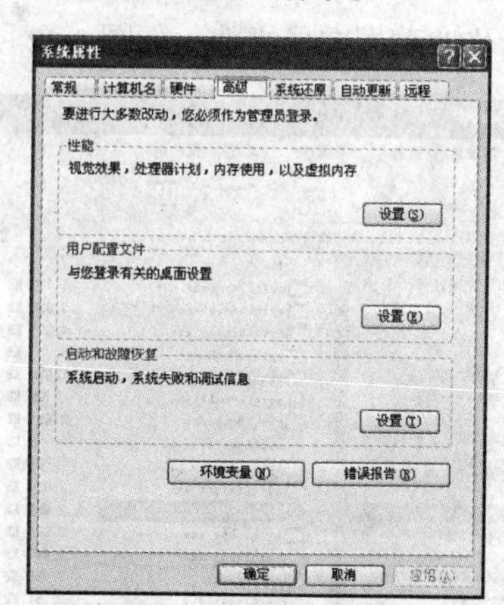

图 3.39　【系统属性】对话框

（3）单击【环境变量】按钮，打开【环境变量】对话框，在【系统变量】列表中选择 “Path” 变量，如图 3.40 所示。

（4）单击【编辑】按钮，在【编辑系统变量】对话框中，将 MySQL 应用程序的 bin 目录（C:\Program Files\MySQL\MySQL Server 5.5\bin）添加到变量值中，用分号将其与其他路径分隔开，如图 3.41 所示。

（5）添加完成后，单击【确定】按钮，就完成了配置 PATH 变量的操作，然后就可以直接输入 mysql 命令了。

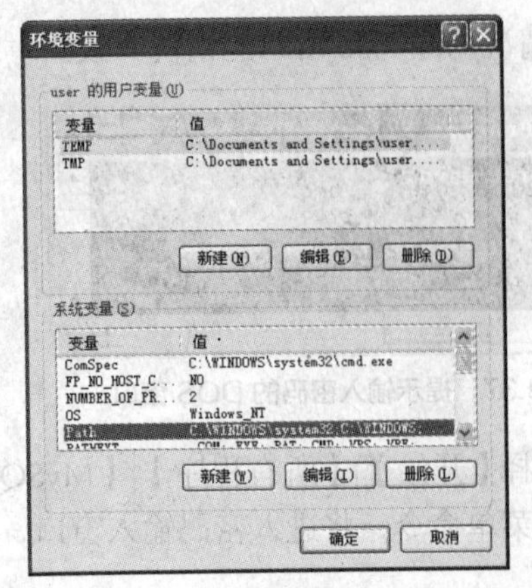

图 3.40 【系统变量】列表

图 3.41 编辑系统变量对话框

3.2.3 更改 MySQL 5.5 的配置

在实际应用过程中，可根据实际需要更改 MySQL 的配置参数。MySQL 提供了两个更改配置的方式，一种是通过配置向导进行更改，另一种是通过手工修改配置文件来更改配置。对于刚接触 MySQL 的开发人员，不建议修改配置文件。

1. 通过配置向导来更改配置

MySQL 配置向导提供了自动配置服务的过程。通过选择向导中的选项，可以追寻定制的配置文件（my.ini 或 my.cnf）。配置向导实例包含在 MySQL 5.5 服务器中，目前只适用于 Windows 用户。

一般情况下，当 MySQL 安装完成退出时，从 MySQL 安装过程中可以启动 MySQL Configuration Wizard（配置向导）。需要修改配置参数时，可以直接从 MySQL 的 bin 目录下直接执行修改配置向导文件，如图 3.42 所示。

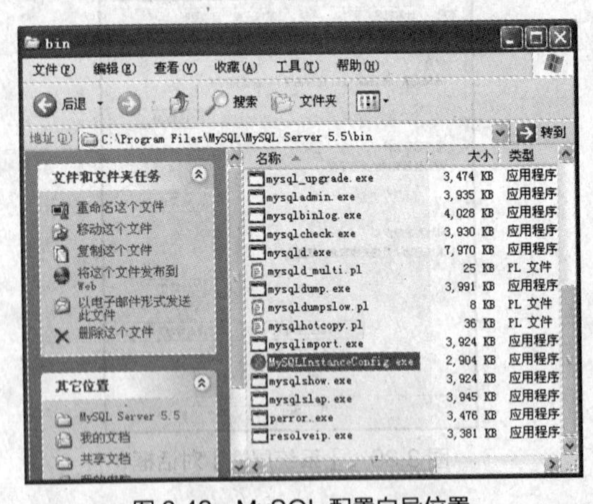

图 3.42 MySQL 配置向导位置

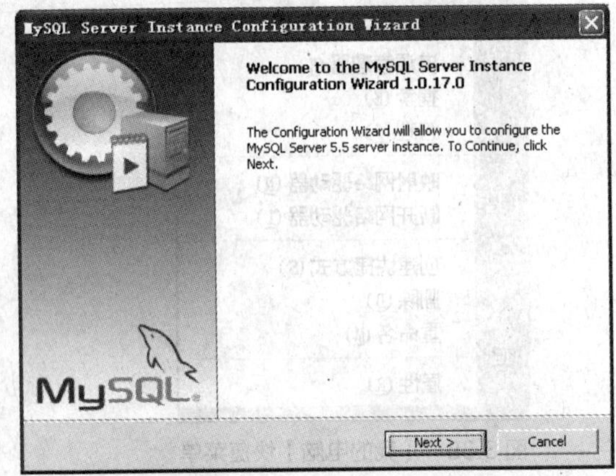

图 3.43 配置向导对话框

修改配置的具体操作步骤如下。

（1）进入 C:\Program Files\MySQL\MySQL Server 5.5\bin 目录中，直接启动 MySQLInstanceConfig.exe 文件，进入配置对话框，如图 3.43 所示。

（2）单击【Next】按钮，进入维护选项对话框，如图 3.44 所示。要想重新配置已有的服务器，选择【Reconfigure Instance】选项并单击【Next】按钮。已有的 my.ini 文件重新命名为 mytimestamp.ini.bak，其中 timestamp 是 my.ini 文件创建的日期和时间，如 my 2014-02-12

2010.ini.bak。配置完成后，将会产生带有新的配置参数的 my.ini 文件。要想卸载已有的服务器实例，选择【Remove Instance】选项并单击【Next】按钮。

如果选择了【Remove Instance】选项，则进入确认窗口，单击【Execute】按钮，MySQL Configuration Wizard（配置向导）停止并卸载 MySQL 服务，然后删除 my.ini 文件。但服务器安装目录和自己的 data 目录不会删除。

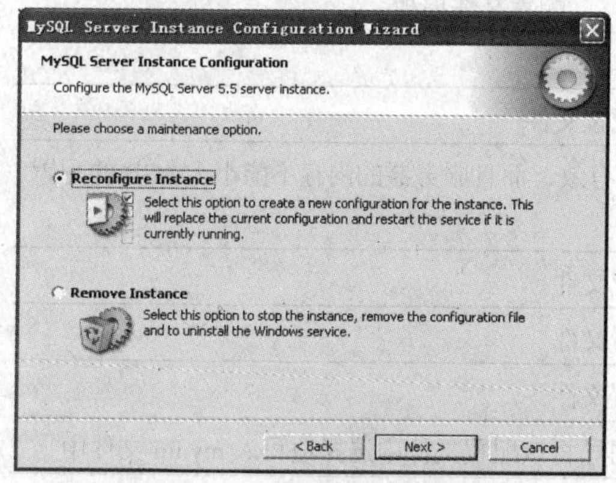

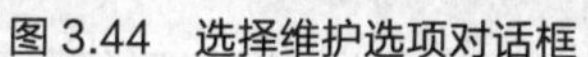
图 3.44　选择维护选项对话框

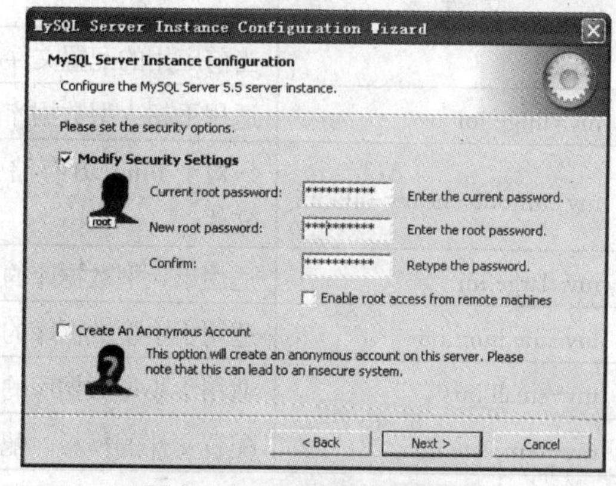

图 3.45　更改密码选项对话框

（3）选择【Reconfigure Instance】单选按钮，单击【Next】按钮，进入配置过程。接下来的配置过程和 3.2.1 小节的配置过程相同，读者可以仿照 3.2.1 小节的操作步骤进行。

提　示

唯一不一样的是安全设置对话框，在重新配置时，在对话框中需要输入当前密码和修改后的密码，如图 3.45 所示。其中，在【Current root password】右边的文本框中输入当前密码，在【New root password】文本框中输入新密码，在【Confirm】右边的文本框再次输入新密码，单击【Next】按钮，进行下面的配置过程，在此不再赘述。

2．手工更改配置

用户可以通过修改 MySQL 配置文件的方式来进行配置。这种配置方式更加灵活，但相对来说有一定的难度。作为初学者可以通过手工配置的方式学习 MySQL 的配置，这样可以了解得更加透彻。下面介绍如何手工更改配置。

在进行配置之前，首先了解一下 MySQL 提供的二进制安装代码包所创建的默认目录布局。MySQL 5.5 的默认安装文件夹是“C:\Program Files\MySQL\MySQL Server 5.5”，在此文件夹中包含以下文件夹，如表 3.1 所示。

表 3.1　Windows 平台 MySQL 文件夹列表

文 件 夹	内　容
Bin	客户端程序和服务器端程序
C:\Documents and Settings\All Users\Application Data\MySQL\data	数据库和日志文件
include	包含（头）文件
lib	库文件
share	字符集、语言等信息
examples	示例程序和脚本

MySQL不同版本下的文件夹布局会有稍微差异，但基本都包含上述几个文件夹。另外，在安装文件夹中还包含若干文件，其中有几个前缀不同的.ini类型的配置文件。不同文件分别提供不同数据库类型的配置参数模板，如表3.2所示。

表3.2　　MySQL提供的配置文件模板

文 件 名	配置文件模板
my.ini	当前应用的配置文件
my-huge.ini	适用于超大型数据库的配置文件
my-innodb-heavy-4G.ini	只对于InnoDB存储引擎有效，而且服务器的内存不能小于4GB的配置文件
my-large.ini	适用于大型数据库的配置文件
my-medium.ini	适用于中型数据库的配置文件
my-small.ini	适用于小型数据库的配置文件
my-template.ini	配置文件的模板。配置向导将该配置文件中选择项写入my.ini文件中

因此，手工更改配置的方法就是修改my.ini中的内容，达到更改配置的目的。下面简单介绍配置文件中的参数。

```
# MySQL客户端参数
# CLIENT SECTION
# ----------------------------------------------------------------------
[client]
# 数据库的连接端口。默认端口是3306，如果读者希望更改端口，可以直接在下面修改。
port=3306
[mysql]
# 客户端的默认字符集。该字符集是客户端的。
default-character-set=gbk

# 下面是服务器端各参数的介绍。[mysqld]后面的内容属于服务器端。
# SERVER SECTION
# ----------------------------------------------------------------------
[mysqld]
# MySQL服务程序TCP/IP监听端口(通常是3306端口)。
port=3306
# 设置MySQL的安装路径。
basedir="C:/Program Files/MySQL/MySQL Server 5.5/"
# 设置MySQL数据文件的存储位置。如果读者想修改存储位置，可以修改此参数。
datadir="C:/Documents and Settings/All Users/Application Data/MySQL/MySQL Server
5.5/Data/"
# 设置MySQL服务器端的字符集。
character-set-server=gb2312
# Create Table语句的默认表类型，如果不指定类型，则使用下面的类型。
default-storage-engine=INNODB
# MySQL服务器同时处理的数据库连接的最大数量。
max_connections=100
# 允许临时存放在查询缓存区里的查询结果的最大长度。
query_cache_size=0
# 同时打开的数据表的数量。
table_cache=256
# 临时HEAP数据表的最大长度。
tmp_table_size=18M
# 服务器线程缓存数量。
thread_cache_size=8
# *** MyISAM 指定参数***
# 当重建索引时，MySQL允许使用的临时文件的最大大小。
myisam_max_sort_file_size=100G
# MySQL需要重建索引，以及LOAD DATA INFILE到一个空表时，缓冲区的大小。
```

```
myisam_sort_buffer_size=35M
# 关键词缓冲区大小，用来为 MyISAM 表缓存索引块。
key_buffer_size=25M
# 进行 MyISAM 表全表扫描的缓冲区大小。
read_buffer_size=64K
# 排序操作时与磁盘之间的数据存储缓冲区大小。
read_rnd_buffer_size=256K
# 排序缓冲区大小。
sort_buffer_size=256K
# *** INNODB 指定参数***
# InnoDB 用来缓存索引和行数据的缓冲池大小。
innodb_additional_mem_pool_size=2M
# 设置什么时候把日志文件写到磁盘上，默认值是 1，表示 InnoDB 会在每次
# 提交后将事务日志写到磁盘上，为 0 可减轻磁盘 I/O 操作。
innodb_flush_log_at_trx_commit=1
# 设置用来存储日志数据的缓冲区的大小。
innodb_log_buffer_size=1M
# InnoDB 整体缓冲池大小。不宜过大，设为本地内存的 50%-75%比较合适。
innodb_buffer_pool_size=47M
# 设置 InnoDB 日志文件的大小。
innodb_log_file_size=24M
# 设置 InnoDB 存储引擎允许的线程最大数。
innodb_thread_concurrency=8
```

3.2.4 MySQL 常用图形化管理工具

MySQL 图形化管理工具极大地方便了数据库的操作与管理，常用的图形化管理工具有 MySQL Workbench、phpMyAdmin、Navicat、MySQLDumper、MySQL Gui Tools、MySQL ODBC Connector 等。每种图形管理工具各有特点，下面分别进行简单的介绍。

1. Navicat for MySQL

Navicat 是一个桌面版 MySQL 数据库管理和开发工具，和微软 SQL Server 的管理器很像，易学易用。Navicat 使用图形化的用户界面，让用户使用和管理起来更为轻松。支持中文，有免费版本提供，运行界面如图 3.46 所示。这也是本书所使用的图形管理工具。

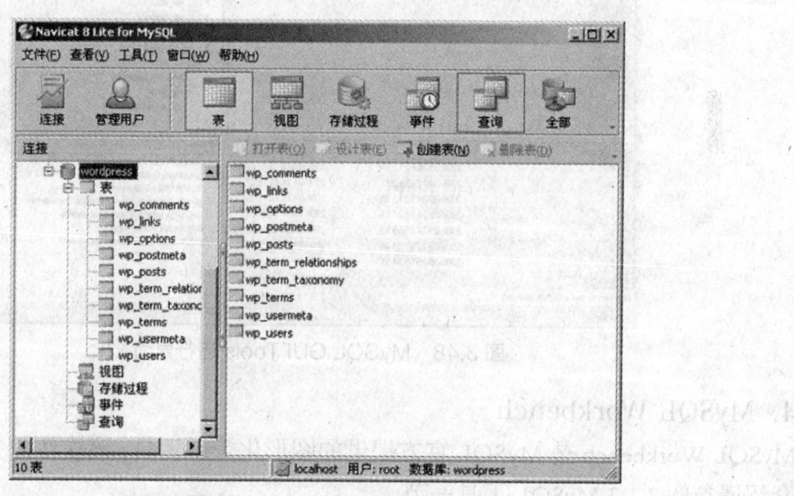

图 3.46 Navicat 运行界面

下载地址：http://www.navicat.com/。

2. phpMyAdmin

phpMyAdmin 是最常用的 MySQL 维护工具，是一个用 PHP 开发的基于 Web 方式架构在网站主机上的 MySQL 管理工具，支持中文，管理数据库非常方便。不足之处在于对大数据库的备份和恢复不方便。运行界面如图 3.47 所示。

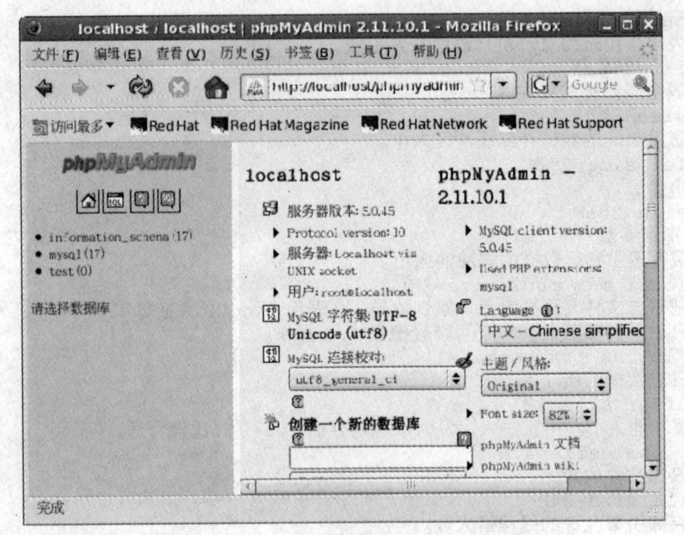

图 3.47　phpMyAdmin 运行界面

下载地址：http://www.phpmyadmin.net/。

3．MySQL GUI Tools

MySQL GUI Tools 是 MySQL 官方提供的图形化管理工具，功能非常强大，值得推荐，可惜的是没有中文界面。

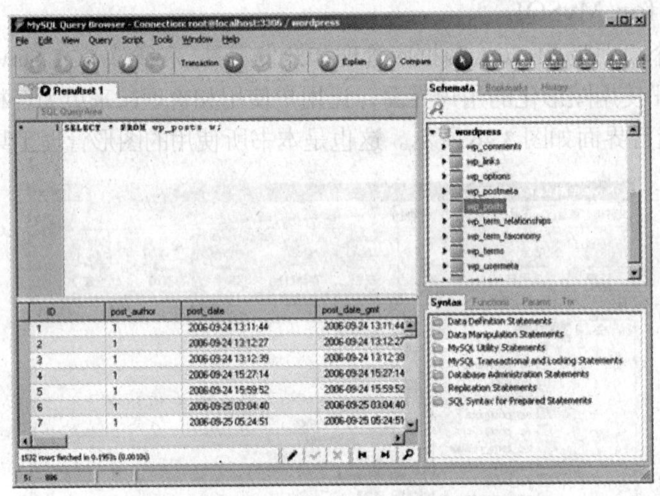

图 3.48　MySQL GUI Tools 运行界面

4．MySQL Workbench

MySQL Workbench 是 MySQL 官方提供的图形化管理工具，该软件分为社区版和商业版。具体介绍请参阅 3.1.3 MySQL 工具一节。

下载地址：http://dev.mysql.com/downloads/workbench/。

5．MySQLDumper

MySQLDumper 使用 PHP 开发的 MySQL 数据库备份恢复程序，解决了使用 PHP 进行大数据库备份和恢复的问题，数百兆的数据库都可以方便地备份和恢复，不用担心网速太慢导致中间中断的问题，非常方便易用。这个软件是德国人开发的，还没有中文语言包。运行界面如图 3.49 所示。

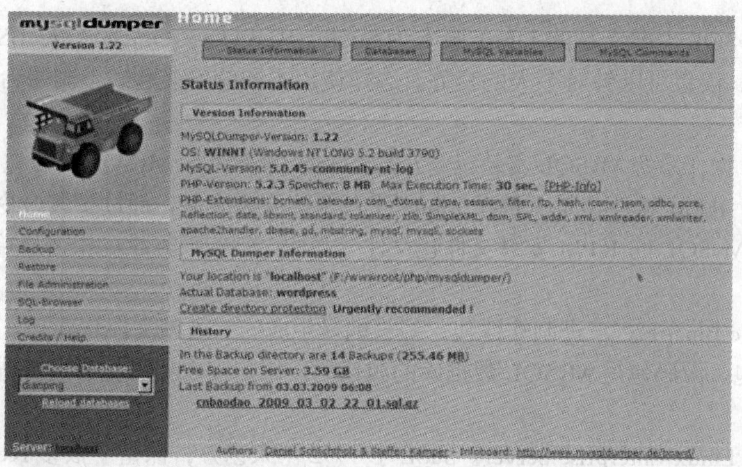

图 3.49 MySQL Dumper 运行界面

下载地址：http://www.mysqldumper.de/en/。

6. MySQL Connector/ODBC

MySQL 官方提供的 ODBC 接口程序，系统安装了这个程序之后，就可以通过 ODBC 来访问 MySQL，这样就可以实现 SQL Server、Access 和 MySQL 之间的数据转换，还可以支持 ASP 访问 MySQL 数据库。运行界面如图 3.50 所示。

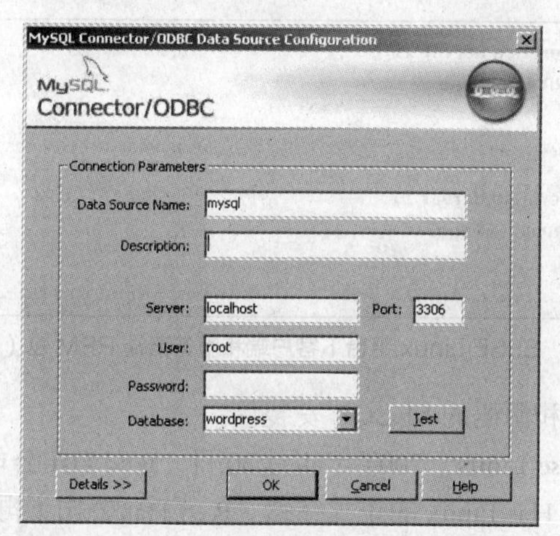

图 3.50 MySQL Connector/ODBC 运行界面

下载地址：http://dev.mysql.com/downloads/connector/odbc/。

3.2.5 Linux 平台下安装与配置 MySQL 5.5

Linux 操作系统有众多的发行版本，不同的平台上需要安装不同的 MySQL 版本，MySQL 主要支持的 Linux 版本有 SuSE、Red Hat、Oracle、FreeBSD 等。本小节将简单介绍 Liunx 平台下 MySQL 的安装过程，初学者可以跳过本节内容，继续学习。

1. Liunx 操作系统下的 MySQL 版本介绍

Linux 操作系统是自由软件和开放源代码发展中最著名的例子。自其诞生以来，经过全世界各地计算机爱好者的共同努力，现已成为目前世界上使用最多的一种 UNIX 类操作系统。目前已经开发了超过 300 个发行版本，比较流行的版本有：Ubuntu，Debian GNU/Linux，Fedora、OpenSUSe 和 Red Hat。

目前，MySQL 主要支持的 Linux 版本为 SuSE、Red Hat、Oracle、FreeBSD 以及其他原生 Linux 系统，读者可以针对个人的喜好，选择使用不同的安装包，不同平台的安装过程基本相同。

（1）Linux 操作系统 MySQL 安装包的分类。Linux 操作系统 MySQL 安装包分为以下 3 类。

① RPM。RPM 软件包是一种在 Linux 平台下的安装文件，通过安装命令可以很方便地安装与卸载。MySQL 的 RPM 安装文件包文件分为两个——服务器端和客户端，需要分别下载和安装。

② Generic Binaries。二进制软件包，经过编译生成的二进制文件软件包。

③ 源码包。源码包是 MySQL 数据库的源代码，用户需要自己编译成二进制文件之后才能安装。

（2）SuSE Linux Enterprise Server。SuSE 于 1992 年末创办，保留了很多 Red Hat Linux 的特质，于 2004 年 1 月被 Novell 公司收购。目前最新版本为 SUSE Linux 11.4，官方提供 SUSE Linux Enterprise Server 9 到 SuSE Linux Enterprise Server 11r MySQL 安装包。不同的处理器架构下，MySQL 的版本也不相同，读者可以根据自己的 CPU 类型选择相应的 RPM 安装包。

读者可以在下载页面 http://dev.mysql.com/downloads/mysql/5.5.html#downloads 选择【SuSE Linux Enterprise Server】平台，下载客户端和服务器端的 RPM 包（读者可根据自己机器处理器的类型，分别选择 32 位或 64 位的安装包），如图 3.51 所示。

SuSE Linux Enterprise Server 11 (x86, 32-bit), RPM Package Client Utilities	5.5.36	13.0M	Download
(MySQL-client-5.5.36-1.sles11.i586.rpm)	MD5: 0e77fc9c24dfae323063566500aa9111		
SuSE Linux Enterprise Server 11 (x86, 32-bit), RPM Package MySQL Server	5.5.36	33.4M	Download
(MySQL-server-5.5.36-1.sles11.i586.rpm)	MD5: 1acb7d3960ced9dbcce95f2dd4109a30		

图 3.51　SuSE Linux 平台下客户端和服务器端 RPM 包（32 位）

官方同时提供二进制和源码的 MySQL 安装包。

（3）Red Hat Enterprise Linux。2004 年 4 月 30 日，Red Hat 公司正式停止对 Red Hat 9.0 版本的支持，标志着 Red Hat Linux 的正式完结。Red Hat 公司不再开发桌面版的 Linux 发行包，而集中力量开发服务器版，也就是 Red Hat Enterprise Linux 版。目前，Red Hat Enterprise Linux 6 为最新版本，官方网站能够下载到从 Red Hat Enterprise Linux 3 到 Red Hat Enterprise Linux 6 的 5.6.17 版本的 MySQL 安装包。

根据不同的处理器架构，Linux 下的 MySQL 安装包的版本也有不同，在这里选择 Red Hat Enterprise Linux 5。

读者可以在下载页面 http://dev.mysql.com/downloads/mysql/5.5.html#downloads 选择【Red Hat Enterprise Linux/Oracle Linux】平台，下载客户端和服务器端的 RPM 包，如图 3.52 所示。

2．安装和配置 MySQL 的 RPM 包

下载 MySQL 安装文件的具体操作步骤如下。

MySQL 推荐使用 RPM 包进行 Linux 平台下的安装，从官方下载的 RPM 包能够在所有支持 RPM packages，glibc 2.3 的 Linux 系统下安装使用。

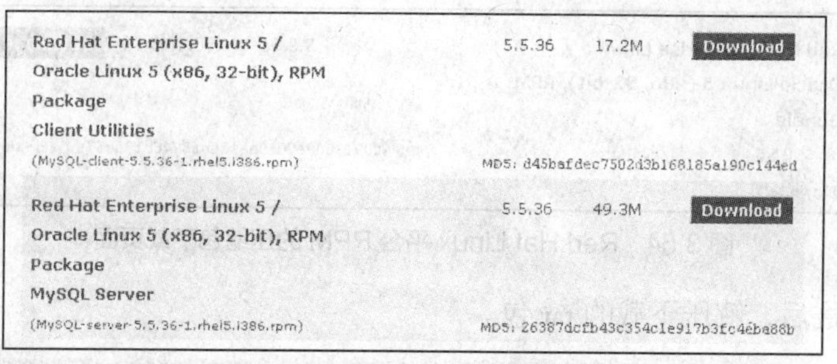

图 3.52　Red Hat Linux 平台下客户端和服务器端 RPM 包（32 位）

通过 RPM 包安装之后，MySQL 服务器目录包括以下子目录，如表 3.3 所示。

表 3.3　Linux 平台 MySQL 安装目录

文 件 夹	文件夹内容
/usr/bin	客户端和脚本
/usr/sbin	Mysqld 服务器
/var/lib/mysql	日志文件和数据库
/usr/share/info	信息格式手册
/usr/share/man	UNIX 帮助页
/usr/include/mysql	头文件
/usr/lib/msql	库
/usr/share/mysql	错误信息、字符集、示例配置文件等

对于标准安装，只需要安装 MySQL-server 和 MySQL-client，下面通过 RPM 包进行安装，具体的操作步骤如下。

（1）进入下载页面 http://dev.mysql.com/downloads/mysql/5.5.html#downloads，下载 RPM 包。Development Release 是开发中的版本，没有经过严格的测试，不建议下载。下载发行的稳定版（Generally Available），选择对应操作系统的版本，我们在平台下拉列表中选择【Red Hat Enterprise Linux/Oracle Linux】，如图 3.53 所示。

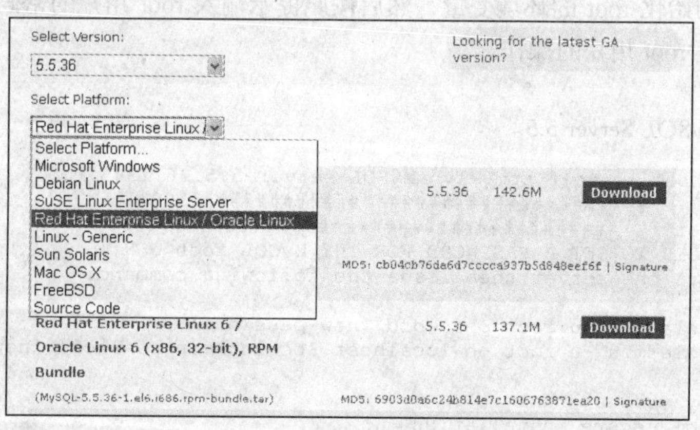

图 3.53　选择 Red Hat Linux 平台

（2）从 RPM 列表中选择要下载安装的压缩包，单击【Download】按钮，开始下载安装文件，如图 3.54 所示。

Red Hat Enterprise Linux 5 / Oracle Linux 5 (x86, 32-bit), RPM Bundle (MySQL-5.5.36-1.rhel5.i386.rpm-bundle.tar)	5.5.36	180.1M	Download
	MD5: f09176a9e7050ee12fbf5746b135c57a | Signature		

图 3.54　Red Hat Linux 平台 RPM 的压缩包下载页面

（3）下载完成后，解压下载的 tar 包。

```
[root@localhost share]#tar -xvf MySQL-5.5.36-1.rhel5.i386.rpm-bundle.tar
MySQL-client-5.5.36-1.rhel5.i386.rpm
MySQL-server-5.5.36-1.rhel5.i386.rpm
MySQL-devel-5.5.36-1.rhel5.i386.rpm
MySQL-shared-5.5.36-1.rhel5.i386.rpm
MySQL-test-5.5.36-1.rhel5.i386.rpm
MySQL-shared-compat-5.5.36-1.rhel5.i386.rpm
MySQL-embedded-5.5.36-1.rhel5.i386.rpm
```

tar 包是 Linux/UNIX 系统上的一个打包工具，通过“tar –help”可以看到 tar 使用帮助。解压出来的文件有如下几个。

① MySQL–client–5.5.36–1.rhe15.i386.rpm 是客户端的安装包。

② MySQL–server–5.5.36–1.rhe15.i386.rpm 是服务器端的安装包。

③ MySQL–devel–5.5.36–1.rhe15.i386.rpm 是包含开发用的库头文件的安装包。

④ MySQL–shared–5.5.36–1.rhe15.i386.rpm 是包含 mysql 的一些共享库文件的安装包。

⑤ MySQL–test–5.5.36–1.rhe15.i386.rpm 是测试的安装包。

⑥ MySQL–shared–compat–5.5.36–1.rhe15.i386.rpm 是包含 mysql 的一些共享组件的安装包。

⑦ MySQL–embedded–5.5.36–1.rhe15.i386.rpm 是嵌入式 mysql 的安装包。

一般情况下，只需要安装 client 和 server 两个包，如果需要使用 C/C++进行 MySQL 相关开发，请安装 MySQL–devel–5.5.36–1.rhe15.i386.rpm。

（4）切换到 root 用户。

[root@localhost share]$su –root

提　示

此处也可以直接输入 su –，符号“–”告诉系统在切换到 root 用户的时候，要初始化 root 的环境变量，然后按照提示输入 root 用户的密码，就可以完成切换 root 用户的操作。

（5）安装 MySQL Server 5.5。

```
[root@localhost share]# rpm -ivh MySQL-server-5.5.36.i386.rpm
Preparing…        ##################################[100%]
1:MySQL-server     ##################################[100%]
PLEASE REMEMBER TO SET A PASSWORD FOR THE MySQL root USR!
To do so,start the server,then issue the following command:

/usr/bin/mysqladmin -u root password 'new-password'
/usr/bin/mysqladmin -u root -h localhost.localdomain password 'new-password'

Altermatively you can run:
/usr/bin/mysql_secure_installation

which will also give you the option of removing the test
databases and anonymous user created by default.  This is
strongly recommended for production servers.
```

```
See the manual for more instructions.

Please report any problems with the /usr/bin/mysqlbug script!
```

看到这些，说明 mysql server 安装成功了。按照提示，执行/usr/bin/mysqladmin –u root password 'new password'可以更改 root 用户密码；执行/usr/bin/mysql_secure_installation 会删除测试数据库和匿名用户；/usr/bin/mysqlbug script 报告 bug。

安装之前要查看机器上是不是已经装有旧版本的 MySQL。如果有，最好先把旧版本的 MySQL 卸载，否则可能会产生冲突。

查看旧版本的 MySQL 命令是：

```
[root@localhost share]# rpm -qa|grep -i mysql
Mysql-5.0.77-4.e15_4.2
```

系统会显示机器上安装的旧版本 MySQL 的信息，如上面第 2 行所示。

然后，卸载 mysql–5.0.77–4.e15_4.2，输入命令如下。

```
[root@localhost share]# rpm -ev mysql-version-4.e15_4.2
```

（6）启动服务，输入命令如下。

```
[root@localhost share]# service mysql restart
MySQL server PID file could not be found          [失败]
Starting MySQL...                                  [确定]
```

服务启动成功。

MySQL 服务的操作命令是：

```
service mysql start|stop|restart|status
```

这几个参数的含义如下所述。

- start：启动服务。
- stop：停止服务。
- restart：重启服务。
- status：查看服务状态。

（7）安装客户端，输入命令如下。

```
[root@localhost share]# rpm -ivh MySQL-client-5.5.36.i386.rpm
Preparing...        ###################################[100%]
1:MySQL-client      ###################################[100%]
```

（8）安装成功后，使用命令行登录。

```
[root@localhost share]# MySQL -u root -h localhost
Welcome to the MySQL monitor.  Commands end with ; or/g.
Your MySQL connection id is 1
Server Version 5.5.36 MySQL Community Server(GPL)

Copyright(c)2000,2014,Oracle and/or its affiliates.All rights reserved.

Oracle is a registered trademark of oracle Copporation and.or its
affiliates. Other names may be trademarks of their respective
Owners.
Type 'help;' or '\h' for help. Type '\c' to clear the current input statement
1:MySQL-server      ###################################[100%]
```

读者看到上面的信息说明登录成功，接下来就可以对 MySQL 数据库进行操作了。

（9）更改 root 密码。

```
[root@localhost share]#/usr/bin/mysqladmin -u root password 'aaaaaa'
```

执行完该命令，root 的密码被改为 aaaaaa。

（10）添加新用户。

```
 [root@localhost share]# MySQL -u root-h localhost -paaaaaa
Mysql>grant all privileges on *.* to monty@localhost
      IDENTIFIED BY 'something' WITH GRAND OPTION
```

3.3 数据库的创建和删除

【任务分析】

设计人员在了解 MySQL 数据库管理系统、熟悉其工作环境、掌握 MySQL 数据库的相关概念后，接下来的工作是怎样把数据库的逻辑结构在 MySQL 数据库管理系统支持下利用 Navicat 和 SQL 语句创建并维护数据库。

【课堂任务】

本节要掌握在 MySQL 的工作环境下创建并维护数据库。

- 利用 Navicat 创建和维护数据库
- 利用 SQL 语句创建和维护数据库

在使用数据库存储数据时，首先要创建数据库。在 MySQL 中主要使用两种方法创建数据库：一是在图形管理工具 Navicat 窗口中通过方便的图形化向导创建，二是通过编写 SQL 语句创建。下面将以创建本书示例数据库“gradem”为例分别介绍这两种方法。

3.3.1 认识 SQL 语言

1．SQL 语言概述

结构化查询语言（Structured Query Language，SQL）是由美国国家标准协会（American National Standards Institute，ANSI）和国际标准化组织（International Standards Organization，ISO）定义的标准。

SQL 标准自 1986 年以来不断演化发展，有数种版本。从 1992 年发布的“SQL-92”标准，1999 年发布的“SQL:1999”标准，以及当前最新的“SQL:2008”标准。MySQL 致力于支持全套 ANSI/ISO SQL 标准，但不会以牺牲代码的速度和质量为代价。

2．SQL 语言的特点

SQL 语言有以下 4 个特点。

（1）一体化：集数据定义语言、数据操纵语言、数据控制语言元素为一体。

（2）使用方式：有两种使用方式，即交互使用方式和嵌入到高级语言中的使用方式。

（3）非过程化语言：只需要提出“干什么”，不需要指出“如何干”，语句的操作过程由系统自动完成。

（4）人性化：符合人们的思维方式，容易理解和掌握。

3．SQL 语言的分类

在 MySQL 系统中，根据 SQL 语言的执行功能特点，可以将 SQL 语言分为 3 种类型：数据定义语言、数据操纵语言和数据控制语言。

（1）数据定义语言 DDL（Data Definition Language）。数据定义语言是最基础的 SQL 语言类型。其用来创建数据库和创建、修改、删除数据库中的各种对象，为其他语言的操作提供对象。只有在创建数据库和数据库中的各种对象之后，数据库中的各种其他操作才有意义。例如，数据库、表、触发器、存储过程、视图、索引、函数及用户等都是数据库中的对象，都需要通过定义才能使用。最常用的 DDL 语句是 CREATE、DROP 和 ALTER。

（2）数据操纵语言 DML（Data Manipulation Language）。用于完成数据查询和数据更新操作，其中数据更新是指对数据进行插入、删除和修改操作。最常使用的 DML 语句是 SELECT、INSERT、UPDATE 和 DELETE。

（3）数据控制语言 DCL（Data Control Language）。数据控制语言是用来设置或更改数据库用户或角色权限的语句。主要包括 GRANT 语句和 REVOKE 语句。GRANT 语句可以将指定的安全对象的权限授予相应的主体，REVOKE 语句则删除授予的权限。

3.3.2 MySQL 数据库简介

1．MySQL 数据库文件介绍

数据库管理的核心任务包括创建、操作和支持数据库。在 MySQL 中，每个数据库都对应存放在一个与数据库同名的文件夹中。MySQL 数据库文件有“.frm”、“.MYD”和“.MYI”3 种文件，其中“.frm”是描述表结构的文件，“.MYD”是表的数据文件，“.MYI”是表数据文件中的索引文件。它们都存放在以数据库同名的文件夹中。数据库的默认存放位置是 C:\Documents and Settings\All Users\ApplicationData\MySQL\MySQL Server 5.5\data。读者可以通过配置向导或手工配置修改数据库的默认存放位置，具体操作方法请参考 3.2 节（MySQL 的安装与配置）。

2．MySQL 自动建立的数据库介绍

MySQL 安装完成之后，将会在其 data 目录下自动创建几个必须的数据库，可以使用 SHOW DATABASES 命令来查看当前所有存在的数据库，输入语句如下。

```
mysql> show databases;
+--------------------+
| Database           |
+--------------------+
| information_schema |
| mysql              |
| performance_schema |
| test               |
+--------------------+
4 rows in set (0.02 sec)
```

若用 Navicat 工具软件显示数据库，只需双击窗口左侧的“mysql”服务器即可，如图 3.55 所示。

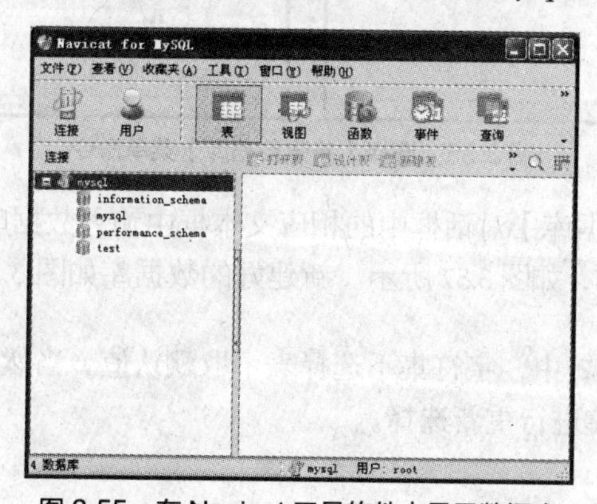

图 3.55 在 Navicat 工具软件中显示数据库

从显示结果看，数据库列表中包含了 4 个数据库。这四个数据库的作用如表 3.4 所示。

表 3.4　MySQL 自动创建的数据库作用

数据库名称	数据库作用
mysql	描述用户访问权限
information_schema	保存关于 MySQL 服务器所维护的所有其他数据库的信息。如数据库名、数据库的表、表栏的数据类型与访问权限等
performance_schema	主要用于收集数据库服务器性能参数
test	用户利用该数据库进行测试工作

提　示

读者不要随意删除系统自带的数据库，否则会使 MySQL 不能正常运行。

3.3.3　创建数据库

1．使用图形管理工具 Navicat 创建数据库

在图形管理工具 Navicat 窗口中使用可视化的界面通过提示来创建数据库，这是最简单也是使用最多的方式，非常适合初学者。创建数据库“gradem”的具体步骤如下。

（1）启动 Navicat 工具软件，打开【Navicat for MySQL】窗口，并确保与服务建立连接。

（2）鼠标右键单击【连接】窗格的“mysql”服务器，在弹出的快捷菜单中选择【新建数据库】菜单命令；或双击展开“mysql”服务器，用鼠标右键单击某一个已存在的数据库，在弹出的快捷菜单中选择【新建数据库】菜单命令，如图 3.56 所示。

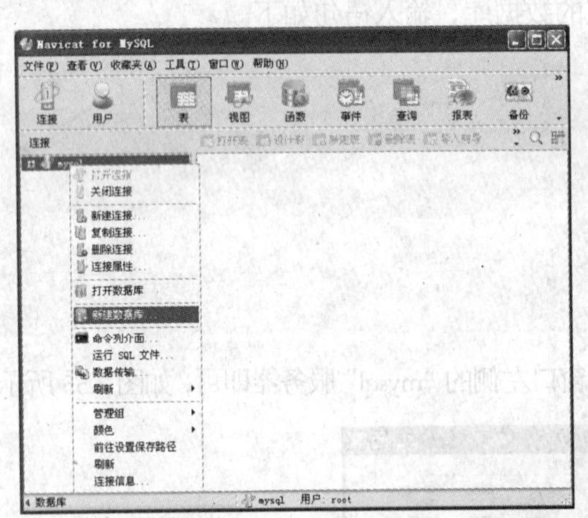

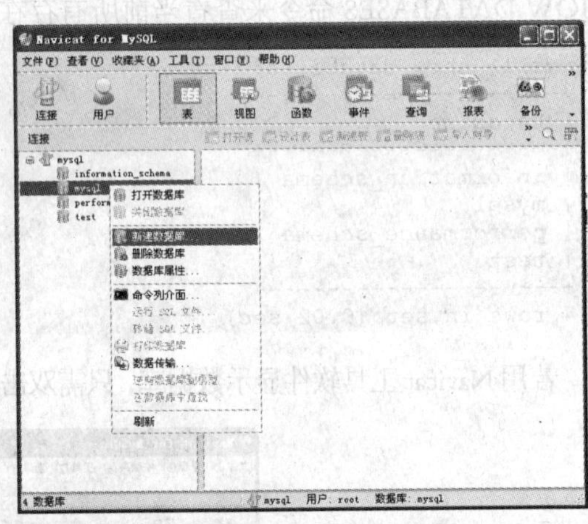

图 3.56　选择【新建数据库】菜单命令

（3）在弹出【新建数据库】对话框中的相应文本框中输入数据库名，单击【确定】按钮，就完成了数据库的创建工作，如图 3.57 所示。新建好的数据库如图 3.58 所示。

提　示

在图 3.57 中，字符集不选择表示取默认值，当然也可以单独对数据库所使用的字符集进行重新选择。

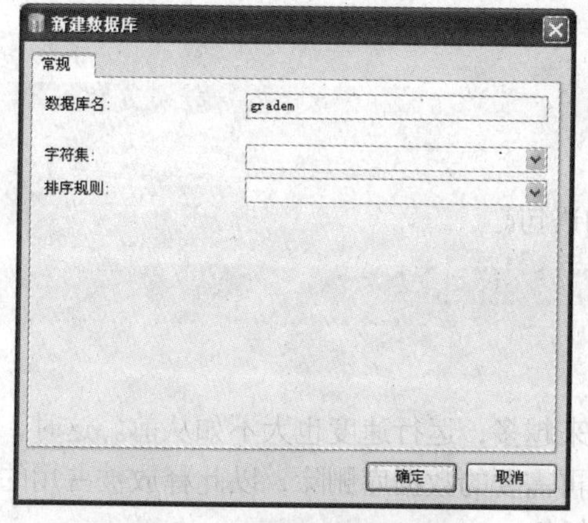

图 3.57 【新建数据库】对话框

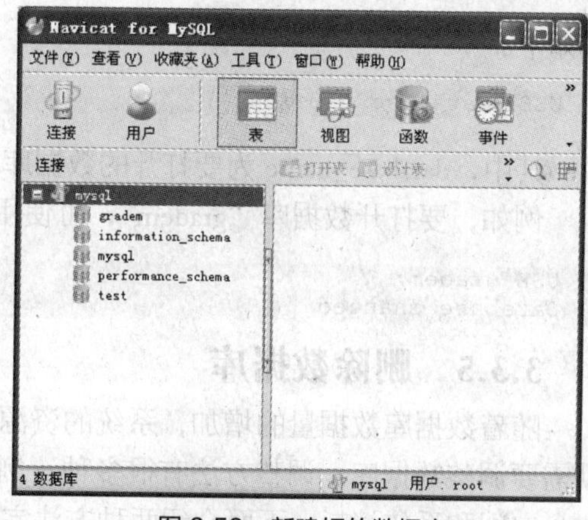

图 3.58 新建好的数据库

2．使用 SQL 语句创建数据库

MySQL 使用 CREATE DATABASE 语句同样可以完成数据库的创建操作。

虽然使用图形管理工具是创建数据库的一种有效而又容易的方法，但在实际工作中未必总能用它创建数据库。例如，在设计一个应用程序时，开发人员会直接使用 SQL 语句在程序代码中创建数据库及其他数据库对象。

用 CREATE DATABASE 命令创建数据库的语法格式如下。

```
CREATE DATABASE database_name;
```

在该语法中，“database_name”为要创建的数据库的名称，该名称不能与已存在的数据库重名。

例如，用 CREATE DATABASE 命令创建一个数据库 mydb，具体的操作命令如下。

```
CREATE DATABASE mydb;
Query OK, 1 row affected (0.05 sec)
```

再次使用 SHOW DATABASE 语句来查看当前所有存在的数据库，输入语句如下。

```
mysql> show databases;
+--------------------+
| Database           |
+--------------------+
| information_schema |
| gradem             |
| mydb               |
| mysql              |
| performance_schema |
| test               |
+--------------------+
6 rows in set (0.00 sec)
```

可以看到，数据库列表中包含了刚刚创建的两个数据库 gradem 和 mydb。

3.3.4　打开数据库

若想对数据库进行操作，首先需要打开该数据库。在图形管理工具 Navicat 中，未打开的数据库的图标是灰色显示（ ）；双击该数据库，图标变为浅绿色（ ），表明该数据库已经打开，同时在右侧的窗格中会显示该数据库所包含的表。使用 SQL 语句打开数据库的语法格式如下。

```
USE  database name;
```

其中，database_name 为要打开的数据库名。

例如，要打开数据库“gradem”，可使用下面的语句。

```
USE gradem;
Database changed
```

3.3.5 删除数据库

随着数据库数据量的增加，系统的资源消耗越来越多，运行速度也大不如从前。这时，就需要调整数据库。调整方法有很多种，例如将不再需要的数据库删除，以此释放被占用的磁盘空间和系统消耗。下面介绍两种方法完成此项任务。

1．使用图形管理工具 Navicat 删除数据库

（1）打开 Navicat 窗口，并确保与服务建立连接。

（2）在【连接】窗格中展开服务器，用鼠标右键单击要删除的数据库，从快捷菜单中选择【删除数据库】命令。

（3）在弹出的【确认删除】对话框中，单击【确定】按钮，确认删除。

当不再需要数据库或将数据库迁移到另一个数据库或服务器时，即可删除该数据库。一旦删除数据库，文件及其数据都从服务器上的磁盘中删除，不能再进行检索，只能使用以前的备份。

2．使用 SQL 语句删除数据库

使用 SQL 语句删除数据库的语法格式如下。

```
DROP DATABASE database_name;
```

其中，database_name 为要删除的数据库名。

例如，要删除数据库“gradem”，可使用下面的 DROP DATABASE 语句。

```
DROP DATABASE gradem;
```

使用 DROP DATABASE 删除数据库不会出现确认信息，所以使用这种方法时要小心谨慎。利用 DROP DATABASE 命令删除数据库后，数据库中存储的所有数据表和数据也将一同被删除，而且不能恢复。此外，千万不能删除系统自带的数据库，否则会导致 MySQL 服务器无法使用。

3.3.6 MySQL 数据库的存储引擎

MySQL 中提到了存储引擎的概念，它是 MySQL 的一个特性，可简单理解为表类型。每一个表都有一个存储引擎，可在创建时指定，也可以使用 ALTER TABLE 语句修改，都是通过 ENGINE 关键字设置的。

1．什么是存储引擎

存储引擎就是如何存储数据、如何为存储的数据建立索引和如何更新、查询数据等技术的实现方法。因为在关系数据库中数据的存储是以表的形式存储的，所以存储引擎简而言之就是指表的类型。数据库的存储引擎决定了表在计算机中的存储方式。

在 Oracle 和 SQL Server 等数据库中只有一种存储引擎，所有数据存储管理机制都是一样的。而 MySQL 数据库提供了多种存储引擎，用户可以根据不同的需求为数据表选择不同的存储引擎，用户也可以根据自己的需要编写自己的存储引擎，MySQL 的核心就是存储引擎。

2．MySQL 存储引擎简介

MySQL 5.5 支持的存储引擎有：InnoDB、MyISAM、Memory、Merge、Archive、Federated、CSV 和 BLACKHOLE 等。可以使用 SHOW ENGINES 语句查看系统所支持的引擎类型，结果如下。

```
mysql> show engines;
+--------------------+---------+----------------------------------------------------------------+--------------+------+------------+
| Engine             | Support | Comment                                                        | Transactions | XA   | Savepoints |
+--------------------+---------+----------------------------------------------------------------+--------------+------+------------+
| FEDERATED          | NO      | Federated MySQL storage engine                                 | NULL         | NULL | NULL       |
| MRG_MYISAM         | YES     | Collection of identical MyISAM tables                          | NO           | NO   | NO         |
| MyISAM             | YES     | MyISAM storage engine                                          | NO           | NO   | NO         |
| BLACKHOLE          | YES     | /dev/null storage engine (anything you write to it disappears) | NO           | NO   | NO         |
| CSV                | YES     | CSV storage engine                                             | NO           | NO   | NO         |
| MEMORY             | YES     | Hash based, stored in memory, useful for temporary tables      | NO           | NO   | NO         |
| ARCHIVE            | YES     | Archive storage engine                                         | NO           | NO   | NO         |
| InnoDB             | DEFAULT | Supports transactions, row-level locking, and foreign keys     | YES          | YES  | YES        |
| PERFORMANCE_SCHEMA | YES     | Performance Schema                                             | NO           | NO   | NO         |
+--------------------+---------+----------------------------------------------------------------+--------------+------+------------+
9 rows in set
```

从输出结果可看到支持多个存储引擎。其中，Support 列的值表示某种存储引擎是否能使用，YES 表示可以使用，NO 表示不能使用，DEFAULT 表示该引擎为当前默认的存储引擎。

上面的输出结果是用 Navicat 工具的【命令列介面...】菜单命令输出的，具体操作方法是用鼠标右键单击“mysql”连接，单击快捷菜单中的【命令列介面...】命令，将会弹出【mysql-命令列介面】窗口，如图 3.59 和 3.60 所示。

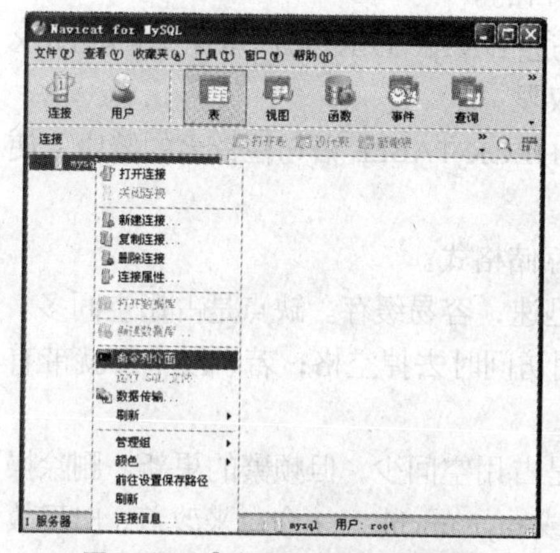

图 3.59 【命令列介面...】命令

图 3.60 【mysql-命令列介面】窗口

（1）InnoDB 存储引擎。InnoDB 是事务型数据库的首选引擎，是具有提交、回滚和崩溃恢复能力的事务安全存储引擎，支持行锁定和外键约束。从 MySQL 5.5.5 之后，InnoDB 作为默认存储引擎。相对 MySQL 来说，写处理能力差些，且会占用较多磁盘空间以保留数据和索引。InnoDB 的主要特性有以下几点。

① 支持自动增长列。存储表中的数据时，每表的存储都按主键顺序存放。如果在表定义时没有指定主键，InnoDB 存储引擎会为每一行生成一个 6 字节的 ROWID，并以此作为主键。此 ROWID 由自动增长列的值进行填充。

InnoDB 存储引擎支持自动增长列 AUTO-INCREMENT。自动增长列的值不能为空，且值必须唯一。若插入的值为 0 或空时，则实际插入的值为自动增长后的值。可通过 ALTER

TABLE 语句强制设置自动增长列的初始值，默认从 1 开始。

对于 InnoDB 表，自动增长列必须是索引，或者是组合索引的第 1 列。对于 MyISAM 表，可以为组合索引的其他列，插入记录后，自动增长列是按照组合索引的前面几列进行排序后递增的。

② 支持外键约束（FOREIGN KEY）。只有 InnoDB 引擎支持外键约束。外键所在表为子表，外键所依赖的表为父表。表中被子表外键关联的字段必须为主键。当删除、更新父表的某条记录时，子表也必须有相应的改变。创建索引时，可指定删除、更新父表时对子表的相应操作。

③ 存储格式。InnoDB 存储表和索引有下面两种方式。

a. 使用共享表空间存储。表结构保存在.frm 文件中。数据和索引保存在 innodb_data_home_dir 和 innodb_data_file_path 定义的表空间中，可以为多个文件。

b. 使用多表空间存储。表结构仍然存储在.frm 文件中，但每个表的数据和索引单独保存在.ibd 中。若为分区表，则每个分区对应单独的.ibd 文件，文件名为表名+分区名。

使用多表空间存储，需设置参数 innodb_file_per_table，并重启服务才可生效，只对新建表有效。

（2）MyISAM 存储引擎。MyISAM 存储引擎是 MySQL 中常见的存储引擎，曾是 MySQL 的默认存储引擎，不支持事务、外键约束，但访问速度快，对事务完整性不要求，适合于以 SELECT/INSERT 为主的表。

① 存储文件。每个 MyISAM 物理上存储为 3 个文件，文件名与表名相同，扩展名分别为.frm（存储表定义）、.MYD（MYData 存储数据）、.MYI（MYIndex 存储索引），其中数据文件和索引文件可以放置在不同目录，以达到平衡 I/O 的目的。

数据文件和索引文件的路径，需要在创建表时通过 DATA DIRECTORY 和 INDEX DIRECTORY 语句指定，需要绝对路径，且具有访问权限。

MyISAM 类型的表可能因各种原因损坏，可通过 CHECK TABLE 语句检查表的健康，使用 REPAIR TABLE 语句修复。

② 存储格式。MyISAM 类型的表支持 3 种不同的存储格式。

a. 静态表。默认存储格式，字段长度固定，存储迅速，容易缓存。缺点是占用空间多。需要注意的是，字段存储按照宽度定义补足空格，应用访问时去掉空格；若字段本身就带有空格，也会去掉，这点特别注意。

b. 动态表。变长字段，记录不是固定长度，优点是占用空间少，但频繁的更新、删除操作会产生碎片，需要定期执行 OPTIMIZE TABLE 语句或 myisamchk －r 命令来改善，出现故障时难以恢复。

c. 压缩表。由 myisampack 工具创建，每个记录单独压缩，访问开支小，占用空间小。

（3）MEMORY 存储引擎。MEMORY 存储引擎是 MySQL 中一类特殊的存储引擎。该存储引擎使用存在于内存中的内容来创建表，每个表实际对应一个磁盘文件，格式为.frm。这类表因为数据在内存中，且默认使用 HASH 索引，所以访问速度非常快；但一旦服务关闭，表中的数据会丢失。

每个 MEMORY 表可以放置数据量的大小受 max_heap_table_size 系统变量的约束，初始值为 16MB，可按需求增大。此外，在定义 MEMORY 表时可通过 MAX_ROWS 子句定义表的最大行数。

该存储引擎主要用于那些内容稳定的表，或者作为统计操作的中间表。对于该类表需要注意的是，因为数据并没有实际写入磁盘，一旦重启，则会丢失。

3．存储引擎的选择

不同存储引擎都有各自的特点，以适应不同的需求，如表 3.5 所示。为了做出选择，首先需要考虑每一个存储引擎提供了哪些不同的功能。

表 3.5　　　　MySQL 存储引擎功能对比

功　能	InnoDB	MyISAM	Memory
存储限制	64TB	256TB	RAM
支持事务	支持	无	无
空间使用	高	低	低
内存使用	高	低	高
支持数据缓存	支持	无	无
插入数据速度	低	高	高
支持外键	支持	无	无

如果要提供提交、回滚和崩溃恢复能力的事务安全（ACID 兼容）能力，并要求实现并发控制，InnoDB 是一个很好的选择。如果数据表主要用来插入和查询记录，则 MyISAM 引擎能提供较高的处理效率。如果只是临时存放数据，数据量不大，并且不需要较高的数据安全性，可以选择将数据保存在内存中的 Memory 引擎，MySQL 中使用该引擎作为临时表，存放查询的中间结果。

使用哪一种引擎要根据需要灵活选择，一个数据库中的多个表可能使用不同存储引擎以满足各种实际需求。使用合适的存储引擎，将会提高整个数据库的性能。

3.4　课堂实践：创建和删除数据库

1．实践目的

（1）掌握在 Windows 平台下安装与配置 MySQL 5.5 的方法。

（2）掌握启动服务并登录 MySQL 5.5 数据库的方法和步骤。

（3）了解手工配置 MySQL 5.5 的方法。

（4）掌握 MySQL 数据库的相关概念。

（5）掌握使用 Navicat 工具和 SQL 语句创建数据库的方法。

（6）掌握使用 Navicat 工具和 SQL 语句删除数据库的方法。

2．实践内容及要求

（1）在 Windows 平台下安装与配置 MySQL 5.5.36 版。

（2）在服务对话框中，手动启动或者关闭 MySQL 服务。

（3）使用 Net 命令启动或关闭 MySQL 服务。

（4）分别用 Navicat 工具和命令行方式登录 MySQL。

（5）在 my.ini 文件中将数据库的存储位置改为 D:\MYSQL\DATA。

（6）创建数据库。

① 使用 Navicat 创建学生信息管理数据库 gradem。

② 使用 SQL 语句创建数据库 MyDB。

（7）查看数据库属性。

① 在 Navicat 中查看创建后的 gradem 数据库和 MyDB 数据库的状态，查看数据库所在的文件夹。

② 利用 SHOW DATABASES 命令显示当前的所有数据库。

（8）删除数据库。

① 使用 Navicat 图形工具删除 gradem 数据库。

② 使用 SQL 语句删除 MyDB 数据库。

③ 利用 SHOW DATABASES 命令显示当前的所有数据库。

（9）使用配置向导修改当前密码，并使用新密码重新登录。

（10）配置 Path 变量，确保 MySQL 的相关路径包含在 Path 变量中。

3.5 课外拓展

操作内容及要求如下。

在 2.8 节课外拓展中数据库设计的基础上，在服务器 D:\MYSQL\DATA 文件夹中建立一个数据库 GlobalToys。

习题

1. 选择题

（1）下列选项中属于创建数据库的语句是（　）。

A. CREATE DATABASE　　B. ALTER DATABASE

C. DROP DATABASE　　D. 以上都不是

（2）在创建数据库时，每个数据库都对应存放在一个与数据库同名的（　　）中。

A. 文件　　B. 文件夹　　C. 路径　　D. 以上都不是

（3）显示当前所有的数据库的命令是（　）。

A. SHOW DATABASES;　　B. SHOW DATABASE;

C. LIST DATABASES;　　D. LIST DATABASE;

（4）在 MySQL 5.5 以上系统中，默认的存储引擎是（　　）。

A. MyISAM　　B. MEMORY　　C. InnoDB　　D. ARCHIVE

（5）SQL 系统中，表结构文件的扩展名是（　）。

A. .frm　　B. .myd　　C. .myi　　D. mdf

（6）MySQL 使用（　　）文件中的配置参数。

A. my-larger.ini　　B. my-small.ini　　C. my-huge.ini　　D. my.ini

2. 简述题

（1）简述数据库定义以及数据库的作用。

（2）简述 MySQL 数据库的组成。

（3）简述创建数据库的方法。

PART 4

第 4 章 数据库的基本应用

任务要求：

数据库是用来保存数据的，在 MySQL 数据库管理系统中，物理的数据是存储在表中的。表的操作包括设计表和操作表中记录，其中设计表指的是规划出能够合理、规范地来存储数据的表；对表中的记录可进行的操作包括向表中添加数据、修改已有数据、删除不需要的数据和查询用户需要的数据等。

在学生信息管理系统中，每年都有新同学入学，这就需要向学生表中添加记录；在校学生的基本信息发生变化，也需要进行修改，这就是对表中记录的修改；还需要删除已毕业的学生的信息，这就是对表中记录的删除，如图 4.1 所示。

图 4.1　数据的添加、修改和删除操作

在学生信息管理系统中，经常根据指定条件查询学生的信息，例如实现全院、某系部、某年级或某班级学生的信息浏览；还可以查询某个学生的信息、退（休）学学生的信息或班级信息；也可以进行学生信息的统计等，如图 4.2 所示。

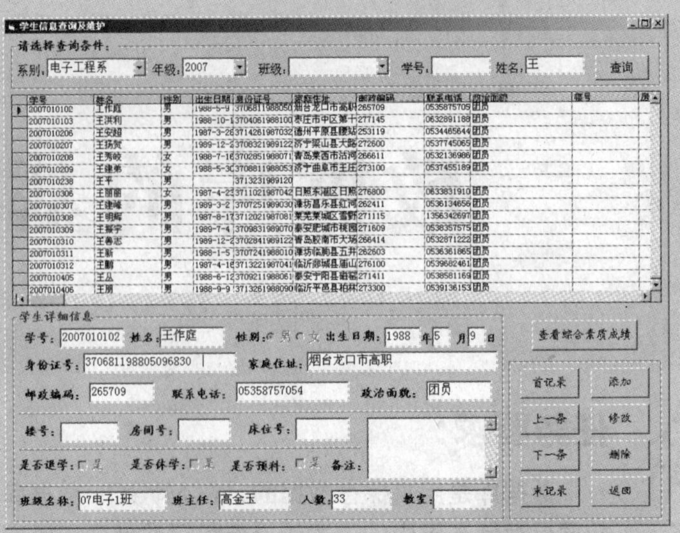

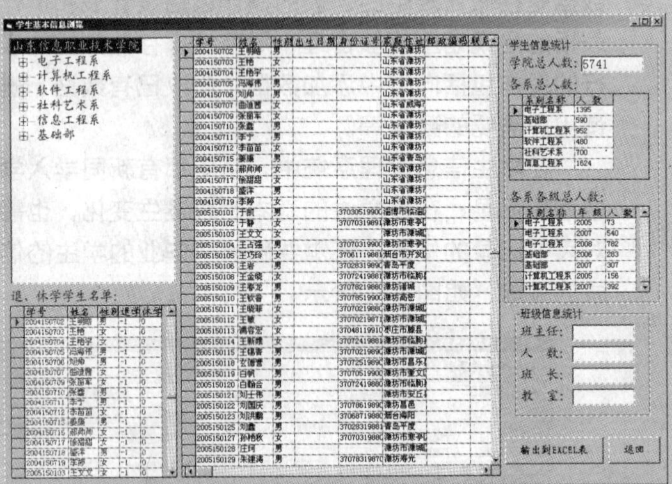

图 4.2　数据的查询操作

学习目标：

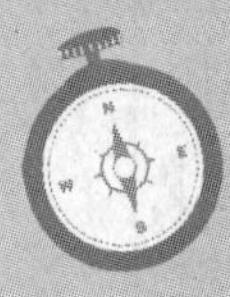

- 理解 MySQL 数据表的基本概念
- 掌握表的创建、修改及删除方法
- 灵活运用单表查询、多表连接查询
- 明确聚集函数的使用方法及技巧
- 掌握分组与排序的使用方法
- 理解嵌套查询和集合查询的使用规则
- 掌握表记录的插入、修改和删除方法

4.1 管理表

【任务分析】

设计人员在完成了数据库的设计及创建后，下面的工作是在数据库中创建表，用于存储数据。

【学习情境】

训练学生掌握数据库中表的创建及维护操作。

（1）在数据库中创建表、维护表。

（2）设置主键、外键等，建立表之间的关系。

【课堂任务】

本节要理解表的基本概念，掌握表的创建及维护方法。

- 表的基本概念
- 表的创建
- 维护表（修改表结构、删除表）

4.1.1 表的概述

在 MySQL 中，表是数据库中最重要、最基本的操作对象，是存储数据的基本单位。如果把数据库比喻成柜子，那么表就像柜子中各种规格的抽屉。一个表就是一个关系，表实质上就是行列的集合，每一行代表一条记录，每一列代表记录的一个字段。每个表由若干行组成，表的第一行为各列标题，其余行都是数据。在表中，行的顺序可以任意。不同的表有不同的名字。

1．表的命名

完整的数据表名称应该由数据库和表名两部分组成，其格式如下。

```
database_name.table_name
```

其中，database_name 说明表在哪个数据库上创建，默认为当前数据库； table_name 为表的名称，应遵守 MySQL 对象名的命名规则。

MySQL 对象包括数据库、表、视图、存储过程或存储函数等。这些对象名必须符合一定规则或约定，各个 DBMS 的约定不完全相同。

MySQL 对命名数据库和 MySQL 表命名有以下原则。

（1）名字可以由当前字符集中的任何字母数字字符组成，下划线（_）和美元符（$）也可以。

（2）名字最长为 64 个字符。

另外，需要注意的有以下几点。

（1）因为数据库和表的名字对应于文件夹名和文件名，服务器运行的操作系统可能强加额外的限制。

（2）如果要用引号，一定要用单引号，而双引号并不禁止变量解释。

（3）虽然 MySQL 允许数据库和表名最长到 64 个字符，但名字的长度受限于所用操作系统限定的长度。

（4）文件系统的大小写敏感性影响到如何命名和引用数据库和表名。如果文件系统是大小写敏感的（如 UNIX），名字为 my_tbl 和 MY_TBL 的两个表是不同的表。如果文件系统不是大小写敏感的（如 Windows），这两个名字指的是相同的表。如果你用一个 UNIX 服务器开发数据库，并且又有可能转移到 Windows，应该注意这一点。

2．表的结构

在学习如何创建表之前，首先需要了解表的结构。如图 4.3 所示，表的存在方式如同电子表格的工作表一样拥有列（Column）和行（Row）。用数据库的专业术语来表示，这些列即是字段（Field），每个字段分别存储着不同性质的数据，而每一行中的各个字段的数据构成一条数据记录（Record）。

事实上，结构（Structure）和数据记录（Record）是表的两大组成部分。当然，在表能够存放数据记录之前，必须先定义结构，而表的结构定义工作即决定表拥有哪些字段以及这些字段的特性。所谓“字段特性”是指这些字段的名称、数据类型、长度、精度、小数位数、是否允许空值（NULL）、设置默认值、主码等。显然，只有彻底了解字段特性的各个定义项，才能有办法创建一个功能完善和具有专业水准的表。

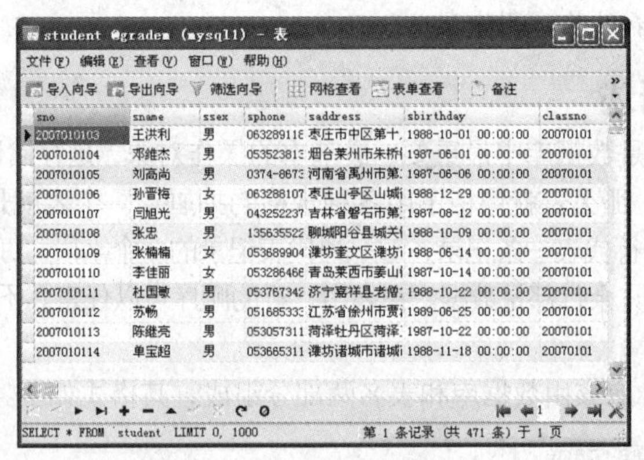

图 4.3　表的结构（student）

3．字段名

表可以拥有多个字段，各个字段分别用来存储不同性质的数据，为了加以识别，每个字段必须有一个名称。字段名同样必须符合 MySQL 的命名规则。

（1）字段名最长可达 64 个字符。

（2）字段名可包含中文、英文字母、数字、下划线符号（_）、井字符号（#）、货币符号（$）及 at 符号（@）。

（3）同一个表中，各个字段的名称绝对不能重复。

（4）字段名可以用中文。

4．字段长度和小数位数

决定了字段的名称之后，下面就是要设置字段的数据类型（Data Type）、长度（Length）与小数位数（Decimal Digits）。数据类型将在后面进行讲解。

字段的长度是指字段所能容纳的最大数据量。但是对不同的数据类型而言，长度对字段的意义有些不同，说明如下。

（1）字符串类型。长度代表字段所能容纳字符的数目，因此它会限制用户所能输入的文本长度。

（2）整数类型。长度则代表该数据类型指定的显示宽度。显示宽度是指能够显示的最大数据的长度。在不指定宽度的情况下，每个整数类型都有默认的显示宽度。

（3）二进制类型。长度代表字段所能容纳的最大字节数。

（4）浮点数类型和定点数类型。长度代表的是数据的总长度，也就是精度。精度是指数据中数字的位数（包括小数点左侧的整数部分和小数点右侧的小数部分），而小数位数则是指数字中小数点右侧的位数。例如，就数字 12345.678 而言，其精度是 8，小数位数是 3。

通常用下面所示的格式来表示数据类型及其所采用的长度（精度）和小数位数，其中，*n* 代表长度、*p* 代表精度、*s* 代表小数位数。

binary(*n*)→binary(10)→长度为 10 的 binary 数据类型。

char(*n*)→char(12)→长度为 12 的 char 数据类型。

decimal(*p*[,*s*])→decimal(8,3)→精度为 8、小数位数为 3 的 decimal 数据类型。

4.1.2 MySQL 数据类型

确定表中每列的数据类型是设计表的重要步骤。列的数据类型就是定义该列所能存放的数据的值的类型。例如，表的某一列存放姓名，则定义该列的数据类型为字符型；又如表的某一列存放出生日期，则定义该列为日期时间型。

MySQL 的数据类型非常丰富，这里仅给出几种常用的数据类型，见表 4.1。

表 4.1　　MySQL 常用的数据类型

数据类型	系统提供的数据类型	存储长度	数值范围	说　明
	bit(*n*)	*n* 位二进制	*n* 最大值为 64，默认值为 1	位字段类型。如果分配的值的长度小于 *n* 位，在值的左边用 0 填充
二进制类型	Binary(*n*)	*N* 字节		固定长度二进制字符串。若输入数据的长度超过了 *n* 规定的值，超出部分将会被截断；否则，不足部分用数字“/0”填充
	Varbinary(*n*)	*n*+1 字节		可变长度二进制字符串
	tinyblob		2^8−1 字节	BLOB 主要存储图片、音频等信息
	blob		2^{16}−1 字节	
	mediumblob		2^{24}−1 字节	
	longblob		2^{32}−1 字节	
字符串类型	char(*n*)	*n* 字节	1~255	固定长度字符串。若输入数据的长度超过了 *n* 规定的值，超出部分将会被截断；否则，不足部分用空格填充
	Varchar(*n*)	输入字符串的实际长度+1	0~65535	长度可变字符串。字节数随输入数据的实际长度而变化，最大长度不得超过 *n*+1

续表

数据类型	系统提供的数据类型	存储长度	数值范围	说　明
字符串类型	tinytext	值的长度+2 字节	0~255	一种特殊的字符串类型。只能保存字符数据，如文章、评论、简历、新闻内容等
	Text	值的长度+2 字节	0~65535	
	mediumtext	值的长度+3 字节	0~16777215	
	longtext	值的长度+4 字节	0~4294967295	
	enum	1 字节或 2 字节		枚举类型。其值为表创建时指定的允许值的列表中选择
	set	1 ~ 4 字节或 8 字节		在创建时，SET 类型的取值范围就以列表的形式指定了
日期时间类型	year	1 字节	1901~2155	用来表示年，格式：YYYY
	date	3 字节	1000-01-01~9999-12-31	只存储日期，不存储时间，格式：YYYY-MM-DD
	time	3 字节	-838:59:59~838:59:59	只存储时间，格式：HH:MM:SS
	datetime	8 字节	1000-01-01 00:00:00~9999-12-31 23:59:59	表示日期和时间的组合，格式：YYYY-MM-DD HH:MM:SS
	timestamp	4 字节	1970-01-101 00:00:01 UTC~2038-01-19 03:14:07 UTC	与 datatime 格式相同，取值范围小于 datatime
整数类型	int(*n*) integer(*n*)	4 字节	有符号：$-2^{31}\sim2^{31}-1$ 无符号：$0\sim2^{32}$	默认的显示宽度 *n* 为 11
	smallint(*n*)	2 字节	有符号：$-2^{15}\sim2^{15}-1$ 无符号：$0\sim2^{16}$	默认的显示宽度 *n* 为 6
	mediumint(*n*)	3 字节	有符号：$-2^{23}\sim2^{23}-1$ 无符号：$0\sim2^{24}-1$	默认的显示宽度 *n* 为 9
	bigint(*n*)	8 字节	有符号：$-2^{63}\sim2^{63}-1$ 无符号：$0\sim2^{64}$	默认的显示宽度 *n* 为 20
	tinyint(*n*)	1 字节	有符号：$-2^{7}\sim2^{7}-1$ 无符号：$0\sim2^{8}$	默认的显示宽度 *n* 为 4
浮点数类型和定点数类型	float(*p*[,*s*])	4 字节		单精度浮点数类型，若不指定精度，默认会保存实际精度
	double(*p*[,*s*]) 或 real(*p*[,*s*])	8 字节		双精度浮点类型，若不指定精度，默认会保存实际精度
	decimal(*p*[,*s*]) 或 numeric(*p*[,*s*])	若 *p*>*s*，为 *p*+2 字节； 否则为 *s*+2 字节		定点数类型，默认的精度为 10，小数位数为 0

对于浮点数类型和定点数类型，如果插入值的精度高于实际定义的精度，系统会自动进行四舍五入处理，使值的精度达到要求。不同的是，float 型和 double 型在四舍五入时不会报错，而 decimal 型会有警告。

在 MySQL 中，定点数以字符串形式存储。因此，其精度比浮点数要高。而且，浮点数会出现误差，这是浮点数一直存在的缺陷。如果对精度要求比较高的时候（如货币、科学数据等），使用 decimal 类型会比较安全。

4.1.3 列的其他属性

给列指派数据类型时，也就定义了想要在列中存储什么。但列的定义不仅仅是设置数据类型，还可以用种子值填充列，或者是空值。

1. 默认值

当向表中插入数据时，如果用户没有明确给出某列的值，MySQL 自动指定该列使用默认值。它是实现数据完整性的方法之一。

2. 设置表的属性值自动增加

当向 MySQL 的表中加入新行时，可能希望给行一个唯一而又容易确定的 ID 号。可以通过为表主键添加 AUTO-INCREMENT 关键字来实现。该标识字段是唯一标识表中每条记录的特殊字段，初值默认为 1，当一个新记录添加到这个表中时，这个字段就被自动赋给一个新值。默认情况下是加 1 递增。

3. NULL 与 NOT NULL

在创建表的结构时，列的值可以允许为空值。NULL（空，列可以不指定具体的）值意味着此值是未知的或不可用的，向表中填充行时不必为该列给出具体值。注意，NULL 不同于零、空白或长度为零的字符串。

NOT NULL 是指不允许为空值，该列必须输入数据。

4.1.4 设计学生信息管理数据库的表结构

在第 2 章设计学生信息管理数据库的基础上，现在实现数据库中各表的表结构的设计。在这一步，设计人员要决定数据表的详细信息，包括表名、表中各列名称、数据类型、数据长度、列是否允许空值、表的主键、外键、索引、对数据的限制（约束）等内容。设计人员最终给出 8 个表的定义，见表 4.2～表 4.9。

表 4.2 student 表的表结构

列 名	数据类型	是否空	键/索引	默认值	说 明
sno	char(10)	否	主键		学号
sname	char(8)	是			姓名
ssex	char(2)	是		男	性别

续表

列 名	数据类型	是否空	键/索引	默认值	说 明
sbirthday	date	是		1992-01-01	出生日期
sid	varchar(18)	是			身份证号
saddress	varchar(30)	是			家庭住址
spostcode	char(6)	是			邮政编码
sphone	char(18)	是		不详	电话
spstatus	varchar(20)	是			政治面貌
sfloor	char(10)	是			楼号
sroomno	char(5)	是			房间号
sbedno	char(2)	是			床位号
tuixue	tinyint(1)	否		0	是否退学
xiuxue	tinyint(1)	否		0	是否休学
smemo	text	是			简历
sphoto	blob	是			照片
classno	char(8)	是	外键 class(classno)		班号

表 4.3　class 表的表结构

列 名	数据类型	是否空	键/索引	默认值	说 明
classno	char(8)	否	主键		班号
classname	varchar(20)	是			班级名称
speciality	varchar(60)	是			专业
inyear	year	是			入学年份
classnumber	tinyint	是			班级人数
header	char(10)	是			辅导员
deptno	char(4)	是	外键 department(deptno)		系号
classroom	varchar(16)	是			班级房间
monitor	char(8)	是			班长姓名
classxuezhi	tinyint	是		3	学制

表 4.4　department 表的表结构

列 名	数据类型	是否空	键/索引	默认值	说 明
deptno	char(4)	否	主键		系号
deptname	char(14)	是			系部名称
deptheader	char(8)	是			系主任
office	char(20)	是			办公室
deptphone	char(20)	是		不详	系部电话

表 4.5　floor 表的表结构

列　名	数据类型	是否空	键/索引	默认值	说　明
sfloor	char(10)	否	组合主键		楼号
sroomno	char(5)	否	组合主键		房间号
ssex	char(2)	是			性别
maxn	tinyint	是			人数

表 4.6　course 表的表结构

列　名	数据类型	是否空	键/索引	默认值	说　明
cno	char(5)	否	组合主键		课程号
cname	varchar(20)	否			课程名称
cterm	tinyint	否	组合主键		学期

表 4.7　teacher 表的表结构

列　名	数据类型	是否空	键/索引	默认值	说　明
tno	char(4)	否	主键		教师编号
tname	char(10)	是			教师姓名
tsex	char(2)	是		男	性别
deptno	char(4)	是	外键 department(deptno)		系号

表 4.8　sc 表的表结构

列　名	数据类型	是否空	键/索引	默认值	说　明
cno	char(3)	否	组合主键 外键 course(cno)		课程号
sno	char(10)	否	组合主键 外键 student(sno)		学号
degree	decimal(4,1)	是			成绩
cterm	Tinyint	否	组合主键 外键 course(cterm)		学期

表 4.9　teaching 表的表结构

列　名	数据类型	是否空	键/索引	默认值	说　明
tno	char(4)	否	组合主键 外键 teacher(tno)		教师编号
cno	char(3)	否	组合主键 外键 course(cno)		课程号
cterm	tinyint	否	组合主键 外键 course(cterm)		学期

4.1.5 创建表

创建表的方法有两种：一种是使用 MySQL 的图形管理工具 Navicat，另一种是使用 CREATE TABLE 语句。下面以创建 student 表为例，介绍创建表的方法及过程。student 表的表结构见表 4.2。

1．使用 Navicat 工具创建表

使用 Navicat 工具创建表的步骤如下。

（1）打开 Navicat 窗口，在【连接】窗格中展开【mysql】服务器，然后双击【gradem】数据库，使其处于打开状态，在 gradem 数据库节点下用鼠标右键单击【表】节点，从快捷菜单中选择【新建表】命令，如图 4.4 所示。

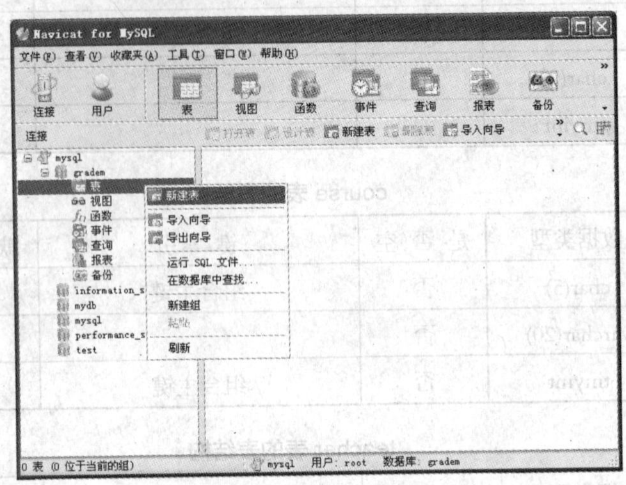

图 4.4 【新建表】命令

（2）在打开的设计表窗口中，输入列名，选择该列的数据类型（数据类型也可直接输入），输入字段的长度、小数点位数（若字段需要的话），并设置是否允许为空，如图 4.5 所示。图 4.5 所示的设计表窗口中的下半部分是列属性，包括是否使用默认值、字段的注释、采用的字符集等。逐个定义表中的列，设计完整的表结构。

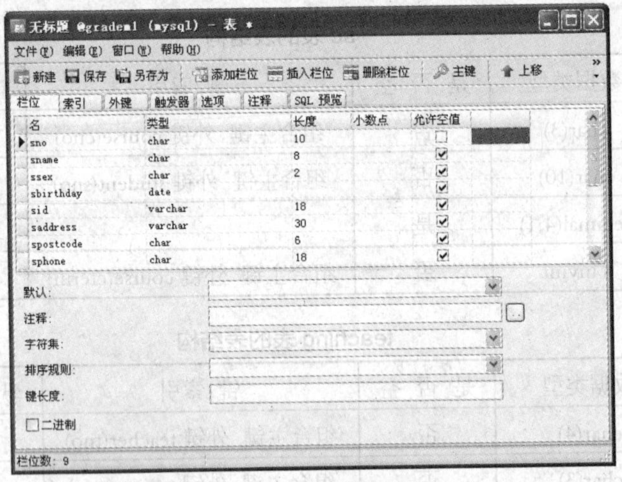

图 4.5 设计表窗口

（3）设置主键约束。选中要作为主键的列，单击工具栏上的【主键】按钮；或用鼠标右键单击该列，在快捷菜单中选择【主键】命令，主键列的右侧将显示钥匙标记，如图 4.6 所示。注意，若设置两个或两个以上字段为组合主键，可按住【shift】键和相关字段，再单击工具栏上的【主键】按钮即可。

（4）定义好所有的列后，单击标准工具栏上的【保存】按钮或按【Ctrl+S】组合键，将弹出【表名】对话框，输入表名称“student”就可以保存该表，如图 4.7 所示。此时该表就创建完成了。

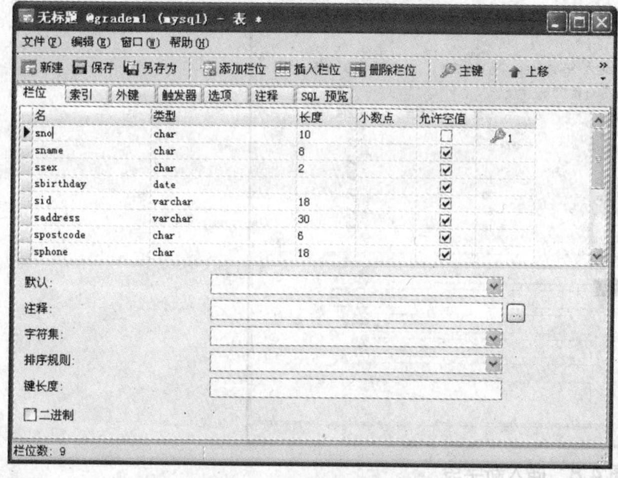

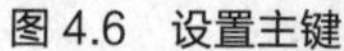
图 4.6 设置主键

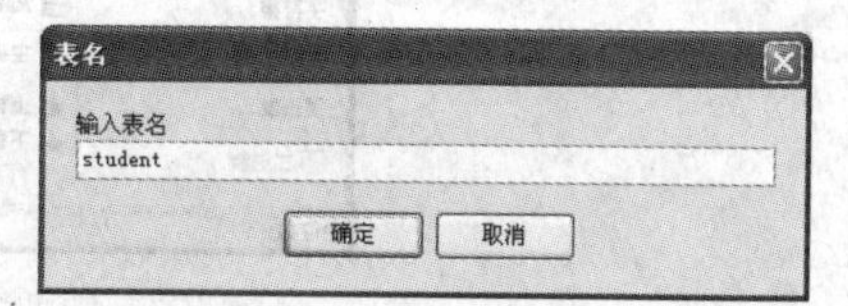

图 4.7 【表名】对话框

① 尽可能地在创建表时正确地输入列的信息。

② 同一个表中，列名不能相同。

在定义表结构时，可灵活运用下列操作技巧。

① 添加新字段。当输入完一个字段的所有信息后，单击工具栏上的【添加栏位】按钮；或用鼠标右键单击某字段，并从快捷菜单中选择【添加栏位】命令，一个空白列就会添加到最后。此时，便可开始定义这个新字段的字段名称、数据类型及其他属性。

② 插入新字段。如果想插入新字段，可单击工具栏上的【插入栏位】按钮；或用鼠标右键单击适当的字段，并从快捷菜单中选择【插入栏位】命令，一个空白列就会插入到原先所选取的字段前。此时，便可开始定义这个新字段的字段名称、数据类型及其他属性，如图 4.8 所示。

③ 删除现有的字段。若想删除某个字段，可选中该字段，单击工具栏上的【删除栏位】按钮；或用鼠标右键单击该字段，再选择快捷菜单中的【删除栏位】命令，如图 4.9 所示。

2．使用 SQL 语句创建表

在使用 SQL 语句前，首先要了解 SQL 语句结构和书写准则。

（1）在 SQL 语句中语法格式的一些约定符号。

① 尖括号“<>”中的内容为必选项。例如，<表名>意味着必须在此处填写一个表名。

② 中括号“[ ]”中的内容为任选项。例如，[UNIQUE]意味着 UNIQUE 可写可不写。

③ [,…]意思是“等等”，即前面的项可以重复。

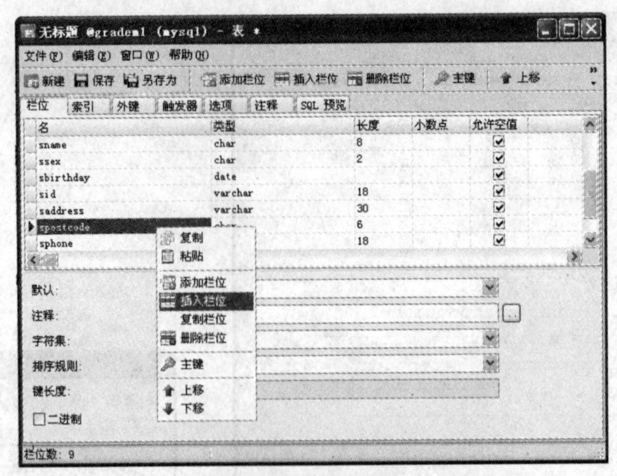

图 4.8　插入新字段

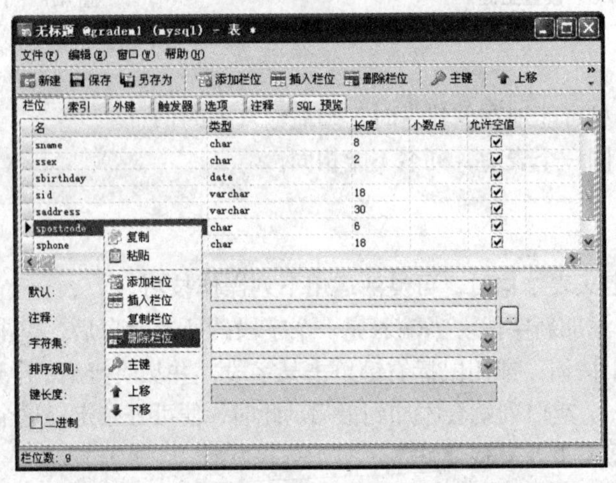

图 4.9　删除现有的字段

④ 大括号“{}”与竖线“|”表明此处为选择项，在所列出的各项中仅需选择一项。例如，{A|B|C|D}意味着从 A、B、C、D 中取其一。

⑤ SQL 中的数据项（包括列项、表和视图）分隔符为“,”；其字符串常量的定界符用单引号（'）表示。

（2）SQL 语句书写准则。在编写 SQL 语句时，遵守某种准则可以提高语句的可读性，并且易于编辑，这是很有好处的。以下是一些通常的准则。

① SQL 语句对大小写不敏感。但是为了提高 SQL 语句的可读性，子句开头的关键字通常采用大写形式。

② SQL 语句可写成一行或多行，习惯上每个子句占用一行。

③ 关键字不能在行与行之间分开，并且很少采用缩写形式。

④ SQL 语句的结束符为分号“;”，分号必须放在语句中最后一个子句的后面，但可以不在同一行。

在 SQL 中，使用 CREATE TABLE 语句创建表。语法格式如下。

```
CREATE TABLE <表名>
(<字段 1> <数据类型 1> [<列级完整性约束条件 1>]
[,<字段 2> <数据类型 2> [<列级完整性约束条件 2>]] [,…]
[,<表级完整性约束条件 1>]
```

```
[,<表级完整性约束条件 2>] [,…]
);
```

（3）完整性约束条件。在定义表结构的同时，还可以定义与该表相关的完整性约束条件（实体完整性、参照完整性和用户自定义完整性），这些完整性约束条件被存入系统的数据字典中，当用户操作表中的数据时，由 DBMS 自动检查该操作是否违背这些完整性约束条件。如果完整性约束条件涉及该表的多个属性列，则必须定义在表级上，其他情况则既可以定义在列级上也可以定义在表级上。

① 列级完整性约束条件如下。

a. PRIMARY KEY：指定该字段为主键。

b. NULL /NOT NULL：指定的字段允许为空/不允许为空，如果没有约束条件，则默认为 NULL。

c. UNIQUE：指定字段取值唯一，即每条记录的指定字段的值不能重复。

注 意

如果指定了 NOT NULL 和 UNIQUE，就相当于指定了 PRIMARY KEY。

d. DEFAULT <默认值>：指定设置字段的默认值。

e. AUTO_INCREMENT：指定设置字段的值自动增加。

f. CHECK（条件表达式）：用于对输入值进行检验，拒绝接受不满足条件的值。

② 表级完整性约束条件如下。

a. PRIMARY KEY 用于定义表级约束，语法格式如下。

```
CONSTRAINT <约束名> PRIMARY KEY [CLUSTERED](字段名 1,字段名 2,…,字段名 n)
```

注 意

当使用多个字段作为表的主键时，使用上述子句设置主键约束。

b. FOREIGN KEY 用于设置参照完整性规则，即指定某字段为外键，语法格式如下。

```
CONSTRAINT <约束名> FOREIGN KEY <外键> REFERENCES <被参照表(主键)>
```

c. UNIQUE 既可用于列级完整性约束，也可用于表级完整性约束，语法格式如下。

```
CONSTRAINT <约束名> UNIQUE(<字段名>)
```

【例 4.1】 利用 SQL 语句定义表 4.2 中的关系表。

```
USE gradem
CREATE TABLE student                              --创建学生表
(sno char(10) PRIMARY KEY,                        --学号为主键
sname char(8),                                    --姓名
ssex char(2) DEFAULT '男',                  --性别
sbirthday date DEFAULT '1992-01-01',              --出生日期
sid varchar(18),                                  --身份证号
saddress varchar(30),                             --家庭住址
spostcode char(6),                                --邮政编码
sphone char(18) DEFAULT '不详',                   --电话
spstatus varchar(20),                             --政治面貌
sfloor char(10),                                  --楼号
```

```
sroomno char(5),                                  --房间号
sbedno char(2),                                   --床位号
tuixue tinyint(1) NOT NULL DEFAULT 0,             --是否退学
xiuxue tinyint(1) NOT NULL DEFAULT 0,             --是否休学
smemo text,                                       --简历
sphoto blob,                                      --照片
classno char(8)                                   --班级号
);
```

① 表是数据库的组成对象，在进行创建表的操作之前，先要通过命令 USE 打开要操作的数据库。

② 用户在选择表名和列名时尽量不要使用 SQL 语言中的保留关键字，如 SELECT、CREATE 和 INSERT 等。如果表名或列名是一个限制词或包含特殊字符，当使用它时，必须在该标识符前加上它的前缀，如“数据库名.表名”或“表名.字段名”：SELECT select.select from gradem.select where select.select > 10;。其中，gradem 数据库中包含一个 select 表，select 表中包含一个 select 字段。

③ 在目前的 MySQL 版本中，CHECK 完整性约束还没有被强化，上面例子中定义的 CHECK 约束会被 MySQL 分析，但会被忽略，也就是说，这里的 CHECK 约束暂时只是一个注释，不会起任何作用。相信在未来的版本中它能得到扩展。

【例 4.2】 利用 SQL 语句定义表 4. 6 和表 4. 8 中的关系表。

```
CREATE TABLE course                                          --创建课程关系表
(cno char(3) NOT NULL,                                       --课程号
cname varchar(20) NOT NULL,                                  --课程名称
cterm tinyint NOT NULL,                                      --学期
CONSTRAINT C1 PRIMARY KEY(cno,cterm)                         --课程号+学期为主键
);
CREATE TABLE sc                                              --创建成绩关系表
(sno char(10) NOT NULL,                                      --学号
cno char(3) NOT NULL,                                        --课程号
degree decimal(4,1),                                     --成绩
cterm tinyint NOT NULL,                                      --学期
CONSTRAINT A1 PRIMARY KEY(sno,cno,cterm),                    --学号+课程号+学期为主键
CONSTRAINT A2 CHECK(degree>=0 and degree<=100),              --成绩约束条件
CONSTRAINT A3 FOREIGN KEY(sno) REFERENCES STUDENT(sno),          --学号为外键
CONSTRAINT A4 FOREIGN KEY(cno,cterm) REFERENCES COURSE(cno,cterm)
                                                           --(课程号,学期)为外键
);
```

4.1.6 维护表

1. 查看表

表创建后，可以查看表结构的定义，以确认表的定义是否正确。也可以查看数据库中的表列表。在 MySQL 中，查看表结构可以用 DESCRIBE/DESC 和 SHOW CREATE TABLE 语句。查看表列表可以用 SHOW TABLES 语句。

（1）使用 DESCRIBE 查看表结构。DESCRIBE/DESC 语句可以查看表的字段信息，其中包括：字段名、字段数据类型、是否为主键、是否有默认值等，语法格式如下。

```
DESCRIBE <表名>;
```

或简写为：

```
DESC <表名>;
```

【例 4.3】 分别用 DESCRIBE 和 DESC 命令查看表 student 表和 course 表的表结构。SQL 语句如下。

```
mysql>DESCRIBE student;
```

```
+-----------+--------------+------+-----+------------+--------+
| sno       | char(10)     | NO   | PRI | NULL       |        |
| sname     | char(8)      | YES  |     | NULL       |        |
| ssex      | char(2)      | YES  |     | 男         |        |
| sbirthday | date         | YES  |     | 1992-01-01 |        |
| sid       | varchar(18)  | YES  |     | NULL       |        |
| saddress  | varchar(30)  | YES  |     | NULL       |        |
| spostcode | char(6)      | YES  |     | NULL       |        |
| sphone    | char(18)     | YES  |     | 不详       |        |
| spstatus  | varchar(20)  | YES  |     | NULL       |        |
| sfloor    | char(10)     | YES  |     | NULL       |        |
| sroomno   | char(5)      | YES  |     | NULL       |        |
| sbedno    | char(2)      | YES  |     | NULL       |        |
| tuixue    | tinyint(1)   | NO   |     | 0          |        |
| xiuxue    | tinyint(1)   | NO   |     | 0          |        |
| smemo     | text         | YES  |     | NULL       |        |
| sphoto    | blob         | YES  |     | NULL       |        |
| classno   | char(8)      | YES  |     | NULL       |        |
+-----------+--------------+------+-----+------------+--------+
17 rows in set
```

```
mysql>DESC course;
```

```
+-------+-------------+------+-----+---------+-------+
| Field | Type        | Null | Key | Default | Extra |
+-------+-------------+------+-----+---------+-------+
| cno   | char(3)     | NO   | PRI | NULL    |       |
| cname | varchar(20) | NO   |     | NULL    |       |
| cterm | tinyint     | NO   | PRI | NULL    |       |
+-------+-------------+------+-----+---------+-------+
3 rows in set
```

（2）查看表详细结构语句 SHOW CREATE TABLE。SHOW CREATE TABLE 语句可以用来显示创建表时的 CREATE TABLE 语句，语法格式如下。

```
SHOW CREATE TABLE <表名>[\G];
```

在使用 SHOW CREATE TABLE 语句时，不仅可以查看表创建时的详细语句，而且还可以查看存储引擎和字符编码。

如果不加“\G”参数，显示的结果可能非常混乱，加上参数“\G”后，可使显示结果更加直观。

【例 4.4】 使用 SHOW CREATE TABLE 命令查看表 course 的详细信息，SQL 语句如下。

```
mysql>SHOW CREATE TABLE course;
```

```
+--------+------------------------------------------------------------------------
-------------------------------------+
| Table  | Create Table
                                      |
+--------+------------------------------------------------------------------------
-------------------------------------+
| course | CREATE TABLE `course` (
  `cno` char(3) NOT NULL,
  `cname` varchar(20) NOT NULL,
  `cterm` tinyint NOT NULL,
  PRIMARY KEY (`cno`,`cterm`)
) ENGINE=InnoDB DEFAULT CHARSET=gb2312 |
+--------+------------------------------------------------------------------------
-------------------------------------+
1 row in set
```

加上参数“\G”后的执行结果如图 4.10 所示。

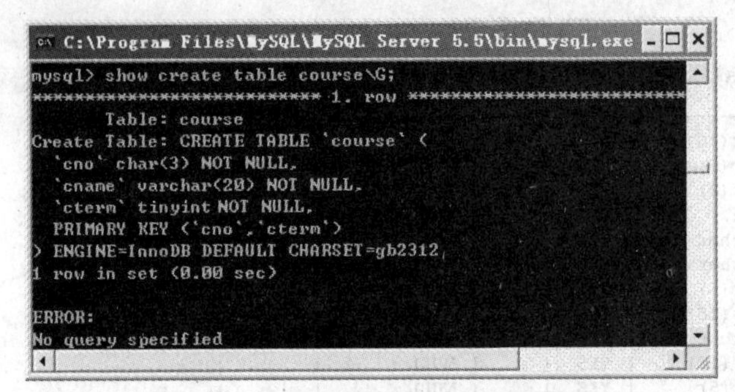

```
mysql> show create table course\G;
*************************** 1. row ***************************
       Table: course
Create Table: CREATE TABLE `course` (
  `cno` char(3) NOT NULL,
  `cname` varchar(20) NOT NULL,
  `cterm` tinyint NOT NULL,
  PRIMARY KEY (`cno`,`cterm`)
) ENGINE=InnoDB DEFAULT CHARSET=gb2312
1 row in set (0.00 sec)

ERROR:
No query specified
```

图 4.10　加上参数“\G”后的执行结果

提示

在 Navicat 工具中的命令列界面中不认可参数“\G”，在命令行中可以。

（3）显示表列表。显示表列表的命令语法如下。

```
SHOW TABLES;
```

例如，显示 gradem 数据库中所有的表，SQL 语句如下。

```
mysql>SHOW TABLES;
+-------------------+
| Tables_in_gradem |
+-------------------+
| course           |
| sc               |
| select2          |
| student          |
+-------------------+
4 rows in set
```

2. 修改表

表创建后，难免要对其结构进行修改。可以使用 Navicat 或 ALTER TABLE 语句来进行表结构的修改。常用的修改表的操作有：修改表名、修改字段数据类型或字段名、增加或删除字段、修改字段的排列位置、更改表的存储引擎和删除表的完整性约束条件等。

（1）使用 Navicat 工具修改表结构。

① 修改表名。先选中要修改的表，再单击一次，表名处于编辑状态，直接进行修改。或用鼠标右键单击要修改的表，在弹出的快捷菜单中选择【重命名】命令，再进行修改（此方法与 Windows 下给文件改名的方法一样）。

② 修改字段数据类型或字段名、增加或删除字段或修改字段的排列位置。用鼠标右键单击要修改的表，在弹出的快捷菜单中选择【设计表】命令，打开设计表窗口，此时和新建表时一样，向表中加入列、从表中删除列或修改列的属性，修改完毕后单击【保存】按钮即可。

③ 更改表的存储引擎或删除表的完整性约束条件。用鼠标右键单击要修改的表，在弹出的快捷菜单中选择【设计表】命令，打开设计表窗口，单击【选项】选项卡，可修改表的存储引擎。单击【索引】、【外键】或【触发器】选项卡，可修改表的完整性约束条件。

（2）使用 ALTER TABLE 语句修改表结构。

① 语法格式如下。

```
ALTER TABLE <表名>
{
[ADD <新字段名> <数据类型> [<列级完整性约束条件>] [FIRST|AFTER 已存在字段名]]
|[MODIFY <字段名1> <新数据类型> [<列级完整性约束条件>][FIRST|AFTER 字段名2]]
|[CHANGE <旧字段名> <新字段名> <新数据类型>]
|[DROP <字段名>| <完整性约束名>]
|[RENAME [TO]<新表名>]
|[ENGINE=<更改后的存储引擎名>]
};
```

② 各参数的功能如下。

a. [ADD <新字段名> <数据类型> [<列级完整性约束条件>] [FIRST|AFTER 已存在字段名]：为指定的表添加一个新字段，它的数据类型由用户指定。其中，[FIRST|AFTER 已存在字段名]为可选参数，"FIRST" 表示将新添加的字段设置为表的第1个字段。"AFTER" 是将新字段添加到指定的"已存在字段名"的后面。

如果SQL语句中没有指定"FIRST|AFTER 已存在字段名"参数，则默认将新字段添加到数据表的最后列。

b. [MODIFY <字段名1> <新数据类型> [<列级完整性约束条件>] [FIRST|AFTER 字段名2]]：对指定表中字段的数据类型或完整性约束条件进行修改。其中，[FIRST|AFTER 字段名2]为可选参数，"FIRST" 表示将字段名1设置为表的第一个字段。"AFTER" 是将字段名1设置到"字段名2"的后面。如果不需要修改字段的数据类型，可以将新数据类型设置成与原来一样，但数据类型不能为空。

c. [CHANGE <旧字段名> <新字段名> <新数据类型>]：对指定表中的字段名进行改名。如果不需要修改字段的数据类型，可以将新数据类型设置成与原来一样，但数据类型不能为空。

d. [DROP <字段名>| <完整性约束名>]：对指定表中不需要的字段或完整性约束进行删除。

e. [RENAME [TO]<新表名>]：对指定表的表名进行重命名。

f. [ENGINE=<更改后的存储引擎名>]：对指定表的存储引擎进行修改。

③ 下面用具体实例说明。

【例4.5】 在student表中添加一个数据类型为char、长度为10的字段class，表示学生所在班级，新字段添加在"ssex"字段的后面。

```
mysql>ALTER TABLE student ADD class char(10) AFTER ssex;
```

不论表中原来是否已有数据，新增加的列一律为空值。

【例4.6】 将sc表中的degree字段的数据类型改为smallint。

```
mysql>ALTER TABLE sc MODIFY degree smallint;
```

【例4.7】 将student表中class字段删除。

```
mysql>ALTER TABLE student DROP class;
```

【例4.8】 将student表中sbirthday字段改名为sbirth。

```
mysql>ALTER TABLE student CHANGE sbirthday sbirth date;
```

【例 4.9】 将 sc 表的表名改为 score。

```
mysql>ALTER TABLE sc RENAME score;
```

【例 4.10】 将 student 表的存储引擎改为 MyISAM。

```
mysql>ALTER TABLE student ENGINE=MyISAM;
```

【例 4.11】 删除 sc 表的外键约束 A2。

```
mysql>ALTER TABLE sc DROP FOREIGN KEY A2;
```

提 示

如果在该列定义了约束，在修改时会进行限制，如果确实要修改该列，必须先删除该列上的约束，然后再进行修改。

3．快速添加、查看、修改与删除数据记录

（1）向表中添加数据。创建表只是建立了表结构，还应该向表中添加数据。在添加数据时，对于不同的数据类型，插入数据的格式不一样，因此应严格遵守它们各自的要求。添加数据按输入顺序保存，条数不限，只受存储空间的限制。

启动 Navicat 管理工具后，在【连接】窗格中双击【mysql】服务器，再双击要操作的数据库，在右侧窗口中显示该数据库中的所有表，双击要操作的表（如 student），或用鼠标右键单击表，选择快捷菜单中的【打开表】命令，打开该表的数据窗口。

在数据窗口中，用户可以添加多行新数据，同时还可以修改、删除表中数据。使用该窗口的快捷菜单或下方的操作栏，可以实现表中数据在各行记录间跳转、剪切、复制和粘贴等。

（2）快速查看、修改和删除数据记录。

① 修改数据记录。若想修改某字段的数据，只需将光标移到该字段然后开始修改即可。

② 删除数据记录。若想删除某条数据记录，可选中该记录，然后按【Ctrl+Delete】组合键，或在快捷菜单中执行【删除记录】命令，或单击窗口下方操作栏的“-”按钮，然后在【确认删除】对话框中单击【删除一条记录】按钮。

③ 快速查看数据记录。在快速查看数据记录方面，除了利用方向键和翻页键来浏览数据记录外，还可利用窗口下方的导航按钮，以便快速移到第 1 条、最后一条或特定记录编号的数据记录。

4．复制表

复制表的方法有两种，可以使用 Navicat 工具或 SQL 语句。

（1）使用 Navicat 工具。使用 Navicat 工具复制表的方法是，用鼠标右键单击要复制的表，在弹出的快捷菜单中选择【复制表】命令，执行后会生成一个新表，表名称为“原表名_copy”。

（2）使用 SQL 语句。复制表结构及数据到新表中，可以用如下命令。

```
CREATE TABLE 新表名  SELECT * FROM 旧表名;
```

例如，复制 student 表到 studbak 表中。使用的 SQL 语句为。

```
CREATE TALBE  studbak SELECT * FROM student;
Query OK, 469 rows affected
Records: 469  Duplicates: 0  Warnings: 0
```

如果只复制表结构到新表，可以使用如下命令。

```
CREATE TALBE  studbak SELECT * FROM student WHERE 1=0; #使WHERE条件不成立
Query OK, 0 rows affected
Records: 0  Duplicates: 0  Warnings: 0
```

5．删除表

删除一个表时，它的结构定义、数据、约束、索引都将被永久地删除。

删除一个表可以使用 Navicat 工具或 SQL 语句。

（1）使用 Navicat 工具删除表。使用 Navicat 工具删除一个表非常简单，只需用鼠标右键单击要删除的表，在弹出的快捷菜单中选择【删除表】命令；或单击该表，按下【Delete】键。如果确定要删除该表，则在弹出的【确认删除】对话框中单击【删除】按钮，便完成对表的删除。

提　示

如果一个表被其他表通过 FOREIGN KEY 约束引用，那么必须先删除定义 FOREIGN KEY 约束的表，或删除其 FOREIGN KEY 约束。当没有其他表引用它时，这个表才能被删除，否则删除操作就会失败。例如，sc 表通过外键约束引用了 student 表，如果尝试删除 student 表，那么会出现警告提示框，删除操作被取消，如图 4.11 所示。

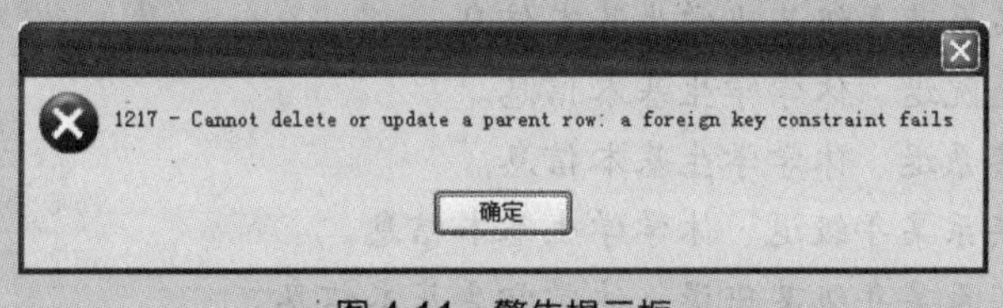

图 4.11　警告提示框

（2）使用 SQL 语句删除表。使用 DROP TABLE 语句可以删除表，语法格式如下。

```
DROP TABLE [IF EXISTS] <表名1>[,[表名2],…];
```

在 MySQL 中，使用 DROP TABLE 可以一次删除一个或多个没有被其他表关联的数据表。

参数“IF EXISTS”用于删除前判断删除的表是否存在，加上该参数后，若删除的表不存在，SQL 语句可以顺利执行，不会发出警告。

警　告

通过 DROP TABLE 语句删除表，不仅会将表中的数据删除，还将删除表定义本身。如果只想删除表中的数据而保留表的定义，可以使用 DELETE 语句。DELETE 语句删除表的所有行，或者根据语句中的定义只删除特定的行。

```
DELETE <表名>;
```

【例 4.12】 删除学生成绩表 sc。

```
mysql>DROP TABLE sc;
```

最后通过 SHOW TABLES 命令查看数据表列表，可以看到 sc 表已经不存在了。

```
mysql> show tables;
+-------------------+
| Tables_in_gradem |
+-------------------+
| course           |
| select2          |
| student          |
+-------------------+
3 rows in set
```

4.2 数据查询

【任务分析】

设计人员准备好了数据库中的数据后，下一步的工作是实现对数据的查询，其中包括学生基本信息的浏览及查询、成绩查询、各种数据的统计等。

【学习情境 1】

训练学生掌握单表的无条件查询和有条件查询。

（1）浏览全院学生基本信息。

（2）浏览某系学生基本信息。

（3）浏览某系某年级学生基本信息。

（4）浏览某系某年级某班学生基本信息。

（5）浏览全院退、休学学生基本信息。

（6）浏览某系退、休学学生基本信息。

（7）浏览某系某年级退、休学学生基本信息。

（8）浏览某系某年级某班退、休学学生基本信息。

（9）可按专业进行浏览；浏览毕业生的相关信息等。

【学习情境 2】

训练学生掌握表的复杂查询和数据统计功能。

（1）学生信息的模糊查询。

（2）学生量化成绩的查询。

（3）班级信息的查询。

（4）学生信息的统计（全院人数、各系人数，各系各班级人数、毕业生人数等）。

（5）学生信息的输出结果排序。

（6）毕业生信息的查询；退、休学学生的数据统计。

表结构请参照表 4.2～表 4.9。

【课堂任务】

本节要掌握表的查询。

- 单表无条件、有条件查询
- 多表查询
- 集合查询
- 嵌套查询

数据查询是数据库中最常见的操作，SQL 语言是通过 SELECT 语句来实现查询的。由于 SELECT 语句的结构较为复杂，为了更加清楚地理解 SELECT 语句，下面所示的语法结构将省略细节，将在以后各小节展开来讲。数据查询语句的语法结构如下。

```
SELECT 子句1
FROM 子句2
[WHERE 表达式1]
[GROUP BY 子句3]
[HAVING 表达式2]
[ORDER BY 子句4]
[UNION 运算符]
[INTO OUTFILE 输出文件名]
[LIMIT [M,]N] ;
```

功能及说明如下。

- SELECT 子句：指定查询结果中需要返回的值。
- FROM 子句：指定从其中检索行的表或视图。
- WHERE 表达式：指定查询的搜索条件。
- GROUP BY 子句：指定查询结果的分组条件。
- HAVING 表达式：指定分组或集合的查询条件。
- ORDER BY 子句：指定查询结果的排序方法。
- UNION 运算符：将多个 SELECT 语句查询结果组合为一个结果集，该结果集包含联合查询中的所有查询的全部行。
- INTO OUTFILE 输出文件名：将查询结果输出到指定文件中。
- [LIMIT [M,]N]：指定输出记录的范围。

本小节为简化查询操作，以学生成绩管理（gradem）数据库为例，所用的基本表中数据见表 4. 10、表 4. 11、表 4. 12。该数据库包括以下几个。

（1）学生关系表 student（说明：sno 表示学号，sname 表示姓名，ssex 表示性别，sbirthday 表示出生日期，saddress 表示生源地，sphone 表示学生电话，sdept 表示所在系）。

（2）课程关系表 course（说明：cno 表示课程号，cname 表示课程名）。

（3）成绩表 sc（说明：sno 表示学号，cno 表示课程号，degree 表示成绩）。

其关系模式如下。

student(sno，sname，ssex，sbirthday，saddress，sphone，sdept)

course(cno，cname)

sc(sno，cno，degree)

表 4.10　　学生关系表 student

sno	sname	ssex	sbirthday	saddress	sphone	sdept
2005010101	李勇	男	1987-01-12	山东省青岛市	1350536XXXX	计算机工程系
2005020201	刘晨	女	1988-06-04	山东省菏泽市	1590536XXXX	信息工程系
2005030301	王敏	女	1989-12-23	山东省济南市历城区	1380536XXXX	软件工程系
2005020202	张立	男	1988-08-25	山东省潍坊市	1390536XXXX	信息工程系
…	…	…	…	…	…	…

表 4.11　　课程关系表 course

cno	cname	cno	cname
C01	数据库	C03	信息工程系统
C02	数学	C04	操作系统
…	…	…	…

表 4.12　　成绩表 sc

sno	cno	degree
2005010101	C01	92
2005010101	C02	85
2005010101	C03	88
2005020201	C02	90
2005020201	C03	80
…	…	…

4.2.1　单表无条件查询

1. 语法格式

```
SELECT [ALL|DISTINCT] <选项> [AS <显示列名>] [,<选项> [AS
<显示列名>][,...]] FROM <表名|视图名> [LIMIT [M,]N];
```

2. 说明

（1）ALL：表示输出所有记录，包括重复记录。默认值为 ALL。DISTINCT：表示在查询结果中去掉重复值。

（2）LIMIT N：返回查询结果集中的前 *N* 行。加[M,]：从表的第 *M* 行开始，返回查询结果集中的 *N* 行。*M* 从 0 开始，*N* 的取值范围由表中的记录数决定，$M \leqslant N$。

（3）选项：查询结果集中的输出列。可为字段名、表达式或函数。用“*”表示表中的所有字段。若选项为表达式或函数，输出的列名系统自动给出，不是原字段名，故用 AS 重命名。

（4）显示列名：在输出结果中，设置选项显示的列名。用引号定界或不定界。

（5）表名：要查询的表。表不需打开，到当前路径下寻找表所对应的文件。

3. 实例

（1）查询指定列。

【例 4.13】 查询全体学生的学号和姓名。

```
SELECT sno,sname
FROM student;
```

【例 4.14】 查询全体学生的姓名、学号、所在系。

```
SELECT sname,sno,sdept
FROM student;
```

SELECT 子句中各列的先后顺序可以与表中的顺序不一致。用户可以根据应用的需要改变列的显示顺序。本例中先列出姓名，再列出学号和所在系。

【例 4.15】 查询选修了课程的学生学号（本例是对表 4. 12 的查询）。

```
SELECT DISTINCT sno
FROM sc;
```

如果没有指定 DISTINCT，则默认为 ALL，即保留结果表中取值重复的行。

查询结果如下。

sno
2005010101
2005020201

如果去掉 DISTINCT，则查询结果如下。

sno
2005010101
2005010101
2005010101
2005020201
2005020201

用户自行练习显示 student 表中出现的系别，并去掉重复值。

① SELECT 子句中的<选项>中各个列的先后顺序可以与表中的顺序不一致。

② 用户在查询时可以根据需要改变列的显示顺序，但不改变表中列的原始顺序。

（2）查询全部列。

【例 4.16】 查询全体学生的详细记录。

```
SELECT *
FROM student;
```

上面的语句等价于：

```
SELECT sno,sname,ssex,sbirthday,sdept
FROM student;
```

【例 4.17】 输出学生表中的前 10 条记录。

```
SELECT * FROM student LIMIT 10;
```

上面的语句等价于：

```
SELECT * FROM student LIMIT 0,10;
```

若输出学生表中第 2 条记录后的 5 条记录，SQL 语句为：

```
SELECT * FROM student LIMIT 2,5;
```

（3）查询经过计算的列。

SELECT 子句中不仅可以是表中的字段名，也可以是表达式。

【例 4.18】 查询全体学生的姓名及其年龄。

```
SELECT sname,YEAR(CURDATE())-YEAR(sbirthday)
```

```
FROM student;
```

在本例中，子句中的第 2 项不是字段名，而是一个计算表达式，是用当前的年份减去学生的出生年份，这样所得的即是学生的年龄。其中，CURDATE( )函数返回当前的系统日期和时间，YEAR( )函数返回指定日期的年部分的整数。输出结果如下。

sname	YEAR(CURDATE())−YEAR(sbirthday)
李勇	27
刘晨	26
王敏	25
张立	26

SELECT 子句中不仅可以是算术表达式，还可以是字符串常量、函数等；用户还可以通过指定别名来改变查询结果中的列标题，这对包含算术表达式、常量、函数名的目标列表达式尤为有用。

提　示

有两种方法指定列名。
① 通过“选项 列名”形式。
② 通过“选项 AS 列名”形式。

【例 4.19】 查询全体学生的姓名、出生年份和所在系，同时为姓名列指定别名为姓名，出生年份所在列指定别名为年份，系别所在列指定别名为系别。

```
SELECT sname 姓名,'出生年份:', YEAR(sbirthday) 年份,sdept AS 系别
FROM student;
```

输出结果如下。

姓　名	出生年份:	年　份	系　别
李勇	出生年份:	1987	计算机工程系
刘晨	出生年份:	1988	信息工程系
王敏	出生年份:	1989	软件工程系
张立	出生年份:	1988	信息工程系

【例 4.20】 sc 表中的学生成绩增加 20%后输出。

```
SELECT sno,cno, degree*1.2  成绩
FROM SC;
```

注　意

命令中的标点符号一律为半角。

4．查询结果的输出

（1）复制表。SQL 提供了复制表的功能，允许用户使用 SELECT 语句查询得到的结果记录来创建一个新的数据表，复制表使用 CREATE TABLE 语句，然后把 SELECT 语句嵌套在

其中。

语法格式如下。

```
CREATE TABLE <新表名> SELECT 语句;
```

新创建的数据表的属性列由 SELECT 语句的目标列表达式来确定，属性列的列名、数据类型以及在表中的顺序都与 SELECT 语句的目标列表达式相同。新表的行数据也来自 SELECT 语句的查询结果，其值可以是计算列表达式，也可以是函数。

【例 4.21】 使用 CREATE TABLE 语句创建一个新表，存放 student 表中的姓名和系别两列。

```
CREATE TABLE studtemp SELECT sname, sdept
FROM student;
```

该语句执行后将创建一个新表 studtemp，表中有两个属性列，即 sname、sdept，所有数据来自 student。

（2）将查询结果输出到文本文件中。使用 SELECT 语句的 INTO 子句可以将查询结果记录输出到文本文件中，用于数据的备份。INTO 子句不能单独使用，它必须包含在 SELECT 语句中。

INTO 子句的语法格式如下。

```
INTO OUTFILE '[文件路径]文本文件名' [FIELDS TERMINATED BY '分隔符']
```

其中，文件路径是指定文本文件的存储位置，默认为当前目录。FILEDS TERMINATED BY ‘分隔符’用来设置字段间的分隔符，默认为制表符“\t”。

【例 4.22】 使用 INTO 子句将 student 表中女生的信息备份到 D 盘 bak 文件夹中的 studwoman.txt 中，字段分隔符用逗号“,”。

```
SELECT * FROM student
WHERE ssex='女'
INTO OUTFILE 'd:/bak/studwoman.txt' FIELDS TERMINATED BY ',';
```

该语句执行后将创建一个文本文件 studwoman.txt，如果文件夹中该文件已存在，系统会提示“1086 – File 'd:/bak/studwoman.txt' already exists”，命令将终止执行。

若想把备份好的文本文件导入到数据库中，可以使用 LOAD DATA INFILE 语句。该语句可以将文本文件中的内容读取到一个表中。文件名必须是一个文字字符串。具体信息可参考第 6 章 6.2.5 小节。

4.2.2 单表有条件查询

1．语法格式

```
SELECT [ALL|DISTINCT] <选项> [AS<显示列名>] [,<选项> [AS<显示列名>][,…]]
FROM <表名|视图名>
WHERE <条件表达式>;
```

说 明

条件表达式是通过运算符连接起来的逻辑表达式。

2．WHERE 条件中的运算符

WHERE 子句常用的运算符见表 4.13。

表 4.13　　常用的运算符

查询条件	运 算 符
比较运算符	=,<,>,<=,>=,<>,!=,!<,!>
范围运算符	BETWEEN AND,NOT BETWEEN AND
列表运算符	IN,NOT IN
字符匹配符	LIKE,NOT LIKE
空值	IS NULL,IS NOT NULL
逻辑运算符	AND,OR,NOT

（1）比较运算符。使用比较运算符实现对查询条件进行限定，其语法格式如下。

```
WHERE 表达式 1 比较运算符 表达式 2
```

【例 4.23】 查询所有男生的信息。

```
SELECT * FROM student
WHERE ssex='男';
```

【例 4.24】 查询所有成绩大于 80 分的学生的学号和成绩。

```
SELECT sno AS '学号',degree AS'成绩'
FROM sc
WHERE degree>80;
```

【例 4.25】 查询所有男生的学号、姓名、系别及出生日期。

```
SELECT sno, sname,sdept,sbirthday
FROM student
WHERE ssex='男';
```

【例 4.26】 查询计算机工程系全体学生的名单。

```
SELECT sname
FROM student
WHERE sdept='计算机工程系';
```

【例 4.27】 查询考试成绩不及格的学生的学号。

```
SELECT DISTINCT sno
FROM sc
WHERE degree<60;
```

这里利用了 DISTINCT 短语，即使一个学生有多门课程不及格，他的学号也只出现一次。

提 示

在 MySQL 中，比较运算符几乎可以连接所有的数据类型。当连接的数据类型不是数字时，要用单引号（'）将数据引起来。在使用比较运算符时，运算符两边表达式的数据类型必须保持一致。

（2）逻辑运算符。有时，在查询时指定一个查询条件很难满足用户的需求，需要同时指定多个查询条件，那么就可以使用逻辑运算符将多个查询条件连接起来。WHERE 子句中可以使用逻辑运算符 AND、OR 和 NOT，这 3 个逻辑运算符可以混合使用。其语法格式如下。

```
WHERE NOT 逻辑表达式|逻辑表达式 1 逻辑运算符 逻辑表达式 2
```

如果在 WHERE 子句中有 NOT 运算符，则将 NOT 放在表达式的前面。

【例 4.28】 查询计算机工程系女生的信息。

```
SELECT * FROM student
WHERE sdept='计算机工程系' AND ssex='女';
```

【例 4.29】 查询成绩在 90 分以上或不及格的学生学号和课程号信息。

```
SELECT sno,cno FROM sc
WHERE degree>90 or degree<60;
```

【例 4.30】 查询非计算机工程系的学生信息。

```
SELECT * FROM student
WHERE NOT sdept='计算机工程系';
```

或

```
SELECT * FROM student
WHERE sdept<>'计算机工程系';
```

学生课堂实践：

① 查询有考试成绩的课程号。

② 查询数学系的男生信息。

③ 查询计算机工程系和数学系学生的姓名、性别和出生日期，显示列名分别为“姓名”、“性别”和“出生日期”。

④ 查询所有姓李的学生的个人信息。

⑤ 查询考试成绩在 60~70 分的学生学号和成绩。

（3）范围运算符（BETWEEN AND）。在 WHERE 子句中使用 BETWEEN 关键字查找在某一范围内的数据，也可以使用 NOT BETWEEN 关键字查找不在某一范围内的数据。其语法格式如下。

```
WHERE 表达式 [NOT] BETWEEN 初始值 AND 终止值
```

其中，NOT 为可选项，初始值表示范围的下限，终止值表示范围的上限。

绝对不允许初始值大于终止值。

【例 4.31】 查询成绩在 60~70 分的学生学号及成绩。

```
SELECT sno, degree
```

```
FROM sc
WHERE degree BETWEEN 60 AND 70;
```

其中，条件表达式的另一种表示方法是 degree>=60 AND degree<=70。

（4）字符匹配符（LIKE）。在 WHERE 子句中使用字符匹配符 LIKE 或 NOT LIKE 可以把表达式与字符串进行比较，从而实现对字符串的模糊查询。其语法格式如下。

```
WHERE 字段名 [NOT] LIKE '字符串' [ESCAPE '转义字符']
```

其中，[NOT]为可选项，'字符串'表示要进行比较的字符串。WHERE 子句中实现对字符的模糊匹配，进行模糊匹配时在'字符串'中使用通配符。在 MySQL 中使用含有通配符的字符串时必须将字符串连同通配符用单引号（'）或双引号（"）括起来。

ESCAPE '转义字符'的作用是当用户要查询的字符串本身含有通配符时，可以使用该选项对通配符进行转义。

表 4.14 列出了通配符表示方式和说明。

表 4.14　　**通配符及其说明**

通配符	说　明	示　例
%	任意多个字符	M%：表示查询以 M 开头的任意字符串，如 Mike %M：表示查询以 M 结尾的任意字符串，如 ROOM %m%：表示查询在任何位置包含字母 m 的所有字符串，如 man、some
_	单个字符	_M：表示查询以任意一个字符开头，以 M 结尾的两位字符串，如 AM、PM H_：表示查询以 H 开头，后面跟任意一个字符的两位字符串，如 Hi、He

提　示

比较字符串是不区分大小写的，如 m%和 M%是相同的比较运算符。如果 LIKE 后面的匹配串中不含通配符，则可以用“=”（等于）运算符取代 LIKE，用“<>”（不等于）运算符取代 NOT LIKE。

【例 4.32】 查询所有姓李的学生的个人信息。

```
SELECT * FROM student
WHERE sname LIKE '李%';
```

【例 4.33】 查询生源地不是山东省的所有学生信息。

```
SELECT * FROM student
WHERE saddress NOT LIKE '%山东省%';
```

【例 4.34】 查询名字中第 2 个字为“阳”字的学生的姓名和学号。

```
SELECT sname,sno
FROM student
WHERE sname LIKE '_阳%';
```

【例 4.35】 查询学号为“2008030122”的学生姓名和性别。

```
SELECT sname,ssex
FROM student
WHERE sno LIKE '2008030122';
```

以上语句等价于：

```
SELECT sname,ssex
FROM student
WHERE sno = '2008030122';
```

【例 4.36】 查询 DB_Design 课程的课程号。

```
SELECT cno
FROM course
WHERE cname LIKE 'DB\_Design' ESCAPE'\';
```

其中，ESCAPE'\' 短语表示“\”为转义字符，这样匹配串中紧跟在“\”后面的字符“_”不再具有通配符的含义，转义为普通的“_”字符。

（5）正则表达式。正则表达式通常用来检索或替换符合某个模式的文本内容，根据指定的匹配模式匹配文本中符合要求的特殊字符串。例如从一个文本文件中提取电话号码，查找一篇文章中重复的单词或者替换用户输入的某些词语等。正则表达式强大而且灵活，可以应用于非常复杂的查询。

MySQL 中使用 REGEXP 关键字指定正则表达式的字符匹配模式，其基本语法格式如下。

```
WHERE 字段名 REGEXP '操作符'
```

表 4.15 列出了 REGEXP 操作符中常用的字符匹配选项。

表 4.15 字符匹配选项列表

选　项	说　明	示　例
^	匹配文本的开始字符	^b：匹配以字母 b 为开头的字符串，如 book、big、banana
$	匹配文本的结束字符	st$：匹配以 st 结尾的字符串，如 test、resist、persist
.	匹配任何单个字符	b.t：匹配任何 b 和 t 之间有一个字符，如 bit、bat、but、bite
*	匹配零个或多个在它前面的字符	*n：匹配字符 n 前面有任意个字符，如 fn、ann、faan、abcdn
+	匹配前面的字符 1 次或多次	ba+：匹配以 b 开头后面紧跟至少有一个 a，如 ba、bay、bare、battle
<字符串>	匹配包含指定的字符串的文本	fa：字符串至少要包含 fa，如 fan、afa、faad
[字符集合]	匹配字符集合中的任何一个字符	[xz]：匹配 x 或 z，如 dizzy、zebra、x-ray、extra
[^]	匹配不在括号中的任何字符	[^abc]：匹配任何不包含 a、b 或 c 的字符串
字符串{n,}	匹配单面的字符串至少 n 次	b{2,}：匹配两个或更多的 b，如 bb、bbbbb、bbbbbbb
字符串{m,n}	匹配前面的字符串至少 m 次，至多 n 次。如果 n 为 0，m 为可选参数	b{2,4}：匹配至少 2 个 b，最多 4 个 b，如 bb、bbbb、bbb

【例 4.37】 查询家庭住址以“济”开头的学生信息。

```
SELECT *
FROM student
```

```
WHERE saddress REGEXP '^济';
```

【例 4.38】 查询家庭住址以“号”结尾的学生信息。

```
SELECT *
FROM student
WHERE saddress REGEXP '号$';
```

【例 4.39】 查询学生电话号码出现“66”数字的学生信息。

```
SELECT *
FROM student
WHERE sphone REGEXP '66';
```

（6）列表运算符。在 WHERE 子句中，如果需要确定表达式的取值是否属于某一列表值之一时，就可以使用关键字 IN 或 NOT IN 来限定查询条件。其语法格式如下。

```
WHERE 表达式 [NOT] IN 值列表
```

其中，NOT 为可选项，当值不止一个时需要将这些值用括号括起来，各列表值之间使用逗号（,）隔开。

在 WHERE 子句中以 IN 关键字作为指定条件时，不允许数据表中出现 NULL 值，也就是说，有效值列表中不能有 NULL 值的数据。

【例 4.40】 查询信息工程系、软件工程系和计算机工程系学生的姓名和性别。

```
SELECT sname,ssex
FROM student
WHERE sdept IN('计算机工程系', '软件工程系', '信息工程系');
```

其中，条件表达式的另一种表示方法是 sdept='计算机工程系' OR sdept='软件工程系' OR sdept='信息工程系'。

（7）涉及空值的查询。当数据表中的值为 NULL 时，可以使用 IS NULL 关键字的 WHERE 子句进行查询，反之要查询数据表的值不为 NULL 时，可以使用 IS NOT NULL 关键字。基本语法格式如下。

```
WHERE 字段 IS [NOT] NULL
```

【例 4.41】 某些学生选修课程后没有参加考试，所以有选修记录，但没有考试成绩。查询缺少成绩的学生的学号和相应的课程号。

```
SELECT sno,cno
FROM sc
WHERE degree IS NULL;
```

这里的“IS”不能用“=”代替。

【例 4.42】 查询所有有成绩的学生学号和课程号。

```
SELECT sno,cno
FROM sc
WHERE degree IS NOT NULL;
```

4.2.3 聚集函数的使用

MySQL 的聚集函数是综合信息的统计函数，也称为聚合函数或集函数，包括计数、求最大值、求最小值、求平均值和求和等。聚集函数可作为列标识符出现在 SELECT 子句的目标列、HAVING 子句的条件中或 ORDER BY 子句中。

在 SQL 查询语句中，如果有 GROUP BY 子句，则语句中的函数为分组统计函数；否则，语句中的函数为全部结果集的统计函数。SQL 提供的聚集函数见表 4.16。

如果指定 DISTINCT 短语，则表示在计算时要取消指定列中的重复值。如果不指定 DISTINCT 短语或指定 ALL 短语（ALL 为默认值），则表示不取消重复值。

表 4.16　聚集函数的具体用法及含义

聚集函数	具体用法	具体含义
COUNT	COUNT([DISTINCT|ALL]*)	统计元组个数
COUNT	COUNT([DISTINCT|ALL] <列名>)	统计一列中值的个数
SUM	SUM([DISTINCT|ALL] <列名>)	计算一列值的总和（此列必须为数值型）
AVG	AVG([DISTINCT|ALL] <列名>)	计算一列值的平均值（此列必须为数值型）
MAX	MAX([DISTINCT|ALL] <列名>)	求一列值中的最大值
MIN	MIN([DISTINCT|ALL] <列名>)	求一列值中的最小值

【例 4.43】 查询学生总数。

```
SELECT COUNT(*)
FROM student;
```

【例 4.44】 查询选修了课程的学生人数。

```
SELECT COUNT(DISTINCT sno)
FROM sc;
```

为避免重复计算学生人数，必须在 COUNT 函数中使用 DISTINCT 短语。

【例 4.45】 计算 C01 号课程的学生平均成绩。

```
SELECT AVG(degree)
FROM sc
WHERE cno='C01';
```

【例 4.46】 查询选修了 C01 号课程的学生最高分和最低分。

```
SELECT MAX(degree) 最高分,MIN(degree) 最低分
FROM sc
WHERE cno='C01';
```

【例 4.47】 查询学号为“2012010112”的学生的总成绩及平均成绩。

```
SELECT SUM(degree) AS 总成绩,AVG(degree) AS 平均成绩
```

```
FROM sc
WHERE sno='2012010112';
```

【例 4.48】 查询有考试成绩的学生人数。

```
SELECT COUNT(DISTINCT sno)
FROM sc
WHERE degree IS NOT NULL;
```

因为每位学生的考试成绩有多个，需要去掉学号的重复值。

4.2.4 分组与排序

1．对查询结果集进行分组

使用 GROUP BY 子句可以将查询结果按照某一列或多列数据值进行分类，换句话说，就是对查询结果的信息进行归纳，以汇总相关数据。其语法格式如下。

```
[GROUP BY 列名清单][HAVING 条件表达式]
```

GROUP BY 子句把查询结果集中的各行按列名清单进行分组。在这些列上，对应值都相同的记录分在同一组。若无 HAVING 子句，则各组分别输出；若有 HAVING 子句，只有符合 HAVING 条件的组才输出。

GROUP BY 子句通常用于对某个子集或其中的一组数据，而不是对整个数据集中的数据进行合计运算。在 SELECT 语句的输出列中，只能包含两种目标列表达式，要么是聚集函数，要么是出现在 GROUP BY 子句中的分组字段，并且在 GROUP BY 子句中必须使用列的名称而不能使用 AS 子句中指定列的别名。

【例 4.49】 统计各系学生数。

```
SELECT sdept,COUNT(*) 各系人数
FROM student
GROUP BY sdept;
```

【例 4.50】 统计 student 表中男、女学生人数。

```
SELECT ssex,COUNT(*) 人数
FROM student
GROUP BY ssex;
```

【例 4.51】 统计各系男、女生人数。

```
SELECT sdept,ssex,COUNT(*)
FROM student
GROUP BY sdept,ssex;
```

【例 4.52】 统计各系女生人数。

```
SELECT sdept,COUNT(*) 各系女生人数
FROM student
WHERE ssex='女'
GROUP BY sdept;
```

或

```
SELECT sdept,COUNT(*)
FROM student
GROUP BY sdept,ssex
HAVING ssex='女';
```

【例 4.53】 查询选修了 3 门以上课程的学生学号。

```
SELECT sno
FROM sc
GROUP BY sno
HAVING COUNT(*)>3;
```

注　意

WHERE 条件与 HAVING 条件的区别在于作用对象不同。HAVING 条件作用于结果组，选择满足条件的结果组；而 WHERE 条件作用于被查询的表，从中选择满足条件的记录。

学生课堂实践：

（1）统计每个学生的平均成绩。

（2）统计每门课的平均成绩。

（3）统计各系每门课的总成绩和平均成绩。

（4）查询每门课程的最高成绩和最低成绩。

（5）统计不及格人数超过 50 人的系别。

2．对查询结果集进行排序

用户可以利用 ORDER BY 子句对查询结果按照一个或多个字段进行升序（ASC）或降序（DESC）排序，默认值为升序。

```
[ORDER BY <列名 1> [ASC|DESC][,<列名 2> [ASC|DESC]][,…]]
```

SELECT 语句的查询结果集中各记录将按顺序输出。首先按第 1 个列名值排序；前一个列名值相同者，再按下一个列名值排序，依此类推。若某列名后有 DESC，则以该列名值排序时为降序排列；否则，为升序排列。

【例 4.54】 查询选修了 C03 号课程的学生的学号及其成绩，查询结果按分数的降序排列。

```
SELECT sno,degree
FROM sc
WHERE cno='C03'
ORDER BY degree DESC;
```

提　示

① 对于空值，如按升序排列，含空值的元组将最先显示；如按降序排列，空值的元组将最后显示。

② 中英文字符按其 ASCII 码大小进行比较。

③ 数值型数据根据其数值大小进行比较。

④ 日期型数据按年、月、日的数值大小进行比较。

⑤ 逻辑型数据“false”小于“true”。

【例 4.55】 查询全体学生情况，查询结果按所在系升序排列，同一系中的学生按出生日期降序排列。

```
SELECT * FROM student
ORDER BY sdept ASC, sbirthday DESC;
```

4.2.5 多表连接查询

多表连接查询是指查询同时涉及两个或两个以上的表，连接查询是关系数据库中最主要的查询，表与表之间的连接分为交叉连接（Cross Join）、内连接（Inner Join）、自连接（Self Join）、外连接（Outer Join）。外连接又分为3种，即左外连接（Left Join）、右外连接（Right Join）和全外连接（Full Join）。

连接查询的类型可以在SELECT语句的FROM子句中指定，也可以在WHERE子句中指定。

1．交叉连接

交叉连接又称笛卡儿连接，是指两个表之间做笛卡儿积操作，得到结果集的行数是两个表的行数的乘积。命令的一般格式如下。

```
SELECT [ALL|DISTINCT] [别名.]<选项 1> [AS<显示列名>] [,[别名.]<选项 2> [AS<显示列名>][,…]] FROM <表名 1>[别名 1] ,<表名 2>[别名 2];
```

需要连接查询的表名在FROM子句中指定，表名之间用英文逗号隔开。

【例4.56】 成绩表（sc）和课程关系表（course）进行交叉连接。

```
SELECT A.*, B.*
FROM course A, sc B;
```

此处为了简化表名，分别给两个表指定了别名。但是，一旦表名指定了别名，在该命令中，都必须用别名代替表名。

2．内连接

内连接命令的一般格式如下。

```
SELECT [ALL|DISTINCT] [别名.]<选项 1>[AS<显示列名>] [,[别名.]<选项 2>[AS<显示列名>][,…]]
FROM <表名 1> [别名 1],<表名 2> [别名 2][,…]
WHERE <连接条件表达式> [AND <条件表达式>];
```

或者为：

```
SELECT [ALL|DISTINCT] [别名.]<选项 1>[AS<显示列名>] [,[别名.]<选项 2>[AS<显示列名>][,…]]
FROM <表名 1> [别名 1] INNER JOIN <表名 2> [别名 2] ON <连接条件表达式>
[WHERE <条件表达式>];
```

其中，第1种命令格式的连接类型在WHERE子句中指定，第2种命令格式的连接类型在FROM子句中指定。

另外，连接条件是指在连接查询中连接两个表的条件。连接条件表达式的一般格式如下。

```
[<表名 1>]<别名 1.列名> <比较运算符> [<表名 2>]<别名 2.列名>
```

比较运算符可以使用等号“=”，此时称作等值连接；也可以使用不等比较运算符，包括>、<、>=、<=、!>、!<、<>等，此时为不等值连接。

（1）FROM 后可跟多个表名，表名与别名之间用空格间隔。

（2）当连接类型在 WHERE 子句中指定时，WHERE 后一定要有连接条件表达式，即两个表的公共字段相等。

（3）若不定义别名，表的别名默认为表名，定义别名后使用定义的别名。

（4）若在输出列或条件表达式中出现两个表的公共字段，则在公共字段名前必须加别名。

【例 4.57】 查询每个学生及其选修课的情况。

学生的基本情况存放在 student 表中，选课情况存放在 sc 表中，所以查询过程涉及上述两个表。这两个表是通过公共字段 sno 实现内连接的。

```
SELECT A.*, B.*
FROM student A,sc B
WHERE A.sno=B.sno ;
```

或者为：

```
SELECT A.*, B.*
FROM student A INNER JOIN sc B ON A.sno=B.sno;
```

该查询的执行结果如下。

A.sno	sname	ssex	sbirthday	sdept	B.sno	cno	degree
2005010101	李勇	男	1987-01-12	计算机工程系	2005010101	C01	92
2005010101	李勇	男	1987-01-12	计算机工程系	2005010101	C02	85
2005010101	李勇	男	1987-01-12	计算机工程系	2005010101	C03	88
2005020201	刘晨	女	1988-06-04	信息工程系	2005020201	C02	90
2005020201	刘晨	女	1988-06-04	信息工程系	2005020201	C03	80

若在等值连接中把目标列中的重复字段去掉则称为自然连接。

【例 4.58】 用自然连接完成例 4.57 的查询。

```
SELECT student.sno, sname, ssex, sbirthday, sdept, cno, degree
FROM student, sc
WHERE student.sno=sc.sno;
```

在 sno 前的表名不能省略，因为 sno 是 student 和 sc 共有的属性，所以必须加上表名前缀。

【例 4.59】 输出所有女学生的学号、姓名、课程号及成绩。

```
SELECT A.sno, sname, cno, degree
FROM student A, sc B
WHERE A.sno=B.sno AND ssex='女';
```

或者为：

```
SELECT A.sno, sname, cno, degree
FROM student A INNER JOIN sc B ON A.sno=B.sno
WHERE ssex='女';
```

【例 4.60】 输出计算机工程系学生的学号、姓名、课程名及成绩。

```
SELECT A.sno, sname, cname, degrec
FROM student A, sc B, course C
WHERE A.sno=B.sno AND B.cno=C.cno AND sdept='计算机工程系';
```

其中，A.sno=B.sno AND B.cno=C.cno 是连接条件，3 个表进行两两连接。

另一种方法为：

```
SELECT A.sno, sname, cname, degree
FROM student A INNER JOIN sc B ON A.sno=B.sno
INNER JOIN course C ON B.cno=C.cno
WHERE sdept='计算机工程系';
```

3. 自连接

连接操作不只是在不同的表之间进行，一张表内还可以进行自身连接操作，即将同一个表的不同行连接起来。自连接可以看作一张表的两个副本之间的连接。在自连接中，必须为表指定两个别名，使之在逻辑上成为两张表。

自连接的命令的一般格式如下。

```
SELECT [ALL|DISTINCT] [别名.]<选项 1> [AS<显示列名>] [,[别名.]<选项 2> [AS<显
示列名>][,…]]
FROM <表名 1> [别名 1],<表名 1> [别名 2][,…]
WHERE <连接条件表达式> [AND <条件表达式>];
```

【例 4.61】 查询同时选修了 C01 和 C04 课程的学生学号。

```
SELECT A.sno
FROM sc A,sc B
WHERE A.sno=B.sno AND A.cno='C01' AND B.cno='C04';
```

【例 4.62】 查询与刘晨在同一个系学习的学生的姓名和所在系。

```
SELECT B.sname, B.sdept
FROM student A ,student B
WHERE A.sdept=B.sdept AND A.sname='刘晨' AND B.sname!='刘晨';
```

4. 外连接

在自然连接中，只有在两个表中匹配的行才能在结果集中出现。而在外连接中可以只限制一个表，而对另外一个表不加限制（所有的行都出现在结果集中）。

外连接分为左外连接、右外连接和全外连接。左外连接是对连接条件中左边的表不加限制，即在结果集中保留连接表达式左表中的非匹配记录；右外连接是对右边的表不加限制，即在结果集中保留连接表达式右表中的非匹配记录；全外连接对两个表都不加限制，所有两个表中的行都会包括在结果集中。

外连接命令的一般格式如下。

```
SELECT [ALL|DISTINCT] [别名.]<选项 1> [AS<显示列名>] [,[别名.]<选项 2> [AS<显
示列名>][,…]]
FROM <表名 1> LEFT| RIGHT| FULL [OUTER]JOIN <表名 2>
ON <表名 1.列 1>=<表名 2.列 2>;
```

在例 4.57 的查询结果中，由于 2005030301 和 2005020202 没有选修课程，所以在查询结果中没有这两个学生的信息，但有时候在查询结果中也需要显示这样的信息，这时就需要使用外连接查询。

【例 4.63】 利用左外连接查询改写例 4.57。

```
SELECT student.sno,sname,ssex,sbirthday,sdept,cno,degree
FROM student LEFT JOIN sc
ON student.sno=sc.sno;
```

该查询的执行结果如下。

student.sno	sname	ssex	sbirthday	sdept	cno	degree
2005010101	李勇	男	1987-01-12	计算机工程系	C01	92
2005010101	李勇	男	1987-01-12	计算机工程系	C02	85
2005010101	李勇	男	1987-01-12	计算机工程系	C03	88
2005020201	刘晨	女	1988-06-04	信息工程系	C02	90
2005020201	刘晨	女	1988-06-04	信息工程系	C03	80
2005030301	王敏	女	1989-12-23	软件工程系		
2005020202	张立	男	1988-08-25	信息工程系		

4.2.6 嵌套查询

在 SQL 语言中，一个 SELECT—FROM—WHERE 语句称为一个查询块。将一个查询块嵌套在另一个查询块的 WHERE 子句或 HAVING 子句的条件中称为嵌套查询或子查询。

例如：

```
SELECT sname
FROM student
WHERE sno IN(SELECT sno FROM sc WHERE cno='C02');
```

在这个例子中，下层查询块“SELECT sno FROM sc WHERE cno='C02'”是嵌套在上层查询块“SELECT sname FROM student WHERE sno IN”的 WHERE 条件中的。上层的查询块又称为外层查询、父查询或主查询，下层查询块又称为内层查询或子查询。SQL 语言允许多层嵌套查询，即一个子查询中还可以嵌套其他子查询。需要特别指出的是，子查询中的 SELECT 语句用一对括号“( )”定界，查询结果必须确定，并且在该 SELECT 语句中不能使用 ORDER BY 子句，ORDER BY 子句永远只能对最终查询结果排序。

嵌套查询的求解方法是由里向外处理的，即每个子查询在其上一级查询处理之前求解，子查询的结果用于建立其父查询的查找条件。

嵌套查询可以使一系列简单查询构成复杂的查询，从而明显地增强了 SQL 的查询能力。以层层嵌套的方式来构造程序正是 SQL(Structured Query Language)中“结构化”的含义所在。

子查询一般分为两种：嵌套子查询和相关子查询。

1．嵌套子查询

嵌套子查询又称为不相关子查询，也就是说，嵌套子查询的执行不依赖于外部嵌套。

嵌套子查询的执行过程为：首先执行子查询，子查询得到的结果集不被显示出来，而是传给外部查询，作为外部查询的条件使用，然后执行外部查询，并显示查询结果。子查询可以多层嵌套。

嵌套子查询一般也分为两种：子查询返回单个值和子查询返回一个值列表。

（1）返回单个值。子查询返回的值被外部查询的比较操作（如，= 、!=、<、<=、>、>=）使用，该值可以是子查询中使用集合函数得到的值。

【例 4.64】 查询所有年龄大于平均年龄的学生姓名。

```
SELECT sname
FROM student
WHERE YEAR(CURDATE())-YEAR(sbirthday)
>(SELECT AVG(YEAR(CURDATE())-YEAR(sbirthday)) FROM student );
```

在这个例子中，SQL 首先获得"SELECT AVG(year(curdate())-year(sbirthday)) FROM student"的结果集，该结果集为单行单列，然后将其作为外部查询的条件执行外部查询，并得到最终的结果。

【例 4.65】 查询与刘晨在同一个系学习的学生。

```
SELECT sno, sname, sdept
FROM student
WHERE sdept=(SELECT sdept FROM student WHERE sname='刘晨');
```

说 明

在这个例子中，若刘晨所在系没有重名的，子查询的结果是单个值；否则，子查询的结果就是一个值列表，这时就不能用"="，而是要用 IN 操作符。

（2）返回一个值列表。子查询返回的列表被外部查询的 IN、NOT IN、ANY(SOME)或 ALL 等操作符使用。

① 使用 IN 操作符的嵌套查询。IN 表示属于，用于判断外部查询中某个属性列值是否在子查询的结果中。在嵌套查询中子查询的结果往往是一个集合，所以 IN 操作符是嵌套查询中最常使用的操作符。

【例 4.66】 用 IN 操作符改写例 4.62。

```
SELECT sno, sname, sdept
FROM student
WHERE sdept IN(SELECT sdept FROM student WHERE sname='刘晨');
```

【例 4.67】 查询没有选修数学的学生学号和姓名。

该例题的执行步骤是首先在 course 表中查询出数学课的课程号，然后再根据查出的课程号在 sc 表中查出选修了该课程的学生学号，最后根据这些学号在 student 表中查出不是这些学号的学生学号和姓名。

```
SELECT sno,sname
FROM student
WHERE sno NOT IN ( SELECT sno
        FROM sc
        WHERE cno IN ( SELECT cno
                FROM course
                WHERE cname='数学'));
```

② 带有 ANY(SOME)或 ALL 操作符的子查询。ANY 和 SOME 关键字是同义词。ANY 和 ALL 操作符在使用时必须和比较运算符一起使用，其格式如下。

```
<字段><比较符>[ANY|ALL]<子查询>
```

ANY 和 ALL 的具体用法及含义见表 4. 17。

表 4.17　　ANY 和 ALL 的用法和具体含义

用　法	含　义
>ANY	大于子查询结果中的某个值

续表

用　　法	含　义
>ALL	大于子查询结果中的所有值
<ANY	小于子查询结果中的某个值
<ALL	小于子查询结果中的所有值
>=ANY	大于等于子查询结果中的某个值
>=ALL	大于等于子查询结果中的所有值
<=ANY	小于等于子查询结果中的某个值
<=ALL	小于等于子查询结果中的所有值
=ANY	等于子查询结果中的某个值
=ALL	等于子查询结果中的所有值（通常没有实际意义）
!=ANY 或< >ANY	不等于子查询结果中的某个值
!=ALL 或< >ALL	不等于子查询结果中的任何一个值

【例 4.68】 查询其他系中比计算机工程系某一学生年龄小的学生姓名和年龄。

```
SELECT sname,YEAR(CURDATE())-YEAR(sbirthday)
FROM student
WHERE YEAR(CURDATE())-YEAR(sbirthday)<ANY(SELECT YEAR(CURDATE())-YEAR(sbirthday)
        FROM student
        WHERE sdept='计算机工程系')
    AND sdept<>'计算机工程系';    //该句为父查询中的一个条件
```

在这个例子中，首先处理子查询，找出计算机工程系学生的年龄，构成一个集合，然后处理主查询，找出年龄小于集合中某一个值且不在计算机工程系的学生。

【例 4.69】 查询其他系中比计算机工程系学生年龄都小的学生。

```
SELECT *
FROM student
WHERE YEAR(CURDATE())-YEAR(sbirthday)<ALL(SELECT YEAR(CURDATE())-YEAR(sbirthday)
        FROM student
        WHERE sdept='计算机工程系')
    AND sdept<>'计算机工程系';
```

本例题也可以用以下方法。

```
SELECT *
FROM student
WHERE YEAR(CURDATE())-YEAR(sbirthday)< (SELECT MIN(YEAR(CURDATE())-YEAR(sbirthday))
        FROM student
        WHERE sdept='计算机工程系')
    AND sdept<>'计算机工程系';
```

事实上，用聚集函数实现子查询通常比直接用 ANY 或 ALL 查询效率要高。

2．相关子查询（Correlated Subquery）

在相关子查询中，子查询的执行依赖于外部查询，即子查询的查询条件依赖于外部查询的某个属性值。

相关子查询的执行过程与嵌套子查询完全不同，嵌套子查询中子查询只执行一次，而相关子查询中的子查询需要重复地执行。相关子查询的执行过程如下。

（1）子查询为外部查询的每一个元组（行）执行一次，外部查询将子查询引用列的值传给子查询。

（2）如果子查询的任何行与其匹配，外部查询则取此行放入结果表。

（3）再回到（1），直到处理完外部表的每一行。

在相关子查询中，经常要用到 EXISTS 操作符，EXISTS 代表存在量词，“ヨ”为存在量词符号。带有 EXISTS 的子查询不需要返回任何实际数据，而只需要返回一个逻辑真值“true”或逻辑假值“false”。也就是说，它的作用是在 WHERE 子句中测试子查询返回的行是否存在。如果存在则返回真值，如果不存在则返回假值。

【例 4.70】 查询所有选修了 C01 号课程的学生姓名。

```
SELECT sname
FROM student
WHERE EXISTS ( SELECT *
       FROM sc
       WHERE sno=student.sno AND cno='C01') ;
```

① 使用存在量词 EXISTS 后，若内层查询结果非空，则外层的 WHERE 子句返回真值，否则返回假值。

② 由 EXISTS 引出的子查询中，其目标列表达式通常都用“*”，因为带 EXISTS 的子查询只返回真值或假值，给出列名也无实际意义。

③ 这类查询与前面的不相关子查询有一个明显区别，即子查询的查询条件依赖于外层父查询的某个属性值（在本例中是依赖于 student 表的 sno 值）。

【例 4.71】 查询选修了全部课程的学生姓名。

该查询查找的是这样的学生，没有一门课程是他不选修的，利用 EXISTS 谓词前加 NOT 表示不存在。本例中需使用两个 NOT EXISTS，其中第 1 个 NOT EXISTS 表示不存在这样的课程记录，第 2 个 NOT EXISTS 表示该生没有选修的选课记录。

```
SELECT sname
FROM student
WHERE NOT EXISTS
    (SELECT *
     FROM course
     WHERE NOT EXISTS
        (SELECT *
         FROM sc
         WHERE sno=student.sno
AND cno=course.cno));
```

一些带EXISTS或NOT EXISTS的子查询不能被其他形式的子查询等价替换，但所有带IN、比较运算符、ANY和ALL的子查询都能用带EXISTS的子查询等价替换。

例如，可将例4.66改写如下。

```
SELECT sno, sname, sdept
FROM student S1
WHERE EXISTS(SELECT *
        FROM student S2
        WHERE S2.sdept=S1.sdept AND S2.sname='刘晨');
```

4.2.7 集合查询

SELECT的查询结果是元组的集合，所以可以对SELECT的结果进行集合操作。SQL语言提供的集合操作主要包括3个：UNION（并操作）、INTERSECT（交操作）、MINUS（差操作）。下面对并操作举一个实例，另外两个集合操作的方法类似。

【例4.72】 查询计算机工程系的学生及年龄不大于19岁的学生。

```
SELECT *
FROM student
WHERE sdept='计算机工程系'
UNION
SELECT *
FROM student
WHERE year(curdate())-year(sbirthday)<=19;
```

① 在使用UNION操作符进行联合查询时，应保证每个联系查询语句的选择列表中具有相同数量的表达式。

② 每个查询选择表达式应具有相同的数据类型，或者可以自动将它们转换为相同的数据类型。在自动转换时，数值类型系统将低精度的数据类型转换为高精度的数据类型。

③ 各语句中对应的结果集列出现的顺序必须相同。

4.3 数据查询任务实现

4.3.1 学生信息浏览子系统

在学生信息浏览子系统中，可以实现全院学生的信息浏览、某系部学生的信息浏览、某系部某年级某班级学生的信息浏览，如图4.12~图4.14所示。

具体实现如下（注意表结构请参考表4.2～表4.9）。

（1）浏览全院学生信息。

```
SELECT * FROM student;
```

（2）浏览某系部学生信息（如计算机工程系）。

```
SELECT * FROM class a,department b,student c WHERE a.deptno=b.deptno AND
a.clssno=c.classno AND deptname='计算机工程系';
```

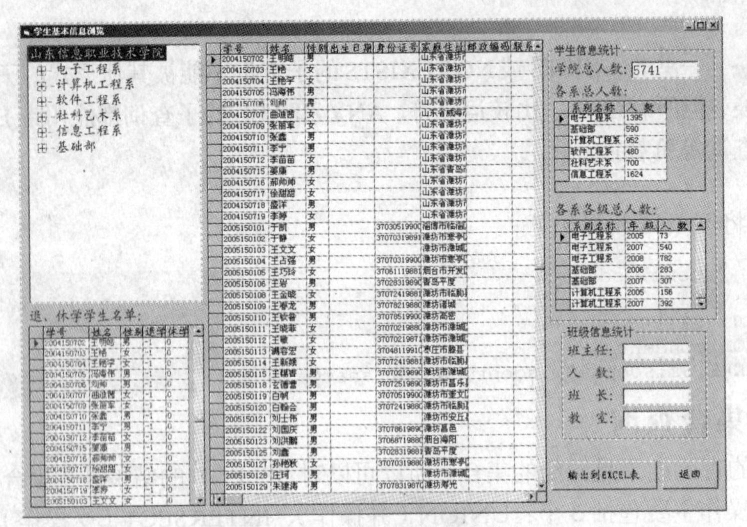

图 4.12　浏览全院学生信息

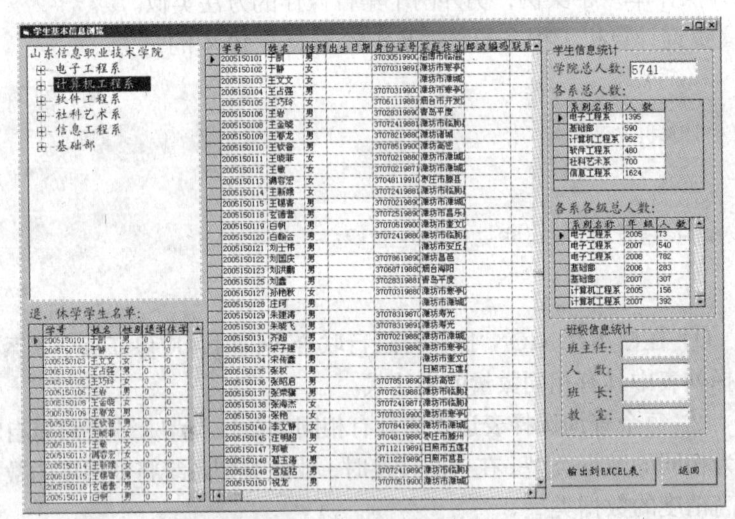

图 4.13　浏览某系部学生信息

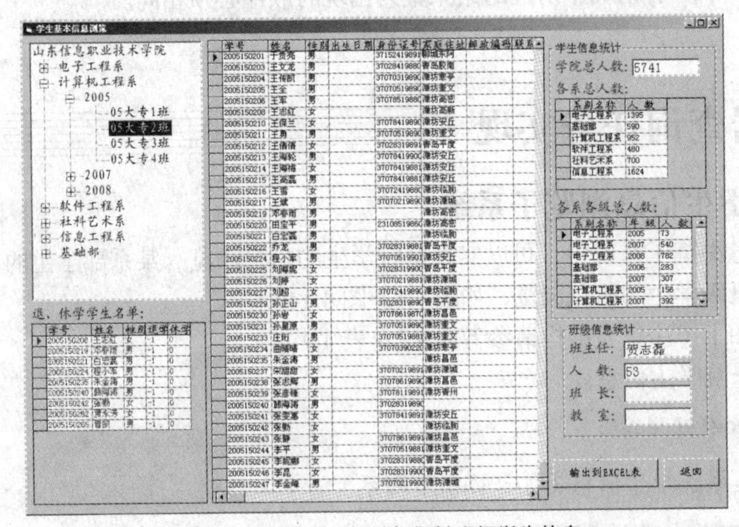

图 4.14　浏览某系部某年级某班级学生信息

（3）浏览某系部某年级某班级学生信息（如计算机工程系 05 大专 2 班）。

```
SELECT * FROM class a,department b,student c WHERE a.deptno=b.deptno AND
a.clssno=c.classno AND deptname='计算机工程系' AND classname='05 大专 2 班';
```

4.3.2　学生信息查询子系统

在学生信息查询子系统中，可实现学生信息的模糊查询，提供的查询依据可任意搭配，如可提供系别、年级、班级、学号及姓名，如图 4.15 所示。

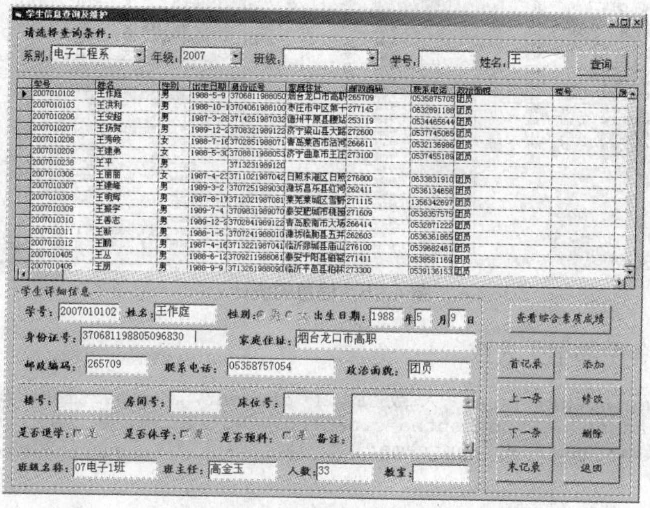

图 4.15　学生信息的模糊查询

具体实现如下。

（1）查询电子工程系姓张的学生信息。

```
SELECT * FROM class a,department b,student c WHERE a.deptno=b.deptno AND
a.clssno=c.classno AND deptname='电子工程系' AND sname LIKE '张%';
```

（2）查询电子工程系 2006 级姓王的学生信息。

```
SELECT * FROM class a,department b,student c WHERE a.deptno=b.deptno AND
a.clssno=c.classno AND deptname='电子工程系' AND LEFT(sno,4)= '2006' AND sname LIKE
'王%';
```

（3）查询学号是 01 号的学生信息。

```
SELECT * FROM student WHERE sno LIKE '%01';
```

4.3.3　学生信息统计子系统

在学生信息统计子系统中，可实现学院总人数的统计、学院男女生人数的统计、各系人数的统计、各系各班人数的统计；还可实现各系和各班级总人数、各系和各班级男女生人数统计及本届毕业生人数的统计等，如图 4.16 所示。

具体实现如下。

（1）统计学院总人数。

```
SELECT COUNT(*) FROM student WHERE tuixue=0 AND xuxue=0;
```

或

```
SELECT SUM(classnumber) FROM class;
```

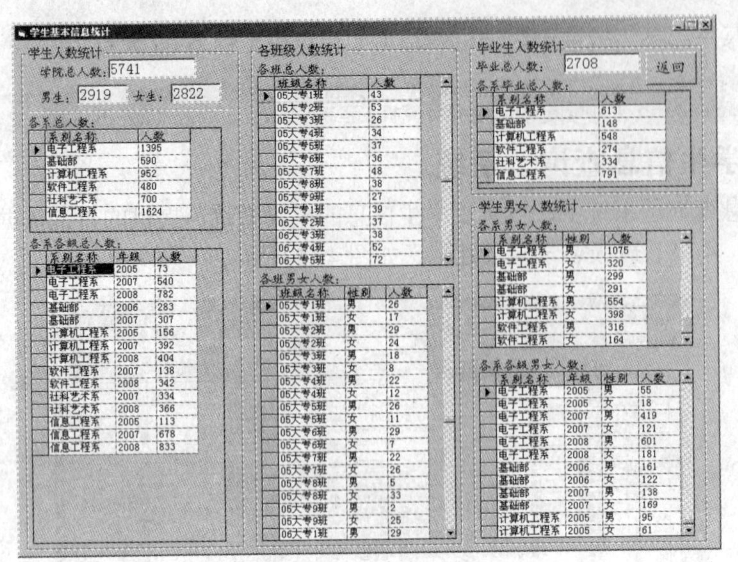

图 4.16 信息的统计

（2）统计学院各系部学生人数。

```
SELECT deptname,COUNT(*) AS 人数 FROM student a,department b,class c WHERE
a.classno=c.classno AND b.deptno=c.deptno AND tuixue=0 AND xuxue=0 GROUP BY
b.deptno,deptname ORDER By deptname;
```

或

```
SELECT deptname,SUM(classnumber) AS 人数 FROM class a,department b WHERE
a.deptno=b.deptno GROUP BY b.deptno,deptname ORDER BY deptname;
```

4.4 数据更新

【任务分析】

在项目的使用过程中，数据在不断变化，如何向数据库中添加新数据、对现有数据进行修改、删除无用数据等是设计人员在数据维护过程中的工作。

【学习情境】

训练学生掌握数据的插入、删除及修改操作。

（1）学生基本信息的添加、删除和修改。

（2）实现班级信息的添加、删除和修改；量化成绩的添加及修改。

【课堂任务】

本节要掌握数据库中的数据更新。

- 数据记录的插入
- 数据记录的修改
- 数据记录的删除

SQL 中数据更新包括数据记录的插入、数据记录的修改和数据记录的删除。

4.4.1 数据记录的插入

SQL 的数据插入语句 INSERT 通常有 3 种形式：插入单条记录、插入多条记录和插入子查询结果。

1．插入单条记录

（1）语句格式。

```
INSERT INTO<表名>[(<列名清单>)]
VALUES(<常量清单>);
```

（2）功能。向指定表中插入一条新记录。

（3）说明。

① 若有<列名清单>，则<常量清单>中各常量为新记录中这些属性的对应值（根据语句中的位置一一对应）。但该表在定义时，说明为 NOT NULL 且无默认值的列必须在<列名清单>中，否则将出错。

② 如果省略<列名清单>，则按<常量清单>顺序为每个属性列赋值，即每个属性列上都应该有值。

【例 4.73】 向 student 表中插入一个学生记录。

```
INSERT INTO student
VALUES('2002010101','胡一兵','男','1980-12-30','计算机工程系');
```

要将数据添加到一行中的部分列时，则需要同时给出要使用的列名以及要赋给这些列的数据。

【例 4.74】 向 student 表中添加一条记录。

```
INSERT INTO student(sno,sname)
VALUES ('2005010104','张三');
```

注　意

对于这种添加部分列的操作，在添加数据前应确认未在 VALUES 列表中出现的列是否允许为 NULL，只有允许为 NULL 的列，才可以不出现在 VALUES 列表中。

2．插入多条记录

（1）语句格式。

```
INSERT INTO<表名>[(<列名清单>)]
VALUES(<常量清单 1>),(<常量清单 2>),…,(<常量清单 n>);
```

（2）功能。向指定表中插入多条新记录。

【例 4.75】 向 sc 表中连续插入 3 条记录，可用下列语句实现。

```
INSERT INTO sc
VALUES('2005020202', 'C01',78),
    ('2005020202', 'C02',91),
    ('2005020202', 'C03', 83);
```

3．插入子查询结果

子查询不仅可以嵌套在 SELECT 语句中，用以构造主查询的条件，还可以嵌套在 INSERT 语句中，用以生成要插入的批量数据。语句格式如下。

```
INSERT INTO <表名>[(列名 1,列名 2, …)]<子查询语句>;
```

【例 4.76】 把平均成绩大于 80 分的学生的学号和平均成绩存入另一个已知的基本表

S_GRADE(SNO，AVG_GRADE)中。

```
INSERT INTO S_GRADE(SNO,AVG_GRADE)
SELECT sno,AVG(degree)
FROM sc
GROUP BY sno
HAVING AVG(degree)>80;
```

① INSERT 语句中的 INTO 可以省略。

② 如果某些属性列在表名后的列名表中没有出现，则新记录在这些列上将取空值。但必须注意的是，在表定义时说明了 NOT NULL 的属性列不能为空值，否则系统会出现错误提示。

③ 如果没有指明任何列名，则新插入的记录必须在每个属性列上均有值。

④ 字符型数据必须使用“''”将其括起来。

⑤ 常量的顺序必须和指定的列名顺序保持一致。

⑥ 在把数据值从一列复制到另一列时，值所在列不必具有相同数据类型，插入目标表的值符合该表的数据限制即可。

4.4.2 数据记录的修改

要修改表中已有数据的记录，可用 UPDATE 语句。

1．语句格式

```
UPDATE <表名>
SET<列名 1>=<表达式 1>[,<列名 2>=<表达式 2>][,…]
[WHERE<条件表达式>];
```

2．功能

把指定<表名>内符合<条件表达式>的记录中规定<列名>的值更新为该<列名>后<表达式>的值。如果省略 WHERE 子句，则表示要修改表中的所有记录。

【例 4.77】 将张丽同学的性别改为女。

```
UPDATE student SET ssex='女'
WHERE sname='张丽';
```

【例 4.78】 将 sc 表中不及格的成绩修改为 60 分。

```
UPDATE sc SET degree=60
WHERE degree<60;
```

【例 4.79】 将计算机工程系全体学生的成绩置 0。

```
UPDATE sc SET degree=0
WHERE sno IN (SELECT sno
FROM student
WHERE sdept='计算机工程系');
```

或

```
UPDATE sc SET degree=0
WHERE (SELECT sdept
FROM student
WHERE student.sno=sc.sno) ='计算机工程系';
```

① 如果不指定条件，则会修改所有的记录。
② 如果要修改多列，则在 SET 语句后用“,”分隔各修改子句。

4.4.3 数据记录的删除

在实际应用中，随着对数据的使用和修改，表中可能会存在一些无用的或过期的数据。这些无用的数据不仅会占用空间，还会影响修改和查询的速度，所以应该及时删除。

在 MySQL 中，使用 DELETE 语句删除数据，该语句可以通过事务从表或视图中删除一行或多行记录。

1．语句格式

```
DELETE [FROM] <表名>[WHERE<条件表达式>];
```

2．功能

在指定<表名>中删除所有符合<条件表达式>的记录。

3．说明

当无 WHERE<条件表达式>项时，将删除<表名>中的所有记录。但是该表的表结构还在，只是没有了记录，是个空表而已。

DELETE 语句只能从一个基本表中删除记录。WHERE 子句中条件表达式可以嵌套，也可以是来自几个基本表的复合条件。

【例 4.80】 删除学号为 2005030301 的学生记录。

```
DELETE FROM student
WHERE sno='2005030301';
```

【例 4.81】 删除学生的所有成绩。

```
DELETE FROM sc;
```

【例 4.82】 删除计算机工程系所有学生的成绩。

```
DELETE FROM sc
WHERE sno IN(SELECT sno
FROM student
WHERE sdept='计算机工程系');
```

4.5 数据更新任务实现

4.5.1 学生基本信息的维护

在学生基本信息维护中，可实现对学生基本信息的浏览、添加、修改和删除等操作，操作界面如图 4.17 所示。

具体实现如下。

（1）将某个退学的学生在 student 表中做好标记，例如学号为“2006010110”的张强同学。

```
UPDATE student SET tuixue=1 WHERE sno='2006010110';
```

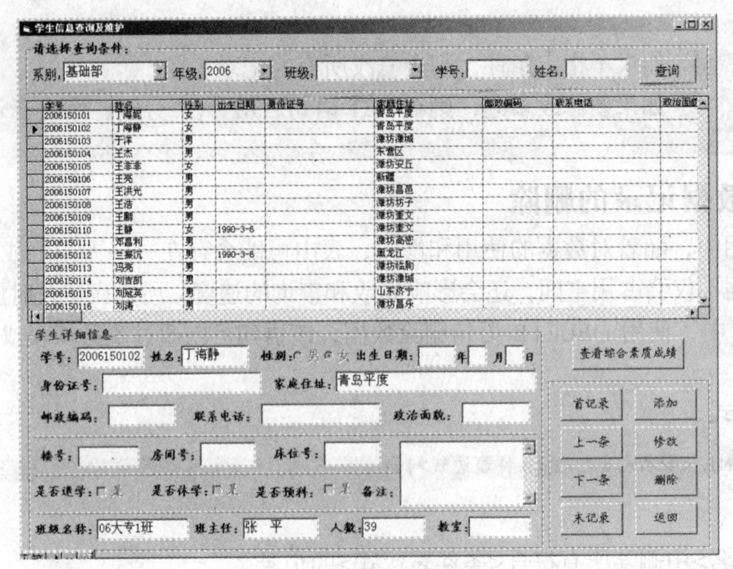

图 4.17　学生基本信息维护界面

（2）修改某个学生的住宿信息，例如学号为“2007030102”的学生。

```
UPDATE student SET sfloor='01',sroomno='201',sbedno='7' WHERE sno='2007030102';
```

（3）删除某个学生的基本信息，例如学号为“2006030215”的学生。

```
DELETE student WHERE sno='2006030215';
```

（4）添加一个新学生，学号为“2008010151”，姓名为“张小燕”，性别为“女”，出生日期为“1988-03-12”。

```
INSERT student (sno,sname,ssex,sbirthday) VALUES('2008010151', '张小燕', '女',
'1988-03-12');
```

4.5.2　毕业学生信息导出

在毕业学生信息导出界面中，可完成对毕业生的基本信息和班级信息的导出工作，操作界面如图 4.18 所示。

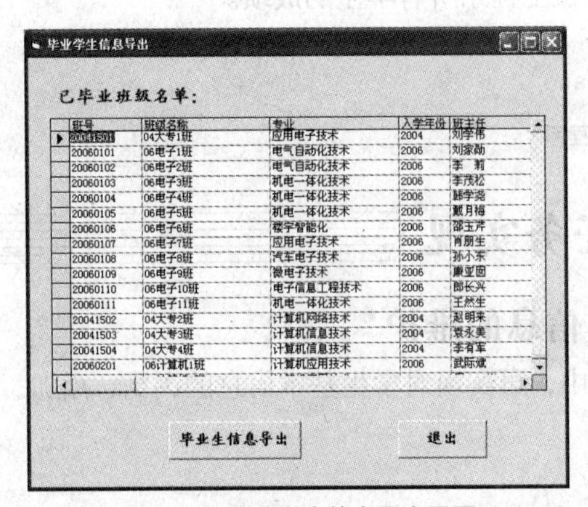

图 4.18　毕业学生信息导出界面

具体实现如下。

将应届毕业生的基本信息从 student 表中删除，并添加到毕业生信息表（studentby）中；

将应届毕业的班级信息从 class 表中删除，并添加到毕业班级信息表（classby）中。

```
//将应届毕业生的基本信息添加到 studentby 表中
INSERT INTO studentby SELECT a.* FROM student a,class b
WHERE a.classno=b.classno AND year(CURDATE())-inyear>=classxuezhi ;
//将应届毕业生的基本信息从 student 表中删除
DELETE FROM student WHERE classno IN
(SELECT classno FROM class WHERE year(CURDATE())-inyear>=classxuezhi) ;
//将应届毕业的班级信息添加到 classby 表中
INSERT INTO classby SELECT * FROM class WHERE year(CURDATE())-inyear>= classxuezhi;
//将应届毕业的班级信息从 class 表中删除
DELETE FROM class WHERE year(CURDATE())-inyear>=classxuezhi;
```

4.6 课堂实践

4.6.1 管理表

1．实践目的

（1）掌握表的基础知识。

（2）掌握使用 Navicat 管理工具和 SQL 语句创建表的方法。

（3）掌握表的修改、查看、删除等基本操作方法。

2．实践内容和要求

（1）在 gradem 数据库中创建表 4.18～表 4.22 所示结构的表。

表 4.18　student 表的表结构

字段名称	数据类型	长　度	小数位数	是否允许 NULL 值	说　明
sno	char	10		否	主码
sname	varchar	8		是	
ssex	char	2		是	取值：男或女
sbirthday	date			是	
saddress	varchar	50		是	
sdept	char	16		是	
speciality	varchar	20		是	

表 4.19　course 表（课程名称表）的表结构

字段名称	数据类型	长　度	小数位数	是否允许 NULL 值	说　明
cno	char	5		否	主码
cname	varchar	20		否	

表 4.20　sc 表（成绩表）的表结构

字段名称	数据类型	长　度	小数位数	是否允许 NULL 值	说　明
sno	char	10		否	组合主码，外码
cno	char	5		否	组合主码，外码
degree	decimal	4	1	是	取值 1~100

表 4.21　teacher 表（教师表）的表结构

字段名称	数据类型	长　度	小数位数	是否允许 NULL 值	说　明
tno	char	3		否	主码
tname	varchar	8		是	
tsex	char	2		是	取值：男或女
tbirthday	date			是	
tdept	char	16		是	

表 4. 22　teaching 表（授课表）的表结构

字段名称	数据类型	长　度	小数位数	是否允许 NULL 值	说　明
cno	char	5		否	组合主码，外码
tno	char	3		否	组合主码，外码
cterm	tinyint	1	0	是	取值 1~10

（2）向表 4. 18～表 4. 22 输入数据记录，见表 4. 23～表 4. 27。

表 4.23　学生关系表 student

sno	sname	ssex	sbirthday	saddress	sdept	speciality
20050101	李勇	男	1987-01-12	山东济南	计算机工程系	计算机应用
20050201	刘晨	女	1988-06-04	山东青岛	信息工程系	电子商务
20050301	王敏	女	1989-12-23	江苏苏州	数学系	数学
20050202	张立	男	1988-08-25	河北唐山	信息工程系	电子商务

表 4.24　课程关系表 course

cno	cname	cno	cname
C01	数据库	C03	信息工程系统
C02	数学	C04	操作系统

表 4.25　成绩表 sc

sno	cno	degree
2005010101	C01	92
2005010101	C02	85
2005010101	C03	88
2005020201	C02	90
2005020201	C03	80

表 4.26　教师表 teacher

tno	tname	tsex	tbirthday	sdept
101	李新	男	1977-01-12	计算机工程系
102	钱军	女	1968-06-04	计算机工程系
201	王小花	女	1979-12-23	信息工程系
202	张小青	男	1968-08-25	信息工程系

表 4.27　授课表 teaching

cno	tno	cterm
C01	101	2
C02	102	1
C03	201	3
C04	202	4

（3）修改表结构。

① 向 student 表中增加“入学时间”列，其数据类型为日期时间型。

② 将 student 表中的 sdept 字段长度改为 20。

③ 将 student 表中的 speciality 字段删除。

④ 删除 student 表。

3．思考题

（1）MySQL 的数据文件有几种？扩展名分别是什么？

（2）MySQL 中有哪几种整型数据类型？它们占用的存储空间分别是多少？取值范围分别是什么？

（3）在定义基本表语句时，NOT NULL 参数的作用是什么？

（4）主码可以建立在“值可以为 NULL”的列上吗？

4.6.2　简单查询

1．实践目的

（1）掌握 SELECT 语句的基本用法。

（2）使用 WHERE 子句进行有条件的查询。

（3）掌握使用 IN 和 NOT IN，BETWEEN…AND 和 NOT BETWEEN…AND 来缩小查询范围的方法。

（4）掌握聚集函数的使用方法。

（5）利用 LIKE 子句实现字符串匹配查询。

（6）利用 ORDER BY 子句对查询结果排序。

（7）利用 GROUP BY 子句对查询结果分组。

2．实践内容和要求

（1）单表无条件查询和有条件查询。

① 查询所有学生的基本信息、所有课程的基本信息和所有学生的成绩信息（用 3 条 SQL 语句）。

② 查询所有学生的学号、姓名、性别和出生日期。

③ 查询所有课程的课程名称。

④ 查询前 10 门课程的课程号及课程名称。

⑤ 查询所有学生的姓名及年龄。

⑥ 查询所有年龄大于 18 岁的女生的学号和姓名。

⑦ 查询所有男生的信息。

⑧ 查询所有任课教师的姓名和所在系别。

⑨ 查询“电子商务”专业的学生姓名、性别和出生日期。

⑩ 查询 student 表中的所有系名。

⑪ 查询“C01”课程的开课学期。

⑫ 查询成绩在 80 ~ 90 分的学生学号及课程号。

⑬ 查询在 1970 年 1 月 1 日之前出生的男教师信息。

⑭ 输出有成绩的学生学号。

⑮ 查询所有姓“刘”的学生信息。

⑯ 查询生源地不是山东省的学生信息。

⑰ 查询成绩为 79 分、89 分或 99 分的记录。

⑱ 查询名字中第 2 个字是“小”字的男生的学生姓名和地址。

⑲ 查询名称以“计算机_”开头的课程名称。

⑳ 查询计算机工程系和软件工程系的学生信息。

（2）简单查询——分组和排序。

① 统计有学生选修的课程的门数。

② 计算“C01”课程的平均成绩。

③ 查询选修了“C03”课程的学生的学号及其成绩，查询结果按分数降序排列。

④ 查询各个课程号及相应的选课人数。

⑤ 统计每门课程的选课人数和最高分。

⑥ 统计每个学生的选课门数和考试总成绩，并按选课门数降序排列。

⑦ 查询选修了 3 门以上课程的学生学号。

⑧ 查询成绩不及格的学生学号及课程号，并按成绩降序排列。

⑨ 查询至少选修一门课程的学生学号。

⑩ 统计输出各系学生的人数。

⑪ 统计各系学生人数；各系的男、女生人数。（两条命令）

⑫ 统计各班人数；各班男、女生人数。（两条命令）

⑬ 统计各系的老师人数，并按人数升序排序。

⑭ 统计不及格人数超过 10 人的课程号。

⑮ 查询软件工程系的男生信息，查询结果按出生日期升序排序，出生日期相同的按地址降序排序。

3．思考题

（1）LIKE 的通配符有哪些？分别代表什么含义？

（2）知道学生的出生日期，如何求出其年龄？

（3）关键字 ALL 和 DISTINCT 有什么不同的含义？

（4）IS 能用“=”来代替吗？

（5）聚集函数能否直接使用在 SELECT 子句、HAVING 子句、WHERE 子句、GROUP BY 子句中？

（6）WHERE 子句与 HAVING 子句有何不同？

（7）数据的范围除了可以利用 BETWEEN…AND 运算符表示外，能否用其他方法表示？怎样表示？

4.6.3　连接查询

1．实践目的

（1）掌握 SELECT 语句在多表查询中的应用。

（2）掌握多表连接的几种连接方式及应用。

2．实践内容和要求

完成下面查询。

（1）查询计算机工程系女学生的学生学号、姓名及考试成绩。

（2）查询“李勇”同学所选课程的成绩。

（3）查询“李新”老师所授课程的课程名称。

（4）查询女教师所授课程的课程号及课程名称。

（5）查询至少选修一门课程的女学生姓名。

（6）查询姓“王”的学生所学的课程名称。

（7）查询选修“数据库”课程且成绩在 80～90 分的学生学号及成绩。

（8）查询课程成绩及格的男同学的学生信息及课程号与成绩。

（9）查询选修“C04”课程的学生的平均年龄。

（10）查询选修课程名为“数学”的学生学号和姓名。

（11）查询“钱军”教师任课的课程号，选修其课程的学生的学号和成绩。

（12）查询在第 3 学期所开课程的课程名称及学生的成绩。

（13）查询“C02”课程不及格的学生信息。

（14）查询软件系成绩在 90 分以上的学生姓名、性别和课程名称。

（15）查询同时选修了“C04”和“C02”课程的学生姓名和成绩。

3．思考题

（1）指定一个较短的别名有什么好处？

（2）内连接与外连接有什么区别？

4.6.4　嵌套查询

1．实践目的

（1）掌握嵌套查询的使用方法。

（2）掌握相关子查询与嵌套子查询的区别。

（3）掌握带 IN 谓词的子查询的使用方法。

（4）掌握带比较运算符的子查询的使用方法。

（5）掌握带 ANY 或 ALL 谓词的子查询的使用方法。

（6）掌握带 EXISTS 谓词的子查询的使用方法。

2．实践内容和要求

完成下面查询。

（1）查询计算机工程系女学生的学生学号、姓名及考试成绩。

（2）查询“李勇”同学所选课程的成绩。

（3）查询“李新”老师所授课程的课程名称。

（4）查询女教师所授课程的课程号及课程名称。

（5）查询姓“王”的学生所学的课程名称。

（6）查询选修“数据库”课程且成绩在 80～90 分的学生学号及成绩。

（7）查询选修“C04”课程的学生的平均年龄。

（8）查询选修课程名为“数学”的学生学号和姓名。

（9）查询“钱军”教师任课的课程号，选修其课程的学生的学号和成绩。

（10）查询在第 3 学期所开课程的课程名称及学生的成绩。

（11）查询与“李勇”同一个系的同学姓名。

（12）查询学号比“刘晨”同学大，而出生日期比她小的学生姓名。

（13）查询出生日期大于所有女同学出生日期的男同学的姓名及系别。

（14）查询成绩比该课程平均成绩高的学生的学号及成绩。

（15）查询不讲授“C01”课的教师姓名。

（16）查询没有选修“C02”课程的学生学号及姓名。

（17）查询选修了“数据库”课程的学生学号、姓名及系别。

（18）查询“C02”课程不及格的学生信息。

3．思考题

（1）“=”与 IN 在什么情况下作用相同?

（2）使用存在量词[NOT] EXISTS 的嵌套查询时，何时外层查询的 WHERE 条件为真?何时为假?

（3）当既能用连接查询又能用嵌套查询时，应该选择哪种查询较好？为什么?

（4）子查询一般分为几种?

（5）相关子查询的执行过程是什么?

4.6.5 数据更新

1．实践目的

（1）掌握利用 INSERT 命令实现对表数据的插入操作。

（2）掌握利用 UPDATE 命令实现对表数据的修改操作。

（3）掌握利用 DELETE 命令实现对表数据的删除操作。

2．实践内容和要求

利用 SELECT INTO…命令备份 student、sc、course 这 3 个表，备份表名自定。

（1）向 student 表中插入记录（"2005010203"，"张静"，"女"，"1981-3-21"，"软件工程系"，"软件技术"）。

（2）插入学号为“2005010302”、姓名为“李四”的学生信息。

（3）把计算机工程系的学生记录保存到表 TS 中（TS 表已存在，表结构与 student 表相同）。

（4）将学号为“2005010202”的学生姓名改为“张华”，系别改为“电子工程系”，专业改为“电子应用技术”。

（5）将“李勇”同学的专业改为“计算机信息管理”。
（6）将“2005010201”学生选修“C03”课程的成绩改为该课的平均成绩。
（7）把成绩低于总平均成绩的女同学的成绩提高 5%。
（8）把选修了“数据库”课程且成绩不及格的学生的成绩全改为空值（NULL）。
（9）删除学号为“2005010302”的学生记录。
（10）删除“计算机工程系”所有学生的选课记录。
（11）删除 sc 表中尚无成绩的选课记录。
（12）把“刘晨”同学的选修记录全部删除。

3．思考题

（1）如何从备份表中恢复 3 个表？
（2）DROP 命令和 DELETE 命令的本质区别是什么？
（3）利用 INSERT、UPDATE 和 DELETE 命令可以同时对多个表进行操作吗？

4.7 课外拓展

操作内容及要求如下。

1．管理表

在上一模块的课外拓展中，已建立好数据库 GlobalToys，现在实现表的创建与维护。考虑下面的表结构，见表 4.28～表 4.30。

表 4.28 Toys（玩具）表结构

属 性 名	数据类型
cToyId	char(6)
cToyName	varchar(20)
vToyDescription	varchar(250)
cCategoryId	char(3)
mToyRate	decimal(10,2)
cBrandId	char(3)
imPhoto	blob
siToyQoh	smallint
siLowerAge	smallint
siUpperAge	smallint
siToyWeight	smallint
vToyImgpath	varchar(50)

表 4.29 Category（玩具类别）表结构

属 性 名	数据类型
cCategoryId	char(3)
cCategory	char(20)
vDescription	varchar(100)

表 4.30　　ToyBrand（玩具品牌）表结构

属 性 名	数据类型
cBrandId	char(3)
cBrandName	char(20)

（1）创建表 Category。创建表时，实施下面的数据完整性规则。

① 主关键字应该是种类代码。

② 属性 cCategory 应该是唯一的，但不是主关键字。

③ 种类描述属性允许 NULL 值。

（2）创建表 ToyBrand。创建表时，实施下列数据完整性规则。

① 主关键字应该是品牌代码。

② 品牌名应该是唯一的，但不是主关键字。

（3）创建表 Toys。该表须满足下列的数据完整性。

① 主关键字应该是玩具代码。

② 玩具的现存数量（siToyQoh）应该是在 0 到 200 之间。

③ 属性 imPhoto、vToyImgpath 允许存放 NULL 值。

④ 属性 cToyName、vToyDescription 不应该允许为 NULL。

⑤ 玩具年龄下限的默认值是 1。

⑥ 属性 cCategoryId 的值应该是在表 Category 中。

（4）修改表 Toys，实施下列数据完整性。

① 输入到属性 cBrandId 中的值应当在表 ToyBrand 中存在。

② 玩具年龄上限的默认值应该是 1。

（5）修改已经创建的表 Toys，实施下列数据完整性规则。

① 玩具的价格应该大于 0。

② 玩具重量的默认值应为 1。

（6）在数据表中存入下列品牌，见表 4.31。

表 4.31　　ToyBrand 表

cBrandId	cBrandName
001	Bobby
002	Frances_Price
003	The Bernie Kids
004	Largo

（7）将下列种类的玩具存储在数据库中，见表 4.32。

表 4.32　　Category 表

cCategoryId	cCategory	vDescription
001	Activity	创造性玩具鼓励孩子的社交技能，并激发他们对周围世界的兴趣
002	Dolls	各种各样先进品牌的洋娃娃
003	Arts And Crafts	鼓励孩子们用这些令人难以置信的手工工具创造出杰作

（8）将下列信息存入数据库，见表 4.33。

表 4.33　　　　　　　　　　Toys 表

属性名	数　据
cToyId	000001
cToyName	Robby the Whale
vToy Description	一条带两个重型把手的巨大蓝鲸，使得孩子可以骑在它的背上
cCategoryId	001
mToyRate	8.99
cBrandId	001
imPhoto	NULL
siToyQoh	50
siLowerAge	3
siUpperAge	9
siToyWeight	1
vToyImgpath	NULL

（9）将玩具代码为“000001”的玩具的 mToyRate 增加￥1。

（10）在数据库中删除品牌“Largo”。

（11）将种类“Activity”的信息复制到一张新表中，此表叫 PreferredCategory。

（12）将种类“Dolls”的信息从表 Category 复制到表 PreferredCategory。

2．表的查询（1）

（1）显示在玩具名称中包含“Racer”的所有玩具的所有信息。

（2）显示所有名字以“s”开头的购物者。

（3）显示接受者所属的所有州，州名不应该有重复。

（4）显示所有玩具的名称及其所属的类别。

（5）显示所有玩具的订货代码、玩具代码、包装说明。格式见表 4.34。

表 4.34　　　　　　　　　　格式 1

OrderNumber	ToyId	WrapperDescription

（6）显示所有玩具的名称、品牌和类别。格式见表 4.35。

表 4.35　　　　　　　　　　格式 2

ToyName	Rrand	Category

（7）显示购物者和接受者的名字和地址。格式见表 4.36。

表 4.36　格式 3

ShopperName	ShopperAddress	Recipient Name	RecipientAddress

（8）显示所有玩具的名称和购物车代码，见表 4.37。如果玩具不在购物车上，则应显示 NULL。

表 4.37　格式 4

ToyName	CartId
Robby the Whale	000005
Water Channel System	NULL

使用左外连接。

（9）将所有价格高于￥20 的玩具的所有信息复制到一个叫 PremiumToys 的新表中。

（10）显示购物者和接受者的名字、姓、地址和城市。格式见表 4.38。

表 4.38　格式 5

FirstName	Last Name	Address	City

（11）显示价钱最贵的玩具名称。

（12）查询订单（Orders）表中，运货方式代码（cShippingModeId）是“01”的运货费用（mShippingCharges）。用 GROUP BY 和 HAVING 实现。

（13）查询订单（Orders）表中，总费用（mTotalCost）最高的前 3 个订货单代码。

3．表的查询（2）

（1）显示价格范围在￥10 到￥20 的所有玩具的列表。

（2）显示属于 California 或 Illinois 州的购物者的名字、姓和 E-mail 地址。

（3）显示发生在 2001-05-20 的，总值超过￥75 的订货，格式见表 4.39。

表 4.39　格式 6

OrderNumber	OrderDate	ShopperId	TotalCost

（4）显示属于“Dolls”类，且价格小于￥20 的玩具的名字。

Dolls 的类别代码（cCategoryId）为“002”。

（5）显示没有任何附加信息的订货的全部信息。

（6）显示不住在 Texas 州的购物者的所有信息。

（7）显示所有玩具的名字和价格，见表 4.40。确保价格最高的玩具显示在列表顶部。

表 4.40　　格式 7

ToyName	ToyRate

（8）升序显示价格小于￥20 的玩具的名字。

（9）显示订货代码、购物者代码和订货总值，按总值的升序显示。

（10）显示本公司卖出的玩具的种数。

（11）显示玩具价格的最大值、最小值和平均值。

（12）显示所有订货加在一起的总值。

（13）在一次订货中，可以订购多个玩具。显示包含订货代码和每次订货的玩具总价的报表，见表 4.41。

表 4.41　　格式 8

OrderNumber	TotalCostofToysforanOrder

（14）在一次订货中，可以订购多个玩具。显示包含订货代码和每次订货的玩具总价的报表。（条件：该次订货的玩具总价超过￥50。）

（15）根据 2000 年的售出数量，显示头 5 个“Pick of the Month”玩具的玩具代码。

（16）显示一张包含所有订货的订货代码、玩具代码和所有订货的玩具价格的报表。该报表应该既显示每次订货的总计又显示所有订货的总计。

（17）显示所有玩具的玩具名、说明、价格。但是，只显示说明的前 40 个字母。

（18）显示所有运货的报表，格式见表 4.42。

表 4.42　　格式 9

OrderNumber	ShipmentDate	ActualDeliveryDate	DaysinTransit

提　示

运送天数(DaysinTransit) = 实际交付日期(dActualDeliveryDate) − 运货日期(dShipmentDate)

（19）显示订货代码为“000009”的订货的报表，格式见表 4.43。

表 4.43　　格式 10

OrderNumber	DaysinTransit

（20）显示所有的订货，格式见表 4.44。

表 4.44　格式 11

OrderNumber	ShopperId	DayofOrder	Weekday

GlobalToys 数据库说明，见表 4.45～表 4.58。

表 4.45　Orders（订单）

字段名	说　明	键　值	备　注
cOrderNo	订单编号	PK	
dOrderDate	订单日期		
cCartId	购物车编号	FK	
cShopperId	顾客编号	FK	
cShippingModeId	运货方式代码		
mShippingCharges	运货费用		
mGiftWrapCharges	包装费用		
cOrderProcessed	订单是否处理		
mTotalCost	订单总价		商品总价+运货费用+包装费用
dExpDelDate	期望送货时间		

表 4.46　OrderDetail（订单细目）

字段名	说　明	键　值	备　注
cOrderNo	订单编号	PK	
cToyId	玩具编号		
siQty	玩具数量		
cGiftWrap	是否包装		是：Y，否：N
cWrapperId	包装 ID	FK	
vMessage	信息		
mToyCost	玩具总价		玩具单价×数量

表 4.47　Toys（玩具）

字段名	说　明	键　值	备　注
cToyId	玩具编号	PK	
cToyName	玩具名称		
vToyDescription	玩具描述		
cCategoryId	玩具类别	FK	
mToyRate	玩具价格		
cBrandId	玩具品牌	FK	

续表

字段名	说明	键值	备注
imPhoto	图片		
siToyQoh	库存数量		
siLowerAge	年龄下限		
siUpperAge	年龄上限		
siToyWeight	玩具重量		
vToyImgPath	图片存放地址		

表 4.48　ToyBrand（玩具品牌）

字段名	说明	键值	备注
cBrandId	品牌编号	PK	
cBrandName	品牌名称		

表 4.49　Category（玩具类别）

字段名	说明	键值	备注
cCategoryId	类别编号	PK	
cCategory	类别名称		
vDescription	类别描述		

表 4.50　Country（国家）

字段名	说明	键值	备注
cCountryId	国家编号	PK	
cCountry	国家名称		

表 4.51　PickOfMonth（月销售量）

字段名	说明	键值	备注
cToyId	玩具编号	PK	
siMonth	月份		
iYear	年份		
iTotalSold	销售总量		

表 4.52　Recipient（接受者）

字段名	说明	键值	备注
cOrderNo	订单编号	PK/FK	
vFirstName	接受者姓		
vLastName	接受者名		
vAddress	地址		

续表

字段名	说明	键值	备注
cCity	城市		
cState	州		
cCountryId	国家		
cZipCode	邮编		
cPhone	电话		

表 4.53 Shipment（运货）

字段名	说明	键值	备注
cOrderNo	订单编号	PK/FK	
dShipmentDate	运货日期		
cDeliveryStatus	运货状态		d：已送达 s：未送达
dActualDeliveryDate	实际交付日期		

表 4.54 ShippingMode（运货方式）

字段名	说明	键值	备注
cModeId	运货方式代码	PK	
cMode	运货方式		
iMaxDelDays	最长运货时间		

表 4.55 ShippingRate（运价表）

字段名	说明	键值	备注
cCountryID	国家编号	PK	
cModeId	运货方式		
mRatePerPound	运价比		每磅运价比率

表 4.56 Shopper（顾客）

字段名	说明	键值	备注
cShopperId	顾客编号	PK	
cPassword	密码		
vFirstName	姓		
vLastName	名		
vEmailId	E-mail		
vAddress	地址		
cCity	城市		
cState	州		
cCountryId	国家编号		

续表

字段名	说明	键值	备注
cZipCode	邮编		
cPhone	电话		
cCreditCardNo	信用卡号		
vCreditCardType	信用卡类型		
dExpiryDate	有效期限		

表 4.57 ShoppingCart（购物车）

字段名	说明	键值	备注
cCartId	购物车编号	PK	
cToyId	玩具编号		
siQty	玩具数量		

表 4.58 Wrapper（包装）

字段名	说明	键值	备注
cWrapperId	包装编号	PK	
vDescription	描述		
mWrapperRate	包装费用		
imPhoto	图片		
vWrapperImgPath	图片存放地址		

习题

1. 选择题

（1）下面哪种数字数据类型不可以存储数据 256？（　　）

A. bigint　　B. int　　C. smallint　　D. tinyint

（2）下面是有关主键和外键之间的关系描述，正确的是（　　）。

A. 一个表中最多只能有一个主键约束，多个外键约束

B. 一个表中最多只有一个外键约束，一个主键约束

C. 在定义主键外键约束时，应该首先定义主键约束，然后定义外键约束

D. 在定义主键外键约束时，应该首先定义外键约束，然后定义主键约束

（3）下面关于数据库中表的行和列的叙述正确的是（　　）。

A. 表中的行是有序的，列是无序的　　B. 表中的列是有序的，行是无序的

C. 表中的行和列都是有序的　　D. 表中的行和列都是无序的

（4）SQL 语言的数据操作语句包括 SELECT、INSERT、UPDATE 和 DELETE 等。其中最重要的，也是使用最频繁的语句是（　　）。

A. SELECT　　B. INSERT　　C. UPDATE　　D. DELETE

（5）在下列 SQL 语句中，修改表结构的语句是（　　）。

A. ALTER　　B. CREATE　　C. UPDATE　　D. INSERT

（6）设有关系 R(A,B,C)和 S(C,D)，与关系代数表达式 $\pi A,B,D(\sigma R.C=S.C(R \infty S))$等价的 SQL 语句是（　　）。

A. SELECT * FROM R，S WHERE R.C=S.C

B. SELECT A,B,D FROM R,S WHERE R.C=S.C

C. SELECT A,B,D FROM R,S WHERE R=S

D. SELECT A,B FROM R WHERE (SELECT D FROM S WHERE R.C=S.C)

（7）设关系 $R(A,B,C)$与 SQL 语句“SELECT DISTINCT A FROM R WHERE B=17”等价的关系代数表达式是（　　）。

A. $\pi_A(\sigma_{B=17}(R))$　　B. $\sigma_{B=17}(\pi_A(R))$

C. $\sigma_{B=17}(\pi_{A,C}(R))$　　D. $\pi_{A,C}(\sigma_{B=17}(R))$

下面第（8）~（12）题，基于“学生-选课-课程”数据库中的 3 个关系。

S(S#,SNAME,SEX,DEPARTMENT)，主码是 S#

C(C#,CNAME,TEACHER)，主码是 C#

SC(S#,C#,GRADE)，主码是(S#，C#)

（8）在下列关于保持数据库完整性的叙述中，哪一个是不正确的？（　　）

A. 向关系 SC 插入元组时，S#和 C#都不能是空值（NULL）

B. 可以任意删除关系 SC 中的元组

C. 向任何一个关系插入元组时，必须保证该关系主码值的唯一性

D. 可以任意删除关系 C 中的元组

（9）查找每个学生的学号、姓名、选修的课程名和成绩，将使用关系（　　）。

A. 只有 S,SC　　B. 只有 SC,C　　C. 只有 S,C　　D. S,SC,C

（10）若要查找姓名中第 1 个字为“王”的学生的学号和姓名，则下面列出的 SQL 语句中，哪个（些）是正确的？（　　）

Ⅰ. SELECT S#,SNAME FROM S WHERE SNAME='王%'

Ⅱ. SELECT S#,SNAME FROM S WHERE SNAME LIKE '王%'

Ⅲ. SELECT S#,SNAME FROM S WHERE SNAME LIKE '王_'

A. Ⅰ　　B. Ⅱ　　C. Ⅲ　　D. 全部

（11）若要“查询选修了 3 门以上课程的学生的学号”，则正确的 SQL 语句是（　　）。

A. SELECT S# FROM SC GROUP BY S# WHERE COUNT(*)> 3

B. SELECT S# FROM SC GROUP BY S# HAVING COUNT(*)> 3

C. SELECT S# FROM SC ORDER BY S# WHERE COUNT(*)> 3

D. SELECT S# FROM SC ORDER BY S# HAVING COUNT(*)> 3

（12）若要查找“由张劲老师执教的数据库课程的平均成绩、最高成绩和最低成绩”，则将使用关系（　　）。

A. S 和 SC　　B. SC 和 C　　C. S 和 C　　D. S、SC 和 C

下面第（13）~（16）题基于这样的 3 个表，即学生表 S、课程表 C 和学生选课表 SC，它们的关系模式如下。

S(S#,SN,SEX,AGE,DEPT)（学号,姓名,性别,年龄,系别）

C(C#,CN)（课程号,课程名称）

SC(S#,C#,GRADE)（学号,课程号,成绩）

（13）检索所有比“王华”年龄大的学生姓名、年龄和性别。下面正确的 SELECT 语句是（　　）。

A. SELECT SN,AGE，SEX FROM S WHERE AGE>(SELECT AGE FROM S WHERE SN='王华')

B. SELECT SN,AGE,SEX FROM S WHERE SN='王华'

C. SELECT SN,AGE,SEX FROM S WHERE AGE>(SELECT AGE WHERE SN='王华')

D. SELECT SN,AGE,SEX FROM S WHERE AGE>王华.AGE

（14）检索选修课程“C2”的学生中成绩最高的学生的学号。正确的 SELECT 语句是（　　）。

A. SELECT S# FROM SC WHERE C#='C2' AND GRADE>=
(SELECT GRADE FROM SC WHERE C#='C2')

B. SELECT S# FROM SC WHERE C#='C2' AND GRADE IN
(SELECT GRADE FROM SC WHERE C#='C2')

C. SELECT S# FROM SC WHERE C#='C2' AND GRADE NOT IN
(SELECT GRADE GORM SC WHERE C#='C2')

D. SELECT S# FROM SC WHERE C#='C2' AND GRADE>=ALL
(SELECT GRADE FROM SC WHERE C#='C2')

（15）检索学生姓名及其所选修课程的课程号和成绩。正确的 SELECT 语句是（　　）。

A. SELECT S.SN,SC.C#,SC.GRADE FROM S WHERE S.S#=SC.S#

B. SELECT S.SN, SC.C#,SC.GRADE FROM SC WHERE S.S#=SC.GRADE

C. SELECT S.SN,SC.C#,SC.GRADE FROM S, SC WHERE S.S#=SC.S#

D. SELECT S.SN,SC.C#,SC.GRADE FROM S,SC

（16）检索 4 门以上课程的学生总成绩（不统计不及格的课程），并要求按总成绩的降序排列出来。正确的 SELECT 语句是（　　）。

A. SELECT S#,SUM(GRAGE) FROM SC WHERE GRADE>=60 GROUP BY S#
ORDER BY S# HAVING COUNT(*)>=4

B. SELECT S#,SUM(GRADE) FROM SC WHERE GRADE>=60 GROUP BY S#
HAVING COUNT(*)>=4 ORDER BY 2 DESC

C. SELECT S#,SUM(GRADE) FROM SC WHERE GRADE>=60 HAVING COUNT
(*)<=4 GROUP BY S# ORDER BY 2 DESC

D. SELECT S#,SUM(GRADE) FROM SC WHERE GRADE>=60 HAVING COUNT
(*)>=4 GROUP BY S# ORDER BY 2

（17）数据库见表 4. 59 和表 4. 60，若职工表的主关键字是职工号，部门表的主关键字是部门号，SQL 操作（　　）不能执行。

A. 从职工表中删除行（'025','王芳','03',720）

B. 将行（'005','乔兴', '04',720）插入到职工表中

C. 将职工号为“001”的工资改为 700

D. 将职工号为'038'的部门号改为“03”

表 4.59　职工表

职工号	职工名	部门号	工资
001	李红	01	580
005	刘军	01	670
025	王芳	03	720
038	张强	02	650

表 4.60　部门表

部门号	部门名	主任
01	人事处	高平
02	财务处	蒋华
03	教务处	许红
04	学生处	杜琼

（18）若用如下的 SQL 语句创建一个 STUDENT 表。

```
CREATE TABLE STUDENT
(NO char(4) NOT NULL,
NAME char(8) NOT NULL,
SEX char(2),
AGE int);
```

可以插入到 STUDENT 表中的是（　　）。

A.（'1031', '曾华',男,23）　　B.（'1031', '曾华',NULL,NULL）

C.（NULL, '曾华', '男', '23'）　　D.（'1031',NULL, '男',23）

（19）有关系 S(S#,SNAME,SAGE)，C(C#,CNAME)，SC(S#,C#,GRADE)。要查询选修“ACCESS”课的年龄不小于 20 的全体学生姓名的 SQL 语句是“SELECT SNAME FROM S,C,SC WHERE 子句”。这里的 WHERE 子句的内容是（　　）。

A. S.S#=SC.S# AND C.C#=SC.C# AND SAGE>=20 AND CNAME='ACCESS'

B. S.S#=SC.S# AND C.C#=SC.C# AND SAGE IN >=20 AND CNAME IN 'ACCESS'

C. SAGE>=20 AND CNAME='ACCESS'

D. SAGE>=20 AND CNAMEIN'ACCESS'

（20）若要在基本表 S 中增加一列 CN（课程名），可用（　　）。

A. ADD TABLE S(CN char(8))

B. ADD TABLE S ALTER(CN char(8))

C. ALTER TABLE S ADD(CN char(8))

D. ALTER TABLE S(ADD CN char(8))

（21）学生关系模式 S(S#,SNAME,AGE,SEX)，S 的属性分别表示学生的学号、姓名、年龄、性别。要在表 S 中删除一个属性“年龄”，可选用的 SQL 语句是（　　）。

A. DELETE AGE FROM S

B. ALTER TABLE S DROP COLUMN AGE

C. UPDATE S AGE

D. ALTER TABLE S 'AGE'

（22）设关系数据库中有一个表 S 的关系模式为 S(SN,CN,GRADE)，其中 SN 为学生名，CN 为课程名，二者为字符型；GRADE 为成绩，数值型，取值范围 0~100。若要更正“王二”的化学成绩为 85 分，则可用（　　）。

A. UPDATE S SET GRADE=85 WHERE SN='王二' AND CN='化学'

B. UPDATE S SET GRADE='85' WHERE SN='王二' AND CN='化学'

C. UPDATE GRADE=85 WHERE SN='王二' AND CN='化学'

D. UPDATE GRADE='85' WHERE SN='王二' AND CN='化学'

（23）在 SQL 语言中，子查询是（　　）。

A. 返回单表中数据子集的查询语句　　B. 选取多表中字段子集的查询语句

C. 选取单表中字段子集的查询语句　　D. 嵌入到另一个查询语句之中的查询语句

（24）在 SQL 语言中，条件“年龄 BETWEEN 20 AND 30”表示年龄在 20~30，且（　　）。

A. 包括 20 岁和 30 岁　　B. 不包括 20 岁和 30 岁

C. 包括 20 岁但不包括 30 岁　　D. 包括 30 岁但不包括 20 岁

（25）下列聚合函数不忽略空值（NULL）的是（　　）。

A. SUM（列名）　　B. MAX（列名）

C. COUNT(*)　　D. AVG（列名）

（26）在 SQL 中，下列涉及空值的操作，不正确的是（　　）。

A. AGE IS NULL　　B. AGE IS NOT NULL

C. AGE=NULL　　D. NOT(AGE IS NULL)

（27）已知学生选课信息表 sc(sno,cno,grade)。查询“至少选修了一门课程，但没有学习成绩的学生学号和课程号”的 SQL 语句是（　　）。

A. SELECT sno,cno FROM sc WHERE grade=NULL

B. SELECT sno,cno FROM sc WHERE grade IS ''

C. SELECT sno,cno FROM sc WHERE grade IS NULL

D. SELECT sno,cno FROM sc WHERE grade=''

（28）有如下的 SQL 语句。

Ⅰ. SELECT sname FROM s, sc WHERE grade<60

Ⅱ. SELECT sname FROM s WHERE sno IN(SELECT sno FROM sc WHERE grade<60)

Ⅲ. SELECT sname FROM s, sc WHERE s.sno=sc.sno AND grade<60

若要查找分数（grade）不及格的学生姓名（sname），则以上正确的有哪些？（　　）

A. Ⅰ和Ⅱ　　B. Ⅰ和Ⅲ　　C. Ⅱ和Ⅲ　　D. Ⅰ、Ⅱ和Ⅲ

2．填空题

（1）关系 $R(A, B, C)$和 $S(A, D, E, F)$，有 $R.A=S.A$。若将关系代数表达式$\pi_{R.A,R.B,S.D,S.F}(R\infty S)$，用 SQL 语言的查询语句表示，则为：SELECT R.A,R.B,S.D,S.F FROM R,S WHERE________。

（2）SELECT 语句中，________子句用于选择满足给定条件的元组，使用________子句可按指定列的值分组，同时使用________可提取满足条件的组。若希望将查询结果排序，则应在 SELECT 语句中使用________子句，其中，________选项表示升序，________选项表示降序。若希望查询的结果不出现重复元组，则应在 SELECT 子句中使用________保留字。WHERE 子句的条件表达式中，字符串匹配的操作符是________，与 0 个或多个字符匹配的通配符是______，与单个字符匹配的通配符是______。

（3）子查询的条件不依赖于父查询，这类查询称为______，否则称为______。

（4）有学生信息表 student，求年龄在 20~22 岁（含 20 岁和 22 岁）的学生姓名和年龄的 SQL 语句是：SELECT sname,age FROM student WHERE age______。

（5）在"学生选课"数据库中的两个关系如下。

```
S(SNO,SNAME,SEX,AGE),SC(SNO,CNO,GRADE)
```

则与 SQL 命令"SELECT SNAME FROM S WHERE SNO IN(SELECT SNO FROM SC WHERE GRADE<60)"等价的关系代数表达式是______。

（6）在"学生−选课−课程"数据库中的 3 个关系如下。

S(S#,SNAME,SEX,AGE)，SC(S#,C#,GRADE)，C(C#,CNAME,TEACHER)。现要查找选修"数据库技术"这门课程的学生的学生姓名和成绩，可使用如下的 SQL 语句。

SELECT SNAME,GRADE FROM S,SC,C WHERE CNAME='数据库技术' AND S.S#=SC.S # AND______。

（7）设有关系 SC(sno, cname, grade)，各属性的含义分别为学号、课程名、成绩。若要将所有学生的"数据库技术"课程的成绩增加 5 分，能正确完成该操作的 SQL 语句是______ grade = grade+5 WHERE cname='数据库技术'。

（8）在 SQL 语言中，若要删除一个表，应使用的语句是______ TABLE。

3．综合练习题

（1）现有如下关系。

学生（学号，姓名，性别，专业，出生日期）

教师（教师编号，姓名，所在部门，职称）

授课（教师编号，学号，课程编号，课程名称，教材，学分，成绩）

用 SQL 语言完成下列功能。

① 删除学生表中学号为"20013016"的记录。

② 将编号为"003"的教师所在的部门改为"电信系"。

③ 向学生表中增加一个"奖学金"列，其数据类型为数值型。

（2）现有如下关系。

学生 S(S#,SNAME,AGE,SEX)

学习 SC(S#, C#, GRADE)

课程 C(C#, CNAME, TEACHER)

用 SQL 语言完成下列功能。

① 统计有学生选修的课程门数。

② 求选修 C4 课程的学生的平均年龄。

③ 求"李文"教师所授课程的每门课程的学生平均成绩。

④ 检索姓名以"王"字打头的所有学生的姓名和年龄。

⑤ 在基本表 S 中检索每一门课程成绩都大于等于 80 分的学生学号、姓名和性别，并把检索到的值送往另一个已存在的基本表 STUDENT(S#, SNAME, SEX)中。

⑥ 向基本表 S 中插入一个学生元组（'S9', 'WU', 18, 'F'）。

⑦ 把低于总平均成绩的女同学的成绩提高 10%。

⑧ 把“王林”同学的学习选课和成绩全部删除。

（3）设要创建学生选课数据库，库中包括学生、课程和选课3个表，其表结构如下。

学生（学号，姓名，性别，年龄，所在系）

课程（课程号，课程名，先行课）

选课（学号，课程号，成绩）

用SQL语句完成下列操作。

① 创建学生选课库。

② 创建学生、课程和选课表，其中学生表中“性别”的域为“男”或“女”，默认值为“男”。

PART 5 第 5 章 数据库的高级应用

任务要求：

为了提高学生信息管理系统中数据的安全性、完整性和查询速度，在应用系统开发过程中要充分利用索引、视图、存储过程和函数、触发器、事务等来提高系统的性能。

学习目标：

- 了解索引、视图、游标、存储过程和函数、触发器及事务的作用
- 掌握索引、视图、游标、存储过程和函数、触发器及事务的创建方法
- 掌握索引、视图、游标、存储过程和函数、触发器及事务的修改及删除方法

学习情境：

训练学生掌握对视图、游标、存储过程和函数、触发器、事务等的使用。

（1）利用视图完成对学生基本信息与班级信息的操作。

（2）利用游标实现对学生成绩的名次排序。

（3）利用存储过程实现对学生基本信息的添加、删除和修改。

（4）利用触发器实现当进行毕业生信息转出时，班级信息也随之转出。

扩展部分：

（1）利用存储过程和函数实现对班级信息的添加、删除和修改。

（2）利用触发器实现当有学生退学时，将该生相应的量化成绩删除。

5.1 索引

【任务分析】

设计人员在数据库中怎样合理地设计索引，提高数据的查询速度和效率。

【课堂任务】

本节要理解索引的概念及作用。

- 索引的概念及类型
- 索引的创建和管理

在关系型数据库中，索引是一种可以加快数据检索的数据库结构，主要用于提高性能。因为索引可以从大量的数据中迅速找到所需要的数据，不再需要检索整个数据库，从而大大提高了检索的效率。

5.1.1 索引概述

索引是一个单独的、物理的数据库结构，是某个表中一列或者若干列的集合以及相应的标识这些值所在的数据页的逻辑指针清单。索引是依赖于表建立的，提供了数据库中编排表中数据的内部方法。表的存储由两部分组成，一部分是表的数据页面，另一部分是索引页面。索引就存放在索引页面上。通常，索引页面相对于数据页面小得多。当进行数据检索时，系统先搜索索引页面，从中找到所需数据的指针，再直接通过指针从数据页面中读取数据。在某种程度上，可以把数据库看作一本书，把索引看作书的目录，通过目录查找书中的信息，显然比查找没有目录的书要方便、快捷。

索引一旦创建，将由数据库自动管理和维护。例如，向表中插入、更新和删除一条记录时，数据库会自动在索引中做出相应的修改。在编写 SQL 查询语句时，具有索引的表与不具有索引的表没有任何区别，索引只是提供一种快速访问指定记录的方法。

1．索引可以提高数据的访问速度

只要为适当的字段建立索引，就能大幅度提高下列操作的速度。

（1）查询操作中 WHERE 子句的数据提取。

（2）查询操作中 ORDER BY 子句的数据排序。

（3）查询操作中 GROUP BY 子句的数据分组。

（4）更新和删除数据记录。

2．索引可以确保数据的唯一性

唯一性索引的创建可以保证表中数据记录不重复。

在 MySQL 中，索引是在存储引擎中实现的，因此每种存储引擎的索引都不一定完全相同，并且每种存储引擎也不一定支持所有的索引类型。根据存储引擎定义每个表的最大索引数和最大索引长度。所有存储引擎支持每个表至少 16 个索引，总索引长度至少为 256 字节。大多数存储引擎有更高的限制。MySQL 中索引的存储类型有两种，即 BTREE 和 HASH，具体和表的存储引擎相关。MyISAM 和 InnoDB 存储引擎只支持 BTREE 索引，MEMORY/HEAP 存储引擎可以支持 HASH 和 BTREE 索引。

虽然索引具有诸多优点，但是仍要注意避免在一个表上创建大量的索引，因为这样不但会影响插入、删除、更新数据的性能，也会在更改表中的数据时增加调整所有索引的操作，降低系统的维护速度。

5.1.2 索引的类型

MySQL 的索引可以分为以下几类。

1．普通索引和唯一索引

普通索引是 MySQL 中的基本索引类型，允许在定义索引的列中插入重复值和空值。

唯一索引是指索引列的值必须唯一，但允许有空值。如果是组合索引，则列值的组合必须唯一。主键索引是一种特殊的唯一索引，不允许有空值。

2．单列索引和组合索引

单列索引是指一个索引只包含单个列，一个表可以有多个单列索引。

组合索引是指在表的多个字段组合上创建的索引，只有在查询条件中使用了这些字段的左边字段时，索引才会被使用。使用组合索引时遵循最左前缀集合。

3．全文索引

全文索引是指在定义索引的列上支持值的全文查找，允许在这些索引列中插入重复值和空值。全文索引可以在 CHAR、VARCHAR 或者 TEXT 类型的列上创建。MySQL 中只有 MyISAM 存储引擎支持全文索引。

4．空间索引

空间索引是对空间数据类型的字段建立的索引。MySQL 中的空间数据类型有 4 种，分别是 GEOMETRY、POINT、LINESTRING 和 POLYGON。MySQL 使用 SPATIL 关键字进行扩展，使得能够用于创建正规索引类似的语法创建空间索引。创建空间索引的列，必须将其声明为 NOT NULL，空间索引只有在存储引擎 MyISAM 的表中创建。对于初学者来说，这类索引很少会用到。

5.1.3 索引的设计原则

索引设计不合理或缺少索引都会对数据库和应用性能造成障碍。高效的索引对于获得良好的性能非常重要。设计索引时，应该考虑以下准则。

1．索引并非越多越好

一个表中如有大量的索引，不仅占用磁盘空间，而且会影响 INSERT、DELETE、UPDATE 等语句的性能。因为当表中的数据在更改的同时，索引也会进行调整和更新。

2．避免对经常更新的表进行过多的索引

避免对经常更新的表进行过多的索引，并且索引中的列尽可能的少。对经常用于查询的字段应该建立索引，但要避免添加不必要的字段。

3．数据量小的表最好不要使用索引

由于数据较少，查询花费的时间可能比遍历索引的时间还要短，索引可能不会产生优化效果。

4．在不同值少的列上不要建立索引

在条件表达式中经常用到在不同值较多的列上建立索引，在不同值少的列上不要建立索引。例如在学生表的“性别”字段，只有“男”与“女”两个不同值，因此就无须建立索引。如果建立索引，不但不会提高查询效率，反而会严重降低更新速度。

5．指定唯一索引是由某种数据本身的特征来决定

当唯一性是某种数据本身的特征时，指定唯一索引。如学生表中的“学号”字段就具有唯一性，这样该字段建立唯一索引可以很快确定某个学生的信息。使用唯一索引需能确保列的数据完整性，以提高查询速度。

6．为经常需要排序、分组和联合操作的字段建立索引

在频繁进行排序或分组的列上建立索引，如果待排序的列有多个，可以在这些列上建立组合索引。

5.1.4 创建索引

创建索引是指在某个表的一列或多列上建立一个索引，以提高对表的访问速度。在实际创建索引之前，有如下几个注意事项。

- 当给表创建 UNIQUE 约束时，MySQL 会自动创建唯一索引。
- 索引的名称必须符合 MySQL 的命名规则，且必须是表中唯一的。
- 可以在创建表时创建索引，或是给现存表创建索引。
- 只有表的所有者才能给表创建索引。

创建唯一索引时，应保证创建索引的列不包括重复的数据，并且没有两个或两个以上的空值（NULL）。因为创建索引时将两个空值也视为重复的数据，如果有这种数据，必须先将其删除，否则索引不能被成功创建。

创建索引有两种方式，第 1 种是在创建表时创建索引，第 2 种是给现存表创建索引。

1．在创建表时创建索引

（1）使用 Navicat 工具创建索引。下面为“gradem”数据库中的 student 表创建一个普通索引“index_sname”，操作步骤如下。

① 在 Navicat 中，连接到 MySQL 服务器。

② 展开【mysql】|【gradem】|【表】，在创建 student 表的窗口中选中【索引】选项卡，如图 5.1 所示。

③ 分别在【索引】选项卡的【名】、【栏位】、【索引类型】及【索引方式】等列里输入索引名称、输入参与索引的字段、选择索引的类型及索引方式等信息，如图 5.2 所示。在输入栏位信息时，单击右侧的【…】按钮，会弹出选择索引列的【栏位】对话框，如图 5.3 所示。在此对话框中选择所需要列，单击【→】按钮即可。然后单击【保存】按钮，该索引创建成功。

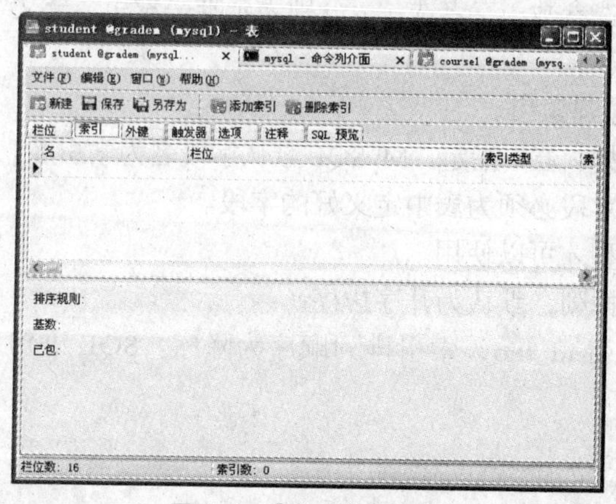

图 5.1 【索引】选项卡

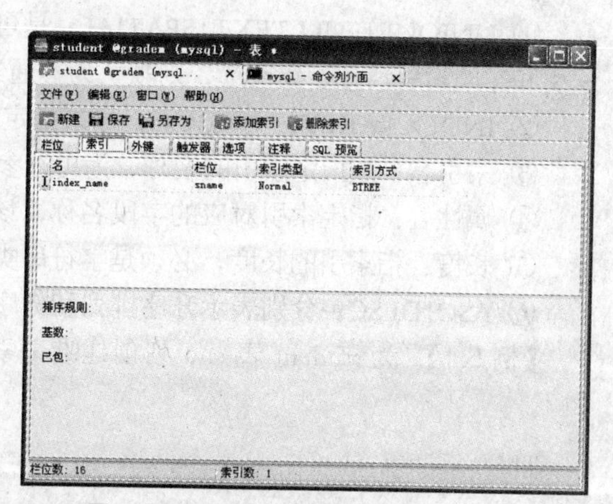

图 5.2 输入索引信息后的【索引】选项卡

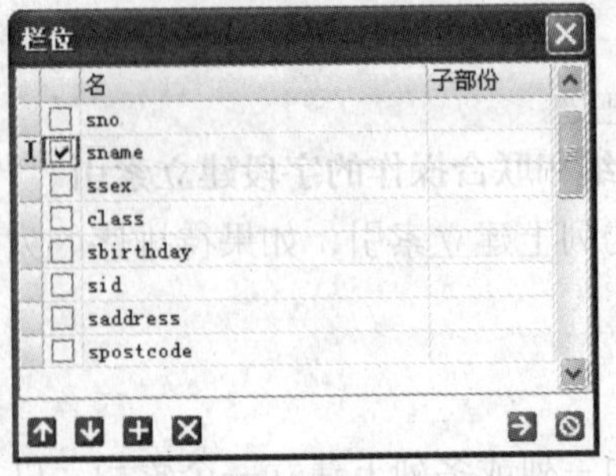

图 5.3　选择索引列的【栏位】对话框

用 SHOW CREATE TABLE STUDENT\G 语句查看表的结构，会发现，sname 字段上已经建立了一个名为 index_name 的索引。

```
mysql> show create table student\G;
*************************** 1. row ***************************
       Table: student
Create Table: CREATE TABLE 'student' (
  'sno' char(10) NOT NULL DEFAULT '',
  'sname' char(8) DEFAULT NULL,
  'ssex' char(2) DEFAULT '男',
  …
  'classno' char(8) DEFAULT NULL,
  PRIMARY KEY ('sno'),
  KEY 'index_name' ('sname') USING BTREE
) ENGINE=InnoDB DEFAULT CHARSET=gb2312
1 row in set (0.06 sec)
```

（2）使用 SQL 语句创建索引。在使用 CREATE TABLE 语句创建表时直接创建索引，此方式简单、方便。其语法格式如下。

```
CREATE TABLE <表名>
(<字段 1> <数据类型 1> [<列级完整性约束条件 1>]
[,<字段 2> <数据类型 2> [<列级完整性约束条件 2>]] [,…]
[,<表级完整性约束条件 1>]
[,<表级完整性约束条件 2>] [,…]
[UNIQUE|FULLTEXT|SPATIAL] <INDEX|KEY>
        [索引名](属性名[(长度)] [ASC|DESC][,…])
);
```

参数说明如下。

① UNIQUE|FULLTEXT|SPATIAL：是可选参数，三者选一，分别表示唯一索引、全文索引和空间索引。此参数不选，则默认为普通索引。

② INDEX 或 KEY：为同义词，用来指定创建索引。

③ 索引名：是指定索引的名称，为可选参数，若不指定，MySQL 默认字段名为索引名。

④ 属性名：指定索引对应的字段名称，该字段必须为表中定义好的字段。

⑤ 长度：指索引的长度，必须是字符串类型才可以使用。

⑥ ASC|DESC：分别表示升序排列和降序排列，默认为升序排序。

【例 5.1】 为 student 表 sno 列创建唯一索引 id_sno，索引排列顺序为降序。SQL 语句如下。

```
CREATE TABLE student
(
…
UNIQUE INDEX id_sno(sno) DESC
);
```

【例 5.2】 为 sc 表的 sno 和 cno 列创建普通索引 id_sc，索引排列顺序为升序。SQL 语句如下。

```
CREATE TABLE sc
(
…
INDEX id_sc(sno,cno)
);
```

2．在现存表中创建索引

在现存表中创建索引，可以使用 Navicat 工具、ALTER TABLE 语句或 CREATE INDEX 语句创建。

（1）使用 Navicat 工具创建索引。

① 在 Navicat 中，连接到 MySQL 服务器。

② 展开【mysql】|【gradem】|【表】，选中要创建索引的表，进入【设计表】窗口，在窗口中选中【索引】选项卡，其他操作与上小节相同，在此不再赘述。

（2）使用 CREATE INDEX 语句创建索引。

其语法格式如下。

```
CREATE [UNIQUE|FULLTEXT|SPATIAL] INDEX <索引名>
 ON <表名> (属性名[(长度)][ASC|DESC][,…]);
```

参数说明与上小节相同。

【例 5.3】 为 student 表 sbirthday 列创建一个普通索引 id_birth。

```
CREATE INDEX  id_birth ON student (sbirthday);
```

（3）使用 ALTER TABLE 语句创建索引。

其语法格式如下。

```
ALTER TABLE 表名 ADD  [UNIQUE|FULLTEXT|SPATIAL] INDEX  <索引名>
 ON <表名> (属性名[(长度)][ASC|DESC][,…]);
```

参数说明与上小节相同。

5.1.5 删除索引

当索引不再需要时可以将其删除。在 MySQL 中，可用 Navicat 管理工具和 SQL 语句删除索引。

1．使用管理工具 Navicat 删除索引

（1）在 Navicat 中，连接到 mysql 服务器。

（2）展开【mysql】|【gradem】|【表】，选中要创建索引的表，进入【设计表】窗口，在窗口中选中【索引】选项卡，单击工具栏上的【删除索引】按钮，或者用鼠标右键单击要删除的索引，在快捷菜单中执行【删除索引】命令即可。

2．使用 SQL 语句删除索引

使用 SQL 语言的 DROP INDEX 语句可删除索引，语句格式如下。

```
DROP INDEX <索引名> ON <表名>;
```

以下语句删除了 student 表上的 id_name 索引。

```
DROP INDEX id_name ON student;
```

5.2 视图

【任务分析】

设计人员在数据库中怎样合理地设计视图，以提高数据的存取性能和操作速度。

【课堂任务】

本节要理解视图的作用及使用。

- 视图的概念及作用
- 视图的创建、修改和删除

视图是从一个或多个表中导出来的虚拟表。这是因为视图返回的结果集的一般格式与由列和行组成的表相似，并且在SQL语句中引用视图的方式也与引用表的方式相同。

5.2.1 视图概述

视图是从一个或者几个基本表或者视图中导出的虚拟表，是从现有基表中抽取若干子集组成用户的“专用表”，这种构造方式必须使用SQL中的SELECT语句来实现。在定义一个视图时，只是把其定义存放在数据库中，并不直接存储视图对应的数据，直到用户使用视图时才去查找对应的数据。

使用视图具有如下优点。

（1）简化对数据的操作。视图可以简化用户操作数据的方式。可将经常使用的连接、投影、联合查询和选择查询定义为视图，这样在每次执行相同的查询时，不必重写这些复杂的语句，只要一条简单的查询视图语句即可。视图可向用户隐藏表与表之间复杂的连接操作。

（2）自定义数据。视图能够让不同用户以不同方式看到不同或相同的数据集，即使不同水平的用户共用同一数据库时也是如此。

（3）数据集中显示。视图使用户着重于其感兴趣的某些特定数据或所负责的特定任务，可以提高数据操作效率，同时增强了数据的安全性，因为用户只能看到视图中所定义的数据，而不是基本表中的数据。例如student表涉及3个系的学生数据，可以在其上定义3个视图，每个视图只包含一个系的学生数据，并只允许每个系的学生查询自己所在系的学生视图。

（4）导入和导出数据。可以使用视图将数据导入或导出。

（5）合并分割数据。在某些情况下，由于表中数据量太大，在表的设计过程中可能需要经常对表进行水平分割或垂直分割，这样表结构的变化会对应用程序产生不良的影响。使用视图就可以重新保持原有的结构关系，从而使外模式保持不变，原有的应用程序仍可以通过视图来重载数据。

（6）安全机制。视图可以作为一种安全机制。通过视图，用户只能查看和修改他们能看到的数据。其他数据库或表既不可见也不可访问。

5.2.2 视图的创建

在MySQL中创建视图主要有以下两种方法，分别是使用Navicat管理工具创建和使用SQL语句创建。

1．使用Navicat工具创建视图

下面为“gradem”数据库创建一个视图View_stud，要求连接student表、sc表和course

表，视图内容包括所有男生的 sno、sname、ssex、cname 和 degree。操作步骤如下。

（1）在 Navicat 中，连接到 mysql 服务器。

（2）展开【mysql】|【gradem】，用鼠标右键单击【gradem】下的【视图】节点，在弹出的快捷菜单中选择【新建视图】命令。

（3）打开【视图】对话框，选中【视图创建工具】选项卡，在此对话框中可以看到，视图的基表可以是表，也可以是视图、函数和同义词。在本例中双击 student 表、sc 表和 course，这 3 个表将出现在右上侧的窗口中，如图 5.4 所示。也可以选中某个表，按住鼠标左键不放，将表拖入到右上侧窗口中也可。

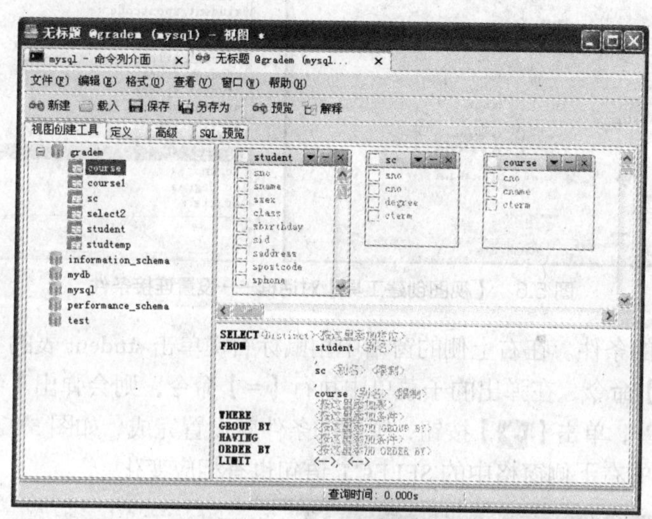

图 5.4 【视图创建工具】对话框——选择数据源

（4）确定视图中的输出列。在视图窗口的右上侧窗格中，显示了 student 表、sc 表和 course 表的全部列信息。在此便可以选择视图中查询的列，如选择 student 表中的“sno”、“sname”和“ssex”，sc 表中选择“degree”，course 表中选择“cname”，如图 5.5 所示。对应地，在右下侧的语句窗格中的 SQL 语句的 SELECT 子句中就列出了选择的列。同时在【定义】和【SQL 预览】选项卡中也显示相应的 SELECT 语句。

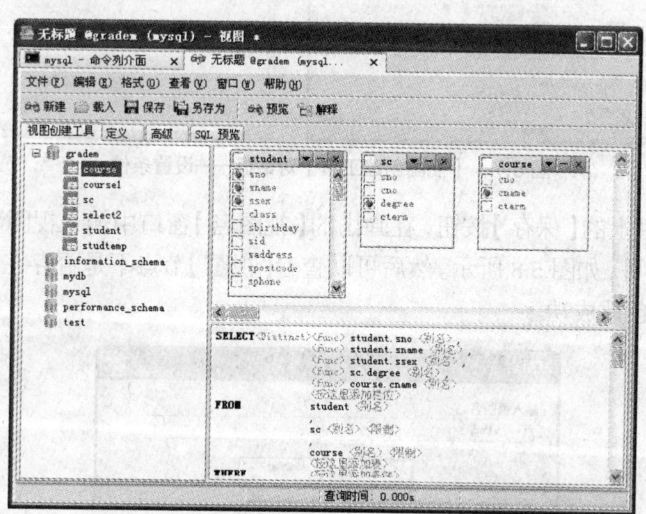

图 5.5 【视图创建工具】对话框——设置输出列

（5）设置3个表的连接条件。在右上侧的窗格中用鼠标右键单击student表的sno列，在快捷菜单中执行【Where】命令，在弹出的子菜单中执行【=】命令，则会弹出3个表的字段列表，在列表中选中sc.sno项，单击【➔】按钮，student表和sc表的连接条件就设置完成，如图5.6所示。用同样的方法完成sc表和course表的连接条件的设置。

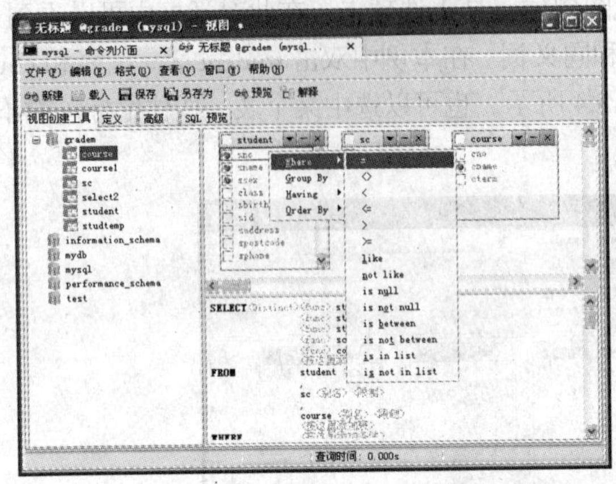

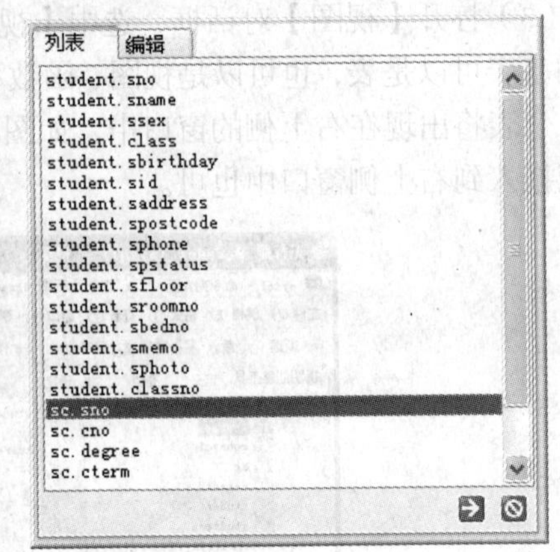

图5.6　【视图创建工具】对话框——设置连接条件

（6）设置视图的条件。在右上侧的窗格中用鼠标右键单击student表的ssex列，在快捷菜单中执行【Where】命令，在弹出的子菜单中执行【=】命令，则会弹出【编辑】选项卡，在选项卡中输入"'男'"，单击【➔】按钮，视图的条件就设置完成，如图5.7所示。此时在【视图创建工具】窗口的右下侧窗格中的SELECT语句也有相应变化。

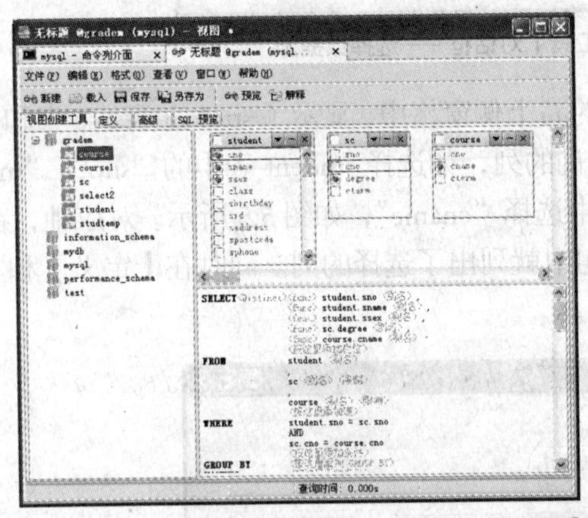

图5.7　【视图创建工具】对话框——设置条件

（7）单击工具栏上的【保存】按钮，在弹出的【视图名】窗口中输入视图名称"View_stud"，单击【确定】按钮即可，如图5.8所示。然后可以查看【视图】节点下是否存在视图"View_stud"，如果存在，则表示创建成功。

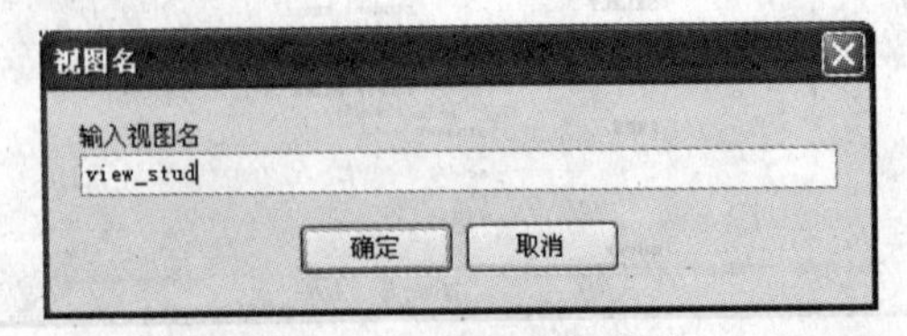

图5.8　保存视图确定对话框

① 保存视图时，实际上保存的就是视图对应的 SELECT 查询。

② 保存的是视图的定义，而不是 SELECT 查询的结果。

在创建视图时，如果 SELECT 语句中的 WHERE 子句有字符串比较的表达式，如 ssex='男'，特别要注意服务器端与客户端、数据库与表、各字段之间字符编码要一致，否则会出现乱码现象，不能进行比较。出现的错误提示如图 5.9 所示。

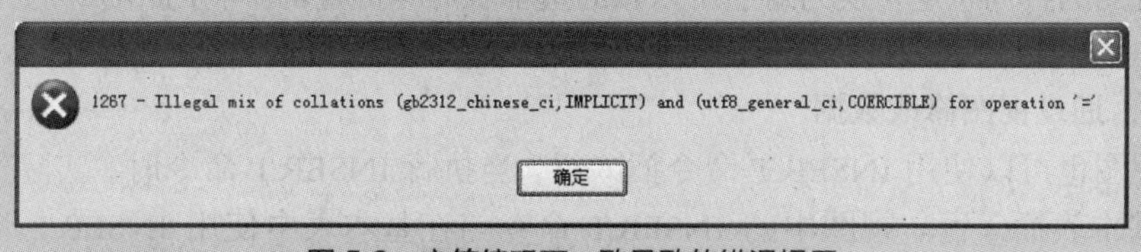

图 5.9　字符编码不一致导致的错误提示

2．使用 SQL 语句创建视图

在 SQL 中，使用 CREATE VIEW 语句创建视图，语法格式如下。

```
CREATE VIEW view_name [(Column [,…n])]
 AS select_statement
 [WITH CHECK OPTION];
```

命令中的参数含义如下。

（1）view_name：定义视图名，其命名规则与标识符的相同，并且在一个数据库中要保证是唯一的，该参数不能省略。

（2）Column：声明视图中使用的列名。

（3）AS：说明视图要完成的操作。

（4）select_statement：定义视图的 SELECT 命令。

视图中的 SELECT 命令不能包括 ORDER BY 等子句。

（5）WITH CHECK OPTION：强制所有通过视图修改的数据满足 select_statement 语句中指定的选择条件。

视图创建成功后，可以利用 Navicat 图形工具，在具体数据库的视图窗口中看到新定义的视图名称。视图可以由一个或多个表或视图来定义。

【例 5.4】 有条件的视图定义。定义视图 v_student，查询所有选修数据库课程的学生的学号（sno）、姓名（sname）、课程名称（cname）和成绩（degree）。

该视图的定义涉及了 student 表、course 表和 sc 表。

```
CREATE VIEW v_student
 AS
  SELECT A.sno,sname,cname,degree
  FROM student A,course B,sc C
  WHERE A.sno=C.sno AND B.cno=C.cno AND cname='数据库';
```

视图定义后，可以像基本表一样进行查询。例如，若要查询例 5.4 定义的视图 v_student，可以使用如下命令。

```
SELECT * FROM v_student;
```

5.2.3 视图的使用

视图的使用主要包括视图的检索，以及通过视图对基表进行插入、修改、删除操作。视图的检索几乎没有什么限制，但是对通过视图实现表的插入、修改、删除操作则有一定的限制条件。

1．使用视图进行数据检索

视图的查询总是转换为对它所依赖的基本表的等价查询。利用 SQL 的 SELECT 命令和 Navicat 都可以对视图进行查询，其使用方法与基本表的查询完全一样。

2．通过视图修改数据

视图也可以使用 INSERT 命令插入行，当执行 INSERT 命令时，实际上是向视图所引用的基本表插入行。视图中的 INSERT 命令与在基本表中使用 INSERT 命令的格式完全一样。

【例 5.5】 利用视图向表 student 中插入一条数据。V1_student 是创建的视图，脚本如下。

```
CREATE VIEW V1_student
AS
  SELECT sno,sname,saddress
  FROM student;
```

执行下面脚本。

```
INSERT INTO V1_student
  VALUES('2005020301','王小龙','山东省临沂市');
```

查看结果的脚本如下。

```
SELECT sno,sname,ssex,saddress
  FROM student ;
```

从图 5.10 所示的执行结果可以看出，数据在基本表中已经正确插入。

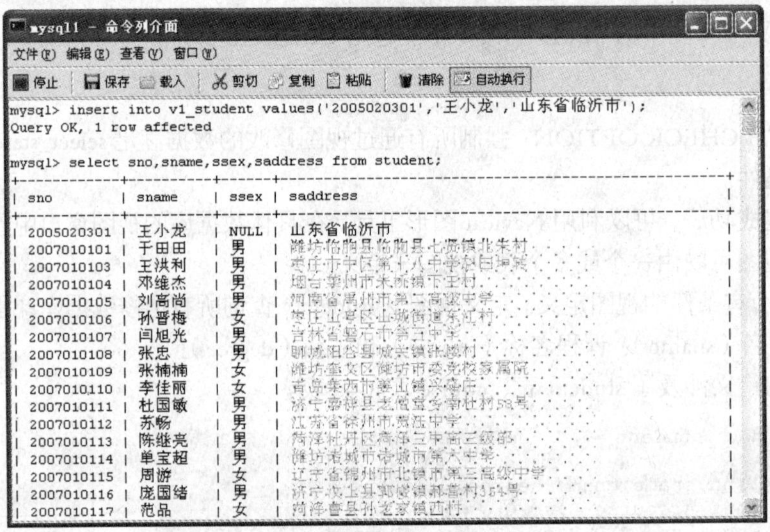

```
mysql1 - 命令列介面
文件(F) 编辑(E) 查看(V) 窗口(W)
停止 保存 载入 剪切 复制 粘贴 清除 自动换行
mysql> insert into v1_student values('2005020301','王小龙','山东省临沂市');
Query OK, 1 row affected

mysql> select sno,sname,ssex,saddress from student;
+------------+--------+------+--------------------------------------+
| sno        | sname  | ssex | saddress                             |
+------------+--------+------+--------------------------------------+
| 2005020301 | 王小龙 | NULL | 山东省临沂市                         |
| 2007010101 | 于田田 | 男   | 潍坊临朐县临朐县七贤镇北朱村         |
| 2007010103 | 王洪利 | 男   | 枣庄市中区第十八中学[illegible]      |
| 2007010104 | 邓维杰 | 男   | 烟台莱州市朱桥镇下王村               |
| 2007010105 | 刘高尚 | 男   | 河南省禹州市第二高级中学             |
| 2007010106 | 孙晋梅 | 女   | 枣庄山亭区山城街道东江村             |
| 2007010107 | 闫旭光 | 男   | 吉林省磐石市第三中学                 |
| 2007010108 | 张忠   | 男   | 聊城阳谷县城关镇张楼村               |
| 2007010109 | 张楠楠 | 女   | 潍坊奎文区潍坊市委党校家属院         |
| 2007010110 | 李佳丽 | 女   | 青岛莱西市姜山镇兴隆庄               |
| 2007010111 | 杜国敏 | 男   | 济宁嘉祥县老僧堂乡南杜村58号         |
| 2007010112 | 苏畅   | 男   | 江苏省徐州市贾汪中学                 |
| 2007010113 | 陈继亮 | 男   | 菏泽牡丹区菏泽三中高三级部           |
| 2007010114 | 单宝超 | 男   | 潍坊诸城市诸城市第六中学             |
| 2007010115 | 周游   | 女   | 辽宁省锦州市北镇市第三高级中学       |
| 2007010116 | 庞国绪 | 男   | 济宁汶上县郭楼镇邢营村354号          |
| 2007010117 | 范品   | 女   | 菏泽曹县孙老家镇西村                 |
```

图 5.10 执行添加命令

如果视图中有下面所述属性，则插入、更新或删除操作将失败。

（1）视图定义中的 FROM 子句包含两个或多个表，且 SELECT 选择列表达式中的列包含来自多个表的列。

（2）视图的列是从集合函数派生的。

（3）视图中的 SELECT 语句包含 GROUP BY 子句或 DISTINCT 选项。

（4）视图的列是从常量或表达式派生的。

【例 5.6】 将例 5.5 中插入的数据删除。

```
DELETE FROM V1_student WHERE sname='王小龙';
```

这个例子执行后会将基本表 student 中的所有 sname 为“王小龙”的行删除。

5.2.4 视图的修改

视图被创建之后，由于某种原因（如基本表中的列发生了改变或需要在视图中增/删若干列等），需要对视图进行修改。

1．使用 Navicat 修改视图

（1）展开服务器，展开数据库。

（2）单击【视图】节点，用鼠标右键单击要修改的视图名称，在快捷菜单中选择【设计视图】命令，进入视图设计窗口，用户可以在这个窗口中对视图进行修改。

2．使用 SQL 语句修改视图

在 SQL 语句中，使用 ALTER VIEW 命令修改视图，语法格式如下。

```
ALTER VIEW view_name [(Column[,…n])]
 AS select_statement
 [WITH CHECK OPTION];
```

命令行中的参数与 CREATE VIEW 命令中的参数含义相同。

如果在创建视图时使用了 WITH CHECK OPTION 选项，则在使用 ALTER VIEW 命令时，也必须包括这些选项。

【例 5.7】 修改例 5.5 中的视图 V1_student。

```
ALTER VIEW V1_student
 AS SELECT sno,sname FROM student;
```

5.2.5 视图的删除

视图创建后，随时可以删除。删除操作很简单，通过 Navicat 或 DROP VIEW 语句都可以完成。

1．使用 Navicat 删除视图

操作步骤如下。

（1）在当前数据库中展开【视图】节点。

（2）用鼠标右键单击要删除的视图（如 V1_student），在弹出的快捷菜单中选择【删除视图】命令；或单击要删除的视图，然后单击上方的【删除视图】按钮。

（3）在弹出的【确认删除】对话框中单击【删除】按钮即可。

提 示

如果某视图在另一视图定义中被引用，当删除这个视图后，如果调用另一视图，则会出现错误提示。因此，通常基于数据表定义视图，而不是基于其他视图来定义视图。

2．使用 SQL 语句删除视图

语法格式如下。

```
DROP VIEW {view} [,…n];
```

DROP VIEW 命令可以删除多个视图，各视图名之间用逗号分隔，删除视图必须拥有 DROP 权限。

【例 5.8】 删除视图 V1_student。

```
DROP VIEW V1_student;
```

提 示

① 删除视图时，将从系统目录中删除视图的定义和有关视图的其他信息，还将删除视图的所有权限。

② 使用 DROP TABLE 删除的表上的任何视图都必须用 DROP VIEW 命令删除。

5.3 SQL 编程基础

【任务分析】

设计人员要编写存储过程和函数、触发器及事务，首先要掌握 SQL 语言的语法规范及语言基础。

【课堂任务】

本节要熟悉 SQL 语言。

- SQL 的语法规范
- SQL 的语言基础
- 常用函数
- 游标的基本操作

5.3.1 SQL 语言基础

尽管 MySQL 有各种使用便捷的图形化用户界面，但各种功能的实现基础是 SQL 语言，只有 SQL 语言可以直接和数据库进行交互。

SQL 语言是一系列操作数据库及数据库对象的命令语句，因此了解基本语法和流程语句的构成是必须的，主要包括常量和变量、表达式、运算符、控制语句等。

1．常量与变量

（1）常量。常量也称为文字值或标量值，是指程序运行中值始终不改的量。在 SQL 程序设计过程中，定义常量的格式取决于它所表示的值的数据类型。表 5.1 列出了 MySQL 中可用的常量类型及常量的表示说明。

表 5.1 常量类型及说明

常量类型	常量表示说明
字符串常量	包括在单引号（''）或双引号（""）中，由字母（a～z、A～Z）、数字字符（0～9）以及特殊字符（如感叹号（!）、at 符（@）和数字号（#））组成。 示例：'China'、"Output X is:"、N'hello'（Unicode 字符串常量，只能用单引号括起字符串）
十进制整型常量	使用不带小数点的十进制数据表示。 示例：1234、654、+2008、-123
十六进制整型常量	使用前缀 0x 后跟十六进制数字串表示。 示例：0x1F00、0xEEC、0X19
日期常量	使用单引号（''）将日期时间字符串括起来。MySQL 是按年-月-日的顺序表示日期的。中间的间隔符可以用"-"，也可以使用如"\"、"/"、"@"或"%"等特殊符号。 示例：'2009-01-03'、'2008/01/09'、'2010@12@10'
实型常量	有定点表示和浮点表示两种方式。 示例：897.1、-123.03、19E24、-83E2
位字段值	使用 b'value'符号写位字段值。value 是一个用 0 和 1 写成的二进制值。直接显示 b'value'的值可能是一系列特殊的符号。例如，b'0'显示为空白，b'1'显示为一个笑脸图标。 示例：SELECT BIN(b'111101'+0), OCT(b'111101'+0)
布尔常量	布尔常量只包含两个可能的值：TRUE 和 FALSE。FALSE 的数字值为"0"，TRUE 的数字值为"1"。 示例：获取 TRUE 和 FALSE 的值：SELECT TRUE, FALSE
NULL 值	NULL 值可适用于各种列类型，它通常用来表示"没有值"、"无数据"等意义，并且不同于数字类型的"0"或字符串类型的空字符串

（2）变量。变量就是在程序执行过程中，其值是可以改变的量。可以利用变量存储程序执行过程中涉及的数据，如计算结果、用户输入的字符串以及对象的状态等。

变量由变量名和变量值构成，其类型与常量一样。变量名不能与命令和函数名相同，这里的变量和在数学中所遇到的变量的概念基本上是一样的，可以随时改变它所对应的数值。

在 MySQL 系统中，存在 3 种类型的变量：第 1 种是系统变量，第 2 种是用户变量，第 3 种是局部变量。其中系统变量又分为全局（global）变量和会话（session）变量两种。

① 全局变量和会话变量。全局变量在 MySQL 启动时由服务器自动将它们初始化为默认值，这些默认值可以通过更改 my.ini 文件来更改。

会话变量在每次建立一个新的连接的时候，由 MySQL 来初始化。MySQL 会将当前所有全局变量的值复制一份作为会话变量。也就是说，如果在建立会话以后，没有手动更改过会话变量与全局变量的值，所有这些变量的值都是一样的。

全局变量与会话变量的区别就在于，全局变量主要影响整个 mysql 实例的全局设置。大部分全局变量都是作为 mysql 的服务器调节参数存在。对全局变量的修改会影响到整个服务器，但是对会话变量的修改，只会影响到当前的会话，也就是当前的数据库连接。

大多数的系统变量应用于其他 SQL 语句中时，必须在名称前加两个@符号，而为了与其他 SQL 产品保持一致，某些特定的系统变量是要省略这两个@符号的。如 CURRENT_DATE（系统日期）、CURRENT_TIME（系统时间）、CURRENT_TIMESTAMP（系统日期和时间）和 CURRENT_USER（SQL 用户的名字）等。

例如，可以使用系统全局变量@@VERSION 查看当前使用的 MySQL 的版本信息和当前的系统日期，执行语句如下所示。

```
SELECT @@version AS '当前 MySQL 版本',current_date;
+----------------+--------------+
| 当前 MySQL 版本  | current_date |
+----------------+--------------+
| 5.5.36         | 2014-03-25   |
+----------------+--------------+
1 row in set
```

a. 显示系统变量清单。显示系统变量清单的命令是 SHOW VARIABLES，其语法格式如下。

```
SHOW [global|session] VARIABLES [LIKE '字符串'];
```

其中，global 表示全局变量，session 表示会话变量。如果此选项缺省，默认显示会话变量。LIKE 子句表示与字符串匹配的具体的变量名称或名称清单，字符串中可以使用通配符“%”和“_”。

例如，显示所有的全局变量，执行命令如下。

```
SHOW global VARIABLES;
```

显示以“a”开头的所有系统变量的值，可以执行如下命令。

```
show variables like 'a%';
+--------------------------+-------+
| Variable_name            | Value |
+--------------------------+-------+
| auto_increment_increment | 1     |
| auto_increment_offset    | 1     |
| autocommit               | ON    |
| automatic_sp_privileges  | ON    |
+--------------------------+-------+
4 rows in set
```

b. 修改系统变量的值。在 MySQL 中，有些系统变量的值是不可以改变的，例如@@VERSION 和系统日期。而有些系统变量是可以通过 SET 语句来修改的，其语法格式如下。

```
SET  system_var_name = expression
   | [global | session] system_var_name = expression
   | @@ [global.| session.] system_var_name = expression;
```

其中，system_var_name 为系统变量名，expression 为系统变量设定的新值。名称的前面可以添加 global 或 session 等关键字。

指定了 global 或@@global.关键字的是全局系统变量，指定了 session 或@@session.关键字的则为会话系统变量，session 和@@session.与 local 和@@local.的含义是一样的。如果在使用系统变量时不指定关键字，则默认为会话系统变量。

注　意

要想更改全局变量的值，需要拥有 SUPER 权限。

【例 5.9】 将全局系统变量 sort_buffer_size 的值改为 25000，执行命令如下。

```
SET @@global.sort_buffer_size=25000;
```

【例 5.10】 对于当前会话，把系统变量 SQL_SELECT_LIMIT 的值设置为 100。这个变量决定了 SELECT 语句的结果集中的最大行数。

```
SET @@SESSION.SQL_SELECT_LIMIT=100;
SELECT  @@LOCAL.SQL_SELECT_LIMIT;
```

说 明

在这个例子中，关键字 SESSION 放在系统变量的名字前面（SESSION 和 LOCAL 可以通用）。这明确表示会话系统变量 SQL_SELECT_LIMIT 和 SET 语句指定的值保持一致。但是，名为 SQL_SELECT_LIMIT 的全局系统变量的值仍然不变。同样地，改变了全局系统变量的值，同名的会话系统变量的值保持不变。

如果要将一个系统变量值设置为 MySQL 默认值，可以使用 default 关键字。

例如，把 SQL_SELECT_LIMIT 的值恢复为默认值。

```
SET @@LOCAL.SQL_SELECT_LIMIT=DEFAULT;
```

② 用户变量。用户可以在表达式中使用自己定义的变量，这样的变量叫做用户变量。

用户可以先在用户变量中保存值，然后再引用它，这样可以将值从一个语句传递到另一个语句。在使用用户变量前必须定义和初始化。如果使用没有初始化的变量，它的值为 NULL。

用户变量与连接有关。也就是说，一个客户端定义的变量不能被其他客户端看到或使用。当客户端退出时，该客户端连接的所有变量将自动释放。用户变量被引用时要在其名称前加上标志@。

定义和初始化一个用户变量可以使用 SET 或 SELECT 语句，其语法格式如下。

```
SET  @user_variable1[:]=expression1 [,user_variable2= expression2 ,…];
或
SELECT @user_variable1:=expression1[,user_variable2:= expression2,…];
```

其中，user_variable1、user_variable2 为用户变量名，变量名可以由当前字符集的文字数字字符、"."、"_"和"$"组成。当变量名中需要包含了一些特殊符号（如空格、#等）时，可以使用双引号或单引号将整个变量括起来。expression1、expression2 为要给变量赋的值，可以是常量、变量或表达式。

说 明

对于 SET 语句，可以使用"="或":="作为分配符。分配给每个变量的值可以为整数、实数、字符串或 NULL 值。也可以用 SELECT 语句代替 SET 语句来为用户变量分配一个值。在这种情况下，分配符必须为":="，而不能用"="，因为在非 SET 语句中"="被视为比较操作符。

例如，创建用户变量 name 并赋值为"王小强"。

```
SET @name='王小强';
或
```

```
SET @name:= '王小强';
或
SELECT @name:= '王小强';
```

@符号必须放在一个用户变量的前面，以便将它和列名区分开。“王小强”是给变量 name 指定的值。name 的数据类型是根据后面的赋值表达式自动分配的。也就是说，name 的数据类型跟 '王小强' 的数据类型是一样的，字符集和校对规则也是一样的。如果给 name 变量重新赋不同类型的值，则 name 的数据类型也会随之改变。

【例 5.11】 创建用户变量 user1 并赋值为 1，user2 赋值为 2，user3 赋值为 3。

```
SET @user1=1, @user2=2,@user3=3;
或
SELECT @user1:=1, @user2:=2,@user3:=3;
```

【例 5.12】 创建用户变量 user4，它的值为 user3 的值加 1。

```
SET @user4=user3+1;
或
SELECT @user4:=@user3+1;
```

在一个用户变量被创建后，它可以以一种特殊形式的表达式用于其他 SQL 语句中。

【例 5.13】 查询上例中创建的变量 name 的值和变量 user1、user2、user3 和 user4 的值。

```
SELECT @name;
+---------+
| @name   |
+---------+
| 王小强  |
+---------+
1 row in set
SELECT @user1,@user2,@user3,@user4;
+--------+--------+--------+--------+
| @user1 | @user2 | @user3 | @user4 |
+--------+--------+--------+--------+
|      1 |      2 |      3 |      4 |
+--------+--------+--------+--------+
1 row in set
```

【例 5.14】 使用查询结果给变量赋值。

```
USE gradem;
SET @student=(SELECT sname FROM student WHERE sno='2007010120');
```

【例 5.15】 查询表 student 中名字等于例 5.14 中 student 值的学生信息。

```
SELECT sno, sname, sbirthday  FROM student WHERE sname=@student;
```

【例 5.16】利用 SELECT 语句将表中数据赋值给变量。

```
select @name:=password from suser limit 0,1;
```

在 SELECT 语句中，表达式发送到客户端后才进行计算。这说明在 HAVING、GROUP BY 或 ORDER BY 子句中，不能使用包含 SELECT 列表中所设的变量的表达式。

【例 5.17】 查看“gradem”数据库中的学生信息，而条件只是查看 student 表中“系别”为“软件工程系”的学生信息。

```
USE gradem;
SET @系别='软件工程系';
SELECT sno,sname,saddress  FROM  student WHERE  sdept=@系别;
```

在该语句中，首先打开要使用的 gradem 数据库，然后定义字符串变量“系别”并赋值为“软件工程系”，最后在 WHERE 语句中使用带变量的表达式。

③ 局部变量。局部变量的作用范围是在 begin…end 语句块中。可以使用 DECLARE 语句进行定义，然后可以为变量进行赋值。赋值的方法与用户变量相同。但与用户变量不同的是，用户变量是以“@”开头的，局部变量不用该符号。需要注意的是，局部变量与 begin…end 语句块、流程控制语句只能用于函数、存储过程、触发器和事务的定义中。

在 MySQL 中，定义局部变量的基本语法如下。

```
DECLARE var_name [,…] type [DEFAULT value];
```

其中，var_name 参数是局部变量的名称，这里可以同时定义多个变量。type 参数用来指定变量的类型。DEFAULT value 子句将变量默认值设置为 value，没有使用 DEFAULT 子句，默认值为 NULL。

例如，定义局部变量 myvar，数据类型为 INT，默认值为 10，代码如下。

```
DECLARE myvar int DEFAULT 10;
```

下面给局部变量 myvar 赋值为 100，代码如下。

```
SET myvar=100;
```

2．表达式

在 SQL 语言中，表达式就是常量、变量、列名、复杂计算、运算符和函数的组合。一个表达式通常都有返回值。与常量和变量一样，表达式的值也具有某种数据类型。根据表达式的值的类型，表达式可分为字符型表达式、数值型表达式和日期型表达式。

表达式一般用在 SELECT 及 SELECT 语句的 WHERE 子句中。

例如，如下所示为一个使用表达式的 SELECT 查询语句。

```
SELECT A.sno,AVG(degree) AS '平均成绩',
CONCAT(sname,SPACE(6),ssex,SPACE(4),classno,'班',
SPACE(4),left(classno,4),'年级') AS '考生信息'
FROM sc A INNER JOIN student B ON A.sno=B.sno
GROUP BY A.sno,sname,ssex,classno
ORDER BY 平均成绩 DESC;
+------------+----------+------------------------------------------+
| sno        | 平均成绩  | 考生信息                                   |
+------------+----------+------------------------------------------+
| 2007030436 | 94.5000  | 徐小栋      男    20070304 班    2007 年级 |
| 2007030409 | 94.0000  | 刘明海      男    20070304 班    2007 年级 |
| 2007030408 | 93.0000  | 刘众林      男    20070304 班    2007 年级 |
| 2007030420 | 92.7500  | 李鹏飞      男    20070304 班    2007 年级 |
| 2007010106 | 92.6667  | 孙晋梅      女    20070101 班    2007 年级 |
……
```

在上述语句中同时使用了表别名、列别名、字符串连接函数、求平均值函数、字符串函数、内连接和各种数据列等。查询的结果为一个按平均成绩降序排列的结果集，包括学生“学号”、“平均成绩”及“考生信息”3 列，其中考生信息列又由学生“姓名”、“性别”、“班级编号”和“年级”这些来自 student 表的数据组成。

3．SQL 流程控制语句

结构化程序设计语言的基本结构是顺序结构、条件分支结构和循环结构。顺序结构是一种自然结构，条件分支结构和循环结构需要根据程序的执行情况对程序的执行顺序进行调整和控制。在 SQL 语言中，流程控制语句就是用来控制程序执行流程的语句，也称流控制语句或控制流语句。在 MySQL 中，这些流程控制语句和局部变量只能在存储过程或函数、触发器或事务的定义中。

（1）BEGIN…END 语句块。BEGIN…END 可以定义 SQL 语句块，这些语句块作为一组语句执行，允许语句嵌套。关键字 BEGIN 定义 SQL 语句的起始位置，END 定义同一块 SQL 语句的结尾。它的语法格式如下。

```
BEGIN
{
sql_statement|statement_block;
}
END;
```

其中，sql_statement 是使用语句块定义的任何有效的 SQL 语句；statement_block 是使用语句块定义的任何有效 SQL 语句块。

（2）IF…ELSE 条件语句。用于指定 SQL 语句的执行条件。如果条件为真，则执行条件表达式后面的 SQL 语句。当条件为假时，可以用 ELSE 关键字指定要执行的 SQL 语句。它的语法格式如下。

```
IF search_condition THEN
   statement_list
[ELSEIF search_condition THEN statement_list]…
[ELSE statement_list]
END IF;
```

其中，search_condition 是返回 true 或 false 的逻辑表达式。如果逻辑表达式中含有 SELECT 语句，必须用圆括号将 SELECT 语句括起来。

【例 5.18】 使用 IF…ELSE 条件语句查询计算机系的办公室位置。如果查询结果为空，则显示“办公地点不详”，否则显示其办公地点。

```
IF (SELECT office FROM department WHERE deptname='计算机工程系') IS NULL THEN
BEGIN
   SELECT '办公地点不详' AS 办公地点;
   SELECT * FROM department WHERE deptname='计算机工程系';
END;
ELSE
   SELECT office FROM department WHERE deptname='计算机工程系';
END IF;
```

IF...ELSE 语句可以进行嵌套，即在 SQL 语句块中可能包含一个或多个 IF...ELSE 语句。

（3）CASE 分支语句。CASE 关键字可根据表达式的真假来确定是否返回某个值，可以允许使用表达式的任何位置使用这一关键字。使用 CASE 语句可以进行多个分支的选择，CASE 语句具有如下两种格式。

① 简单格式：将某个表达式与一组简单表达式进行比较以确定结果。

简单 CASE 格式的语法如下。

```
CASE input_expression
WHEN when_expression THEN result_expression;
[…n]
[ELSE else_result_expression;]
END CASE;
```

上述语句中参数说明如下。

a. input_expression：使用 CASE 语句时所计算的表达式，可以是任何有效的表达式。

b. when_expression：用来和 input_expression 表达式做比较的表达式，input_expression 和每个 when_expression 表达式的数据类型必须相同，或者可以隐性转换。

c. result_expression：指当 input_expression=when_expression 的取值为 true 时，需要返回的表达式。

d. else_result_expression：指当 input_expression=when_expression 的取值为 false 时，需要返回的表达式。

② 搜索格式：计算一组布尔表达式以确定结果。

搜索 CASE 格式的语法如下。

```
CASE
WHEN Boolean_expression THEN result_expression;
[…n]
[ELSE else_result_expression;]
END CASE;
```

语句中参数的含义与 CASE 格式的参数含义类似。例如，统计学生的不及格门数，利用 CASE 语句显示档次（较多、一般、较少、没有）。

```
declare dj int default 0;
SELECT count(*) into dj FROM sc WHERE degree<60;
CASE
WHEN dj>=100 THEN SELECT '不及格门数较多' as 档次;
WHEN dj>=50 AND dj<100  THEN SELECT '不及格门数一般' as 档次;
WHEN dj>=1 AND dj <50 THEN SELECT '不及格门数较少' as 档次;
ELSE SELECT '没有不及格的' as 档次;
END CASE;
```

（4）循环语句。

① WHILE…END WHILE 语句。WHILE 语句是设置重复执行 SQL 语句或语句块的条件。当指定的条件为真时，重复执行循环语句。可以在循环体内设置 LEAVE 和 ITERATE 语句，以便控制循环语句的执行过程，其语法格式如下。

```
[begin_label:]WHILE Boolean_expression DO
    {sql_statement|statement_block};
    [LEAVE begin_label;]
    {sql_statement|statement_block};
    [ITERATE begin_label;]
    {sql_statement|statement_block};
END WHILE;
```

其中，Boolean_expression、sql_statement、statement_block 的解释同前面。

LEAVE begin_label：用于从 WHILE 循环中退出，将执行出现在 END WHILE 关键字后面的任何语句块，END WHILE 关键字为循环结束标记。

ITERATE begin_label：用于跳出本次循环，然后直接进入下一次循环，忽略 ITERATE 语句后的任何语句。

例如，使用 WHILE 语句求 1～100 之和。

```
SET @i=1,@sum=0;
WHILE @i<=100 DO
   BEGIN
      SET @sum=@sum+@i;
      SET @i=@i+1;
   END;
END WHILE;
SELECT @sum;
```

和 IF…ELSE 语句一样，WHILE 语句也可以嵌套，即循环体仍然可以包含一条或多条 WHILE 语句。

② REPEAT…END REPEAT 语句。REPEAT 语句是在执行操作后检查结果，而 WHILE 语句则是执行前进行检查。其语法格式如下。

```
[begin_label:]REPEAT
  {sql_statement|statement_block};
  [LEAVE begin_label;]
  {sql_statement|statement_block};
  [ITERATE begin_label;]
  {sql_statement|statement_block};
  UNTIL Boolean_expression
END REPEAT;
```

例如，使用 REPEAT 语句求 1～100 之和。

```
SET @i=1,@sum=0;
REPEAT
   BEGIN
      SET @sum=@sum+@i;
      SET @i=@i+1;
   END;
UNTIL  @i>100
END REPEAT;
SELECT @sum;
```

③ LOOP…END LOOP 语句。LOOP 语句可以使某些特定的语句重复执行，实现一个简单的循环。但是 LOOP 语句本身没有停止循环的语句，必须是遇到 LEAVE 语句才能停止循环。其语法格式如下。

```
begin_label:LOOP
  {sql_statement|statement_block};
  LEAVE begin_label;
  {sql_statement|statement_block};
  [ITERATE begin_label;]
  {sql_statement|statement_block};
END LOOP;
```

例如，使用 LOOP 语句求 1～100 之和。

```
SET @i=1,@sum=0;
add_sum:LOOP
   BEGIN
      SET @sum=@sum+@i;
      SET @i=@i+1;
   END;
IF @i>100 THEN
   LEAVE add_sum;
END LOOP;
SELECT @sum;
```

4. 条件和处理程序的定义

特定条件需要特定处理。这些条件可能涉及错误以及子程序中的一般流程控制。定义条件和处理程序是事先定义程序执行过程中可能遇到的问题，并且可以在处理程序中定义解决这些问题的办法。这种方式可以提前预测可能出现的问题，并提出解决办法。这样可以增强程序处理问题的能力，避免程序异常停止。MySQL 中都是通过 DECLARE 关键字来定义条件和处理程序。

（1）定义条件。在 MySQL 中，使用 DECLARE 关键字来定义条件。其基本语法如下。

```
DECLARE  condition_name  CONDITION  FOR  condition_value;

condition_value:
    SQLSTATE [VALUE] sqlstate_value | mysql_error_code
```

其中，condition_name 参数表示条件的名称。condition_value 参数表示条件的类型，有 sqlstate_value 参数和 mysql_error_code 参数，都可以表示 MySQL 的错误。sqlstate_value 表示长度为 5 的字符串类型错误代码，mysql_error_code 表示数值类型错误代码。例如 ERROR 1146（42S02）中，sqlstate_value 值是 42S02，mysql_error_code 值是 1146。

【例 5.19】 定义“ERROR 1146 (42S02)”这个错误，名称为 can_not_find。可以用两种不同的方法来定义，代码如下。

```
#方法 1：使用 sqlstate_value
DECLARE  can_not_find  CONDITION  FOR  SQLSTATE  '42S02' ;
#方法 2：使用 mysql_error_code
DECLARE  can_not_find  CONDITION  FOR  1146 ;
```

（2）定义处理程序。MySQL 中可以使用 DECLARE 关键字来定义处理程序。其基本语法如下。

```
DECLARE handler_type HANDLER FOR condition_value[,…] sp_statement

handler_type:
CONTINUE | EXIT | UNDO

condition_value:
SQLSTATE [VALUE] sqlstate_value |condition_name | SQLWARNING
| NOT FOUND | SQLEXCEPTION | mysql_error_code
```

其中，handler_type 参数指明错误的处理方式，该参数有 3 个取值。这 3 个取值分别是 CONTINUE、EXIT 和 UNDO，CONTINUE 表示遇到错误不进行处理，继续向下执行；EXIT 表示遇到错误后马上退出；UNDO 表示遇到错误后撤回之前的操作，MySQL 中暂时还不支持 UNDO 这种处理方式。

通常情况下，执行过程中遇到错误应该立刻停止执行下面的语句，并且撤回前面的操作。但是，MySQL 中现在还不能支持 UNDO 操作。因此，遇到错误时最好执行 EXIT 操作。如果事先能够预测错误类型，并且进行相应的处理，那么可以执行 CONTINUE 操作。

condition_value 参数指明错误类型，该参数有 6 个取值。

① SQLSTATE [VALUE] sqlsate_value：包含 5 个字符的字符串错误值。

② condition_name：表示用 DECLARE CONDITION 定义的错误条件名称。

③ SQLWARNING：表示所有以 01 开头的 sqlstate_value 值。

④ NOT FOUND：表示所有以 02 开头的 sqlstate_value 值。

⑤ SQLEXCEPTION：表示所有没有被 SQLWARNING 或 NOT FOUND 捕获的 sqlstate_value 值。

⑥ mysql_error_code：表示数据类型错误代码。

sp_statement 参数表示一些存储过程或函数的执行语句。在遇到定义的错误时，需要执行的存储过程或函数。

下面是定义处理程序的几种方式，代码如下。

```
#方法 1：捕获 sqlstate_value
DECLARE CONTINUE HANDLER FOR SQLSTATE '42S02'
SET @info='CAN NOT FIND';
#方法 2：捕获 mysql_error_code
DECLARE CONTINUE HANDLER FOR 1146 SET @info='CAN NOT FIND';
#方法 3：先定义条件，然后调用
DECLARE  can_not_find  CONDITION  FOR  1146 ;
DECLARE CONTINUE HANDLER FOR can_not_find SET @info='CAN NOT FIND';
#方法 4：使用 SQLWARNING
DECLARE EXIT HANDLER FOR SQLWARNING SET @info='ERROR';
#方法 5：使用 NOT FOUND
DECLARE EXIT HANDLER FOR NOT FOUND SET @info='CAN NOT FIND';
#方法 6：使用 SQLEXCEPTION
DECLARE EXIT HANDLER FOR SQLEXCEPTION SET @info='ERROR';
```

上述代码是 6 种定义处理程序的方法。

方法 1：捕获 sqlstate_value 值。如果遇到 sqlstate_value 值为 42S02，执行 CONTINUE 操作，并且输出“CAN NOT FIND”信息。

方法 2：捕获 mysql_error_code 值。如果遇到 mysql_error_code 值为 1146，执行 CONTINUE 操作，并且输出“CAN NOT FIND”信息。

方法 3：先定义条件，然后再调用条件。这里先定义 can_not_find 条件，遇到 1146 错误就执行 CONTINUE 操作。

方法 4：使用 SQLWARNING。SQLWARNING 捕获所有以 01 开头的 sqlstate_value 值，然后执行 EXIT 操作，并且输出“ERROR”信息。

方法 5：使用 NOT FOUND。NOT FOUND 捕获所有以 02 开头的 sqlstate_value 值，然后执行 EXIT 操作，并且输出“CAN NOT FIND”信息。

方法 6：使用 SQLEXCEPTION。SQLEXCEPTION 捕获所有没有被 SQLWARNING 或 NOT FOUND 捕获的 sqlstate_value 值，然后执行 EXIT 操作，并且输出“ERROR”信息。

【例 5.20】 定义条件和处理程序，具体的执行代码如下。

```
-- 首先建立测试表 test
mysql>CREATE TABLE test(t1 int,primary key(t1));
Query OK, 0 rows affected
mysql>DELIMITER //  #重新定义命令结束符为//
mysql>CREATE PROCEDURE handlertest()
    -> BEGIN
    -> DECLARE CONTINUE handler FOR SQLSTATE '23000' SET @x1=1;
    -> SET @x=1;
    -> INSERT INTO test VALUES(1);
    -> SET @x=2;
    -> INSERT INTO test VALUES(1);
```

```
    -> SET @x=3;
    -> SELECT @x,@x1;
    -> END;
    ->//

mysql>DELIMITER;  -- 恢复原来的命令结束符;
/*调用存储过程 */
mysql>CALL handlertest();
+----+-----+
| @x | @x1 |
+----+-----+
|  3 |   1 |
+----+-----+
1 row in set
Query OK, 0 rows affected
```

通过执行结果可以看出，程序执行完毕。如果没有"DECLARE CONTINUE handler FOR SQLSTATE '23000' SET @x1=1;"这一行，第2个INSERT语句因为PRIMARY KEY强制而操作失败，MySQL会采取默认（EXIT）处理方式，并且@x会返回2。

```
mysql> CALL handlertest();
1062 - Duplicate entry '1' for key 'PRIMARY'
mysql> select @x;
+----+
| @x |
+----+
|  2 |
+----+
1 row in set
```

5．注释

注释是程序代码中不被执行的文本字符串，用于对代码进行说明或进行诊断的部分语句。在MySQL系统中，支持3种注释方式，即井字符（#）注释方式、双连线（--）注释方式和正斜杠星号字符（/*…*/）注释方式。

（1）井字符（#）：从井字符到行尾都是注释内容。

（2）双连线字符（--）：从双连线字符到行尾都是注释内容。注意，双连线后一定要加一个空格。

（3）正斜杠星号字符（/*…*/）：开始注释对（/*）和结束注释对（*/）之间的所有内容均视为注释。

例如，下面的程序代码中包含注释符号。

```
USE gradem;     -- 打开数据库
#查看学生的所有信息
SELECT * FROM student;
/*  查看软件系的所有学生的学号、姓名、系名及性别
附加条件是女生   */
SELECT sno,sname,sdeptname,ssex FROM student a,department b
WHERE a.deptno=b.deptno AND ssex='女';
```

5.3.2 MySQL常用函数

MySQL提供了大量丰富的系统函数，它们功能强大、方便易用。使用这些函数，可以极大提高用户对数据库的管理效率，更加灵活地满足不同用户的需求。从功能上可以分为以下几类函数：字符串函数、数学函数、日期和时间函数、条件判断函数、系统信息函数和加密函数等。表5.2所示为常用的字符串、数学和日期时间函数等。

表 5.2 MySQL 常用函数表

函数类型	函数名称	功能描述
字符串函数	CHAR_LENGTH(str)	计算字符串字符数函数，返回字符串 str 所包括的字符个数
	CONCAT(str1,str2,…)	合并字符串函数，返回由多个字符串连接后的字符串
	INSERT(str1,x,len,str2)	替换字符串函数，返回字符串 str1，其子字符串起始于 x 位置和被字符串 str2 取代的 len 字符
	LEFT(str,n)	左子串函数，返回字符串 str 最左边的 n 个字符
	RIGHT(str,n)	右子串函数，返回字符串从右边开始的 n 个字符
	SPACE(n)	空格函数，返回由 n 个空格组成的字符串
	LOWER(str)或 LCASE(str)	小写字母转换函数，将字符串 str 转换为小写字符
	UPPER(str)或 UCASE(str)	大写字母转换函数，与 LOWER 函数的功能相反
	LTRIM(str)	删除前导空格函数，返回删除了前导空格之后的字符表达式
	RTRIM(str)	删除尾随空格函数，返回删除了尾随空格之后的字符表达式
	TRIM(str)	删除空格函数，返回删除了前导和尾随空格之后的字符表达式
	REPLACE(str,str1,str2)	替换函数，使用 str2 替代字符串 str 中所有的字符串 str1
	STR	数字向字符转换函数，返回由数字数据转换来的字符数据
	SUBSTRING(str,n,len)或 MID(str,n,len)	获取子串函数，从字符串 str 返回一个长度同 len 字符相同的子字符串，起始于位置 n
	REVERSE(str)	字符串逆序函数。将字符串 str 反转，返回的字符串的顺序和 str 字符串的顺序相反
数学函数	ABS(x)	返回数值表达式 x 的绝对值
	CEILING(x)或 CLIL(x)	返回大于或等于数值表达式 x 的最小整数
	FLOOR(x)	返回小于或等于数值表达式 x 的最大整数
	ROUND(x[,n])	四舍五入函数，对数值表达式 x 进行四舍五入，n 为保留的小数位数
	SIGN(x)	返回数值表达式 x 的正号、负号或零
	RAND()或 RAND(x)	获取随机数函数，其中 x 被用作种子值，用来产生重复序列
	SQRT(x)	返回数值表达式 x 的平方根
日期时间函数	CURDATE()、CURTIME()	获取当前的系统日期或系统时间
	NOW()	返回当前日期和时间值，格式为 YYYY-MM-DD HH:MM:SS
	DAYNAME(date)	返回 date 对应的工作日的英文名称，如 Sunday 等
	MONTH(date)	返回 date 对应的月份，范围值从 1~12
	DAY(date)、YEAR(date)	分别返回 date 对应的天和年份。天的范围值是 1~31，年份的范围值是 1970~2069
	WEEKDAY(date)	返回 date 对应的工作日索引，0 表示周一，6 表示周日
	TIME_TO_SEC(time)	时间和秒转换函数，将 time 转换为秒数

5.3.3 游标

游标（Cursor）是类似于C语言指针一样的结构，在MySQL中它是一种数据访问机制，允许用户访问单独的数据行，而不是对整个行集进行操作。

在MySQL中，游标主要包括游标结果集和游标位置两部分，游标结果集是由定义游标的SELECT语句返回行的集合，游标位置则是指向这个结果集中的某一行的指针。

在使用游标之前首先要声明游标，定义SQL服务器游标的属性，例如游标的滚动行为和用于生成游标所操作的结果集的查询。声明游标的语法格式如下。

```
DECLARE cursor_name CURSOR
FOR select_statement;
```

例如，在gradem数据库中为了teacher表创建一个普通的游标，定义名称为T_cursor，可用语句如下所示。

```
DECLARE T_cursor CURSOR
FOR SELECT Tno,Tname FROM teacher;
```

在声明游标以后，就可对游标进行操作。主要包括打开游标、检索游标、关闭游标和释放游标。

1．打开游标

使用游标之前必须首先打开游标，打开游标的语法如下所示。

```
OPEN   cursor_name;
```

例如，打开前面创建的T_cursor游标，使用如下语句。

```
OPEN T_cursor;
```

2．检索游标

在打开游标以后，就可以打开游标提取数据。FETCH语句的功能是获取游标当前指针的记录，并传给指定变量列表，注意变量数必须与MySQL游标返回的字段数一致。要获得多行数据，需要使用循环语句去执行FETCH，其语法如下。

```
FETCH cursor_name INTO var1[,var2,…];
```

其中，var1[,var2,…]就是变量列表，这些变量必须在声明之前就定义好。前面曾经提过，游标是带一个指针的记录集，其中指针指向记录集中的某一条特定记录。从FETCH语句的上述定义中不难看出，FETCH语句用来移动这个记录指针。

注　意

MySQL的游标是向前只读的，也就是说，只能顺序地从开始往后读取结果集，不能从后往前，也不能直接跳到中间的记录。

首先，FETCH离不开循环语句。一般使用Loop和while比较清楚，而且代码简单。这里使用Loop为例，代码如下。

```
fetchLoop:Loop
  FETCH T_Cursor INTO v_tno,v_tname;
end Loop;
```

上述循环是死循环，没有退出的条件。与SQL和ORACLE不同，MySQL是通过一个Error handler的声明来进行判断的。

```
DECLARE CONTINUE handler FOR NOT FOUND …;
```

在 MySQL 中，当游标遍历溢出时，会出现一个预定义的 NOT FOUND 的错误（SQLSTATE '02000'），读者处理这个错误时定义一个继续运行的处理程序即可。在定义处理程序时定义一个标志，在循环语句里以这个标志为结束循环的判断就可以了。

下面的代码就是使用 FETCH 语句来检索游标中可用的数据。

```
CREATE PROCEDURE proccursor()
BEGIN
DECLARE done int DEFAULT 0;
DECLARE v_tno varchar(4) DEFAULT "";
DECLARE v_tname varchar(8) DEFAULT "";
DECLARE T_cursor CURSOR FOR SELECT Tno,Tname FROM teacher;    #定义游标
DECLARE CONTINUE HANDLER FOR NOT FOUND SET done = 1;     #定义处理程序
SET done=0;
OPEN T_Cursor;      #打开游标
fetch_Loop:LOOP
FETCH T_Cursor INTO v_tno,v_tname;  #检索游标
IF done=1 THEN
   LEAVE fetch_Loop;
ELSE
   SELECT v_tno,v_tname;
END IF;
END LOOP fetch_Loop;
END
```

上述语句中的变量 done 保存的就是 FETCH 操作的结束信息。如果其值为零，则表示有记录检索成功；如果值不为零，则 FETCH 语句由于某种原因而操作失败。

3．关闭游标

打开游标以后，MySQL 服务器会专门为游标开辟一定的内存空间，以存放游标操作的数据结果集，同时游标的使用也会根据具体情况对某些数据进行封锁。所以在不使用游标的时候，一定要关闭游标，以通知服务器释放游标所占用的资源。

在一个游标关闭后，如果没有重新打开，则不能使用它。但是，使用声明过的游标不需要再次声明。如果不明确关闭游标，MySQL 将会在到达 END 语句时自动关闭它。

关闭游标的具体语法如下所示。

```
CLOSE cursor_name;
```

在检索游标 T_cursor 后可用如下语句来关闭它。

```
CLOSE T_cursor;
```

经过上面的操作，完成了对游标 T_cursor 的声明、打开、检索和关闭操作。

5.4 存储过程和函数

【任务分析】

为了提高访问数据的速度与效率，设计人员可以利用存储过程和函数管理数据库。

【课堂任务】

本节要求掌握存储过程和函数的概念及应用。

- 存储过程和函数的概念
- 存储过程和函数的创建及管理
- 存储过程和函数中参数的使用

5.4.1 存储过程和函数概述

1．什么是存储过程和函数

存储过程（Stored Procedure）和函数（Stored Funtion）是在数据库中定义一些完成特定功能的 SQL 语句集合，经编译后存储在数据库中。存储过程和函数中可包含流程控制语句及各种 SQL 语句。它们可以接受参数、输出参数、返回单个或者多个结果。

2．存储过程的优点

在 MySQL 中使用存储过程，而不是用存储在客户端计算机本地的 SQL 程序有以下几点优点。

（1）存储过程增强了 SQL 语言的功能和灵活性。存储过程可以用流控制语句编写，有很强的灵活性，可以完成复杂的判断和较复杂的运算。

（2）存储过程允许标准组件是编程。存储过程被创建后，可以在程序中被多次调用，而不必重新编写该存储过程的 SQL 语句。而且数据库专业人员可以随时对存储过程进行修改，对应用程序源代码毫无影响。

（3）存储过程能实现较快的执行速度。如果某一操作包含大量的 SQL 代码或分别被多次执行，那么存储过程要比批处理的执行速度快很多，因为存储过程是预编译的。在首次运行一个存储过程时查询，优化器对其进行分析优化，并且给出最终被存储在系统表中的执行计划。而批处理的 SQL 语句在每次运行时都要进行编译和优化，速度相对要慢。

（4）存储过程能够减少网络流量。针对同一个数据库对象的操作（如查询、修改），如果这一操作所涉及的 SQL 语句被组织成存储过程，那么当在客户计算机上调用该存储过程时，网络中传送的只是该调用语句，从而大大减少了网络流量并降低了网络负载。

（5）存储过程可被作为一种安全机制来充分利用。系统管理员通过执行某一存储过程的权限进行限制，能够实现对相应的数据的访问权限的限制，避免了非授权用户对数据的访问，保证了数据的安全。

5.4.2 创建存储过程和函数

在 MySQL 中，创建存储过程和函数必须具有 CREATE ROUTINE 权限，并且 ALTER ROUTINE 和 EXECUTE 权限被自动授予它的创建者。

1．创建存储过程

（1）利用 CREATE PROCEDURE 语句创建。用户可以使用 CREATE PROCEDURE 语句创建存储过程，其基本语法如下。

```
CREATE PROCEDURE procedure_name([proc_parameter[,…]])
[characteristic[,…]]
Routine_body
```

其中各参数含义如下。

① procedure_name：存储过程的名称。

② proc_parameter：存储过程中的参数列表。其形式如下。

```
[IN|OUT|INOUT]param_name type
```

其中，IN 表示输入参数，OUT 表示输出参数，INOUT 表示既可以输入也可输出，默认为 IN。param_name 表示参数名称。Type 表示参数的类型。可以声明一个或多个参数。

③ Routine_body：是包含在存储过程中的 SQL 语句块，可以用 BEGIN…END 来表示 SQL

代码的开始与结束。

④ characteristic：该参数有多个取值，其取值说明如下。

a. LANGUAGE SQL：说明 sql_statements 部分是由 SQL 语言的语句组成，这也是数据库系统默认的语言。

b. [NOT] DETERMINISTIC：指明存储过程的执行结果是否是确定的。DETERMINISTIC 表示结果是确定的，每次执行存储过程时，相同的输入会得到相同的输出。NOT DETERMINISTIC 表示结果是非确定的，相同的输入可能得到不同的输出。默认情况下，结果是非确定的。

c. { CONTAINS SQL | NO SQL | READS SQL DATA | MODIFIES SQL DATA }：指明子程序使用 SQL 语句的限制。CONTAINS SQL 表示子程序包含 SQL 语句，但不包含读或写数据的语句；NO SQL 表示子程序中不包含 SQL 语句；READS SQL DATA 表示子程序中包含读数据的语句；MODIFIES SQL DATA 表示子程序中包含写数据的语句。默认情况下，系统会指定为 CONTAINS SQL。

d. SQL SECURITY { DEFINER | INVOKER }：指明谁有权限来执行。DEFINER 表示只有定义者自己才能够执行；INVOKER 表示调用者可以执行。默认情况下，系统指定的权限是 DEFINER。

e. COMMENT 'string'：注释信息。

技巧：创建存储过程时，系统默认指定 CONTAINS SQL，表示存储过程中使用了 SQL 语句。但是，如果存储过程中没有使用 SQL 语句，最好设置为 NO SQL。而且，存储过程中最好在 COMMENT 部分对存储过程进行简单的注释，以便以后在阅读存储过程的代码时更加方便。

【例 5.21】 创建一个存储过程，从数据库 gradem 的 student 表中检索出所有籍贯为“青岛”的学生的学号、姓名、班级号及家庭地址等信息。具体语句如下。

```
mysql>USE gradem;
mysql>DELIMITER //
mysql>CREATE PROCEDURE proc_stud()
    ->READS SQL DATA
    ->BEGIN
    ->  SELECT sno,sname,classno,saddress FROM student
    ->  WHERE saddress LIKE '%青岛%' ORDER BY sno;
    ->END//
Query OK, 0 rows affected
mysql>DELIMITER ;
```

执行存储过程“proc_stud”，返回所有“青岛”籍的学生信息。

MySQL 中默认的语句结束符为分号（;）。存储过程中的 SQL 语句需要分号来结束。为了避免冲突，首先用“DELIMITER //”将 MySQL 的结束符设置为//。最后再用“DELIMITER ;”将结束符恢复成分号。

【例 5.22】 创建一个名为 num_sc 的存储过程，统计某位同学的考试门数，代码如下。

```
mysql>DELIMITER //
mysql>CREATE  PROCEDURE  num_sc(IN tmp_sno char(10), OUT count_num INT )
    ->READS SQL DATA
    ->BEGIN
    ->    SELECT  COUNT(*)  INTO  count_num  FROM  sc
    ->     WHERE  sno=tmp_sno;
```

```
    ->END //
Query OK, 0 rows affected
mysql>DELIMITER ;
```

上述存储过程中，输入变量为 tmp_sno，输出变量为 count_num，SELECT 语句用 COUNT(*) 计算某位学生的考试门数，最后将计算结果存入 count_num 中。

代码执行完毕后，没有报出任何出错信息就表示存储函数已经创建成功，以后就可以调用这个存储过程了。

请读者根据例 5.18 的要求创建一个存储过程，输入某系别的名称，显示该系别的办公地点。

（2）利用 Navicat 图形工具创建。利用 Navicat 图形工具创建存储过程方便、简单，且易操作。下面为“gradem”数据库创建一个存储过程 proc1，要求实现例 5.22 的功能，操作步骤如下。

① 在 Navicat 工具中，连接到 mysql 服务器。

② 展开【mysql】|【gradem】，单击工具栏上的【函数】按钮，单击窗格上方的【新建函数】按钮，或用鼠标右键单击【gradem】下的【函数】节点，在弹出的快捷菜单中选择【新建函数】命令。

③ 打开【函数向导】对话框，如图 5.11 所示。选择要创建的例程类型，若创建存储过程，则选择【过程】，创建存储函数，则选择【函数】。单击【下一步】按钮，进入参数设置界面，如图 5.12 所示。其中“模式”列表示参数的类型（IN、OUT、INOUT），“名”列为参数的名称，“类型”列表示该参数的数据类型。如果参数不止一个，可以单击左下方的【+】按钮进行添加，如果删除参数，可以单击【×】按钮、【↑】按钮和【↓】按钮是实现光标在参数与参数之间的转移。

在设置参数时，要注意参数的数据类型宽度，确保参数和类型宽度与表中的字段宽度是一致的。

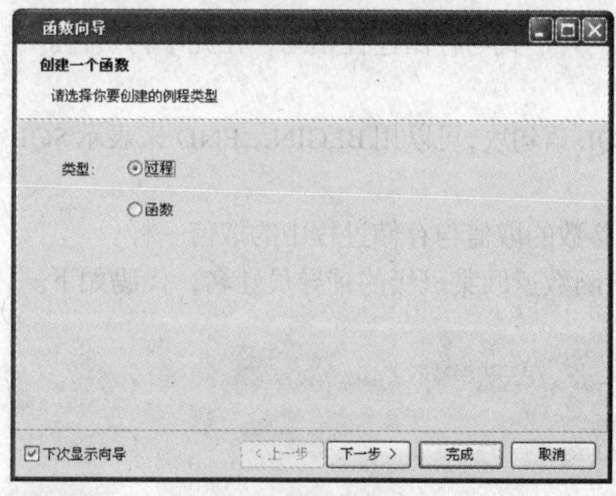

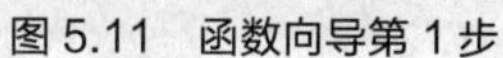

图 5.11　函数向导第 1 步

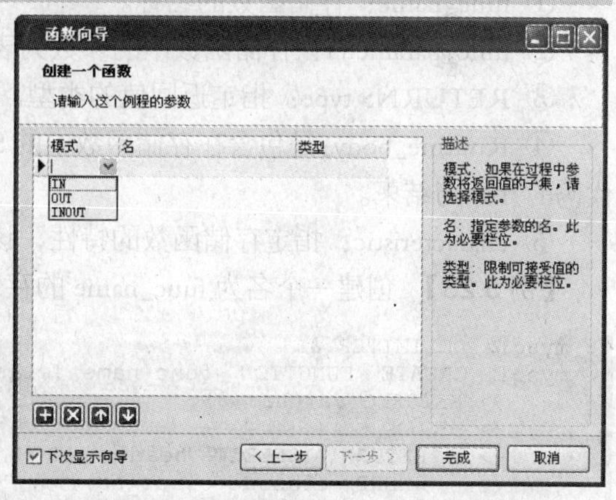

图 5.12　函数向导第 2 步——设置参数

④ 参数设置完成后，单击【完成】按钮，进入下一步操作，如图 5.13 所示。此时用户就可以在 BEGIN 和 END 之间书写 SQL 语句了。如果在第 2 步不设置参数的话，也可以在此界面的参数文本框中直接输入参数也可以。例程类型也可在此界面进行设置。输入完成后，单击【保存】按钮或【另存为】按钮，则会弹出【过程名】对话框，输入过程名后，单击【确定】按钮即可，如图 5.14 所示。如果在输入代码时出现错误，单击【确定】按钮后会弹出相

应的错误提示，这时用户应返回图 5.13 所示的界面进行修改。

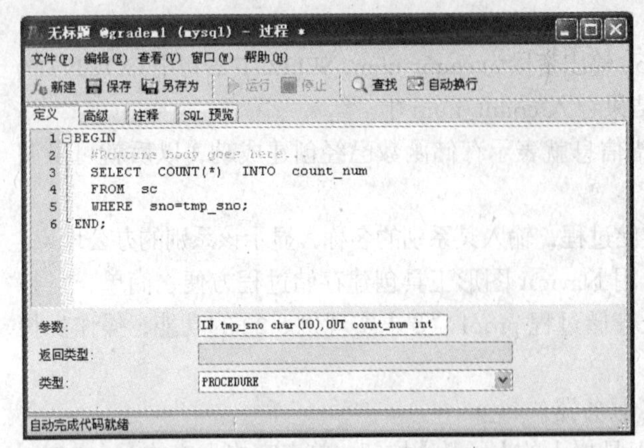

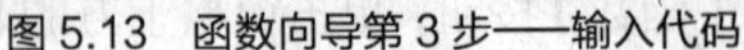
图 5.13　函数向导第 3 步——输入代码

图 5.14　函数向导第 4 步——保存

2．创建存储函数

（1）利用 CREATE FUNCTION 语句创建。在 MySQL 中，存储函数的使用方法与 MySQL 内部函数的使用方法是一样的。换言之，用户自己定义的存储函数与 MySQL 内部函数是一个性质的。区别在于，存储函数是用户自己定义的，而内部函数是 MySQL 的开发者定义的。

在 MySQL 中，创建存储函数的基本语法如下。

```
CREATE FUNCTION func_name([func_parameter[,…]])
  RETURNS type
  [characteristic[,…]]
  Routine_body
```

其中各参数含义如下。

① func_name：存储函数的名称。

② func_parameter：存储函数中的参数列表。其形式与存储过程相同，在此不再赘述。

③ RETURNS type：指定返回值的类型。

④ Routine_body：是包含在存储函数中的 SQL 语句块，可以用 BEGIN…END 来表示 SQL 代码的开始与结束。

⑤ characteristic：指定存储函数的特性，该参数的取值与存储过程中的取值一样。

【例 5.23】 创建一个名为 func_name 的存储函数返回某班级的辅导员姓名，代码如下。

```
mysql> DELIMITER &&
mysql> CREATE  FUNCTION  func_name (class_no varchar(8))
     -> RETURNS varchar(8)
     -> BEGIN
     ->    RETURN  (SELECT  header  FROM  class
     ->    WHERE  classno=class_no);
     -> END &&
Query OK, 0 rows affected
mysql> DELIMITER ;
```

上述代码中，该函数的参数为 class_no，返回值是 varchar 类型。SELECT 语句从 class 表查询 classno 值等于 class_no 的记录，并将该记录的 header 字段的值返回。执行结果显示，存储函数已经创建成功。该函数的使用和 MySQL 内部函数的使用方法一样。

提 示

指定参数为 IN、OUT 或 INOUT 只对 PROCEDURE 合法，FUNCTION 中总是默认为 IN 参数。RETURNS 子句只能对 FUNCTION 作指定，对函数而言这是强制的。它用来指定函数的返回类型，而且函数体必须包含一个 TETURN value 语句。

（2）利用 Navicat 图形工具创建。利用 Navicat 图形工具创建存储函数的方法与存储过程相似。下面为“gradem”数据库创建一个存储函数 func_teacher，要求返回某位老师所在的系别名。操作步骤如下。

① 在 Navicat 工具中，连接到 mysql 服务器。

② 展开【mysql】|【gradem】，单击工具栏上的【函数】按钮，单击窗格上方的【新建函数】按钮，或用鼠标右键单击【gradem】下的【函数】节点，在弹出的快捷菜单中选择【新建函数】命令。

③ 打开【函数向导】对话框。选择要创建的例程类型，若创建存储过程，则选择【过程】，创建存储函数，则选择【函数】。在此单击【函数】，单击【下一步】按钮，进入输入参数设置界面，如图 5.15 所示。其中“名”列为参数的名称，“类型”列表示该参数的数据类型。各按钮的功能与创建存储过程相同。

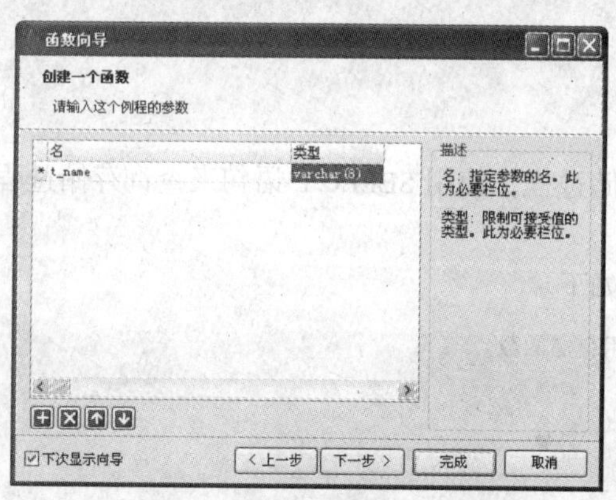

图 5.15 设置存储函数输入参数

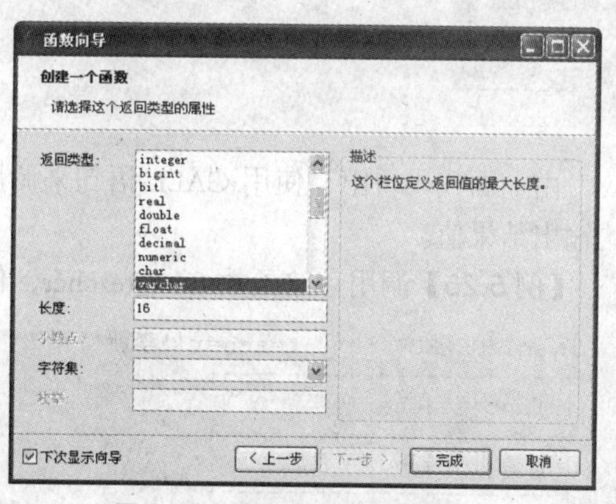

图 5.16 设置存储函数的返回值

④ 参数设置完成后，单击【下一步】按钮，进入返回值设置界面，如图 5.16 所示。可以设置返回值的类型、宽度及字符集等信息。设置完成后，单击【完成】按钮，进入下一步操作，如图 5.17 所示。操作过程及步骤与创建存储过程相同。代码输入完成后，进行存盘，如图 5.18 所示。

```
1 BEGIN
2     #Routine body goes here...
3
4     RETURN (SELECT tdept FROM teacher WHERE tname=t_name);
5 END;
```

参数: t_name varchar(8)
返回类型: varchar(16)
类型: FUNCTION

图 5.17 输入存储函数代码

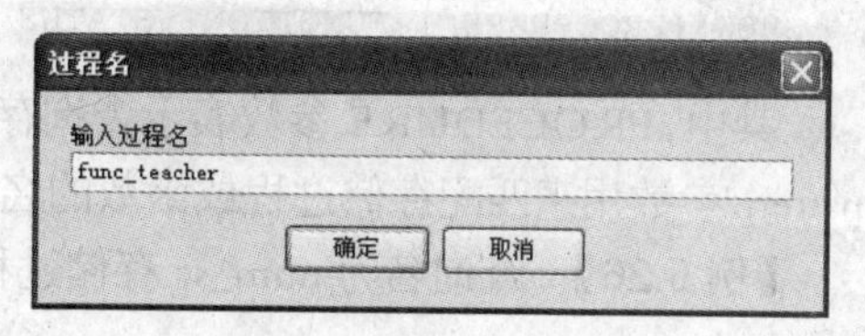

图 5.18 保存存储函数

3．调用存储过程和函数

在 MySQL 系统中，因为存储过程和数据库相关，如果要执行其他数据库中的存储过程，需要打开相应的数据库或指定数据库名称。存储函数的调用与 MySQL 内部函数的调用方式相同。

在 Navicat 工具中，调用存储过程和函数的方法非常简单，先展开【mysql】|【gradem】，单击工具栏上的【函数】按钮，单击窗格上方的【 运行函数】按钮，或用鼠标右键单击相应函数，在弹出的快捷菜单中选择【运行函数】命令。也可以双击要执行的存储过程或函数，在编辑窗口中单击【 运行】按钮。根据系统的提示，输入相应的参数即可。

也可以利用 CALL 命令调用存储过程，其语法格式如下。

```
CALL  [dbname.]sp_name([parameter[,…]]);
```

其中，dbname 是数据库名称，默认为当前数据库。sp_name 是存储过程的名称，parameter 是指存储过程的参数。

【例 5.24】 调用例 5.22 所创建的存储过程 num_sc，代码如下。

```
mysql>CALL num_sc('2007030101',@num);            #调用存储过程
Query OK, 0 rows affected
mysql>SELECT @num;     #查询返回结果
+-------+
| @num |
+-------+
|    4 |
+------+
1 row in set
```

由上面代码看出，使用 CALL 语句来调用存储过程，使用 SELECT 语句来查询存储过程的输出结果值。

【例 5.25】 调用存储函数 func_teacher，代码如下。

```
mysql>SELECT func_teacher('李新');       #调用存储函数
+----------------------+
| func_teacher('李新') |
+----------------------+
| 计算机工程系           |
+----------------------+
1 row in set
```

5.4.3 管理存储过程和函数

1．查看存储过程和函数

查看存储过程的状态信息，可以使用 SHOW STATUS 语句或 SHOW CREATE 语句来查看，也可以通过查询 information_schema 数据库下的 Routines 表来查看存储过程和函数的信息。

（1）利用 SHOW STATUS 语句查看。在 MySQL 中，可以通过 SHOW STATUS 语句查看存储过程和函数的状态。其基本语法形式如下。

```
SHOW {PROCEDURE | FUNCTION} STATUS [LIKE 'pattern'];
```

其中，PROCEDURE 参数表示查询存储过程，FUNCTION 参数表示查询存储函数。LIKE 'pattern'参数用来匹配存储过程或函数的名称。

【例 5.26】 查询名为 num_sc 存储过程的状态，代码如下。

```
mysql>SHOW PROCEDURE STATUS LIKE 'num_sc';
```

```
+--------+--------+-----------+----------------+---------------------+---------------------+---------------+---------+----------------------+----------------------+
| Db     | Name   | Type      | Definer        | Modified            | Created             | Security_type | Comment | character_set_client | collation_connection |
+--------+--------+-----------+----------------+---------------------+---------------------+---------------+---------+----------------------+----------------------+
| grademl | num_sc | PROCEDURE | root@localhost | 2014-03-31 09:41:33 | 2014-03-31 09:41:33 | DEFINER       |         | utf8                 | utf8_general_ci      |
+--------+--------+-----------+----------------+---------------------+---------------------+---------------+---------+----------------------+----------------------+
1 row in set
```

查询结果显示了存储过程的创建时间、修改时间和字符集等信息。

（2）利用 SHOW CREATE 语句查看。除了 SHOW STATUS 之外，MySQL 还可以通过 SHOW CREATE 语句查看存储过程和函数的状态。其基本语法形式如下。

```
SHOW CREATE {PROCEDURE | FUNCTION} sp_name;
```

其中，PROCEDURE 参数表示查询存储过程，FUNCTION 参数表示查询存储函数。sp_name 表示存储过程或函数的名称。

例如，查询名为 func_teacher 存储函数的状态，代码如下。

```
mysql>SHOW CREATE FUNCTION func_teacher;
```

查询结果显示了存储过程的定义、字符集等信息。

SHOW STATUS 语句只能查看存储过程或函数是操作哪一个数据库，存储过程或函数的名称、类型、谁定义的、创建和修改时间、字符编码等信息。但是，这个语句不能查询存储过程或函数的具体定义。如果需要查看详细定义，需要使用 SHOW CREATE 语句。

（3）从 information_schema.Routines 表中查看存储过程和函数的信息。存储过程和函数的信息存储在 information_schema 数据库下的 Routines 表中。可以通过查询该表的记录来查询存储过程和函数的信息，其基本语法形式如下。

```
SELECT * FROM information_schema.Routines
WHERE ROUTINE_NAME='sp_name';
```

其中，ROUTINE_NAME 字段中存储的是存储过程和函数的名称，sp_name 参数表示存储过程或函数的名称。

【例 5.27】 从 Routines 表中查询名为 num_sc 的存储过程的信息，代码执行如下。

```
mysql> SELECT * FROM information_schema.Routines
WHERE ROUTINE_NAME='num_sc' \G
```

查询结果显示 num_sc 的详细信息。

在 information_schema 数据库下的 Routines 表中，存储着所有存储过程和函数的定义。如果使用 SELECT 语句查询 Routines 表中的存储过程和函数的定义时，一定要使用 ROUTINE_NAME 字段指定存储过程或函数的名称。否则，将查询出所有的存储过程或函数的定义。

2. 修改存储过程和函数

修改存储过程和函数是指修改已经定义好的存储过程和函数。MySQL 中通过 ALTER PROCEDURE 语句来修改存储过程。通过 ALTER FUNCTION 语句来修改存储函数。

MySQL 中修改存储过程和函数的语句的语法形式如下。

```
ALTER {PROCEDURE | FUNCTION} sp_name [characteristic …];
```

其中，PROCEDURE 表示修改存储过程，FUNCTION 表示修改存储函数。sp_name 参数表示存储过程或函数的名称。characteristic 参数指定存储函数的特性，可能的取值与创建存储过程的参数说明相同。

【例 5.28】修改存储过程 num_sc 的定义。将读写权限改为 MODIFIES SQL DATA，并指明调用者可以执行，代码如下。

```
mysql> ALTER  PROCEDURE  num_sc
    -> MODIFIES SQL DATA
    -> SQL SECURITY INVOKER;
Query OK, 0 rows affected
```

执行代码，并查看修改后的信息，结果显示如下。

```
mysql> SELECT SPECIFIC_NAME,SQL_DATA_ACCESS,
SECURITY_TYPE FROM information_schema.Routines
WHERE ROUTINE_NAME='num_sc' ;
+---------------+-------------------+---------------+
| SPECIFIC_NAME | SQL_DATA_ACCESS   | SECURITY_TYPE |
+---------------+-------------------+---------------+
| num_sc        | MODIFIES SQL DATA | INVOKER       |
+---------------+-------------------+---------------+
1 row in set
```

查询结果显示，存储过程修改成功。从查询的结果可以看出，访问数据的权限（SQL_DATA_ACCESS）已经变成 MODIFIES SQL DATA，安全类型（SECURITY_TYPE）已经变成了 INVOKER。

【例 5.29】 修改存储函数 func_teacher 的定义。将读写权限改为 READS SQL DATA，并加上注释信息“FIND NAME”，代码如下。

```
mysql> SELECT SPECIFIC_NAME,SQL_DATA_ACCESS,
    ->ROUTINE_COMMENT FROM information_schema.Routines
    ->WHERE ROUTINE_NAME='func_teacher';
+---------------+-----------------+-----------------+
| SPECIFIC_NAME | SQL_DATA_ACCESS | ROUTINE_COMMENT |
+---------------+-----------------+-----------------+
| func_teacher  | CONTAINS SQL    |                 |
+---------------+-----------------+-----------------+
1 row in set
mysql> ALTER  FUNCTION  func_teacher
    ->READS SQL DATA
    ->COMMENT 'find name';
Query OK, 0 rows affected
```

执行代码，并查看修改后的信息，结果显示如下。

```
# 查询修改后 func 表的信息
mysql> SELECT SPECIFIC_NAME,SQL_DATA_ACCESS,
    ->ROUTINE_COMMENT FROM information_schema.Routines
    ->WHERE ROUTINE_NAME='func_teacher';
+---------------+-----------------+-----------------+
| SPECIFIC_NAME | SQL_DATA_ACCESS | ROUTINE_COMMENT |
+---------------+-----------------+-----------------+
| func_teacher  | READS SQL DATA  | find name       |
+---------------+-----------------+-----------------+
1 row in set
```

结果显示，存储函数修改成功。从查询的结果可以看出，访问数据的权限（SQL_DATA_ACCESS）已经变成 READS SQL DATA，函数注释（ROUTINE_COMMENT）已经变成了“find name”。

3．删除存储过程和函数

可使用DROP PROCEDURE语句从当前的数据库中删除用户定义的存储过程和函数。删除存储过程和函数的基本语法格式如下。

```
DROP {PROCEDURE | FUNCTION}[IF EXISTS]sp_name;
```

其中，sp_name是要删除的存储过程或函数的名称。

IF EXISTS子句是MySQL的扩展，如果存储过程或函数不存在，它可以防止发生错误，产生一个用SHOW WARNINGS查看的警告。

例如删除存储过程proc1，就可以使用如下代码。

```
DROP PROCEDURE  proc1;
```

如果另一个存储过程调用某个已被删除的存储过程，MySQL将在执行调用进程时显示一条错误消息。

5.5 触发器

【任务分析】

为了确保数据完整性，设计人员可以用触发器实现复杂的业务规则。

【课堂任务】

本节要求掌握触发器的概念及应用。

- 触发器的概念
- 触发器的创建及管理

5.5.1 触发器概述

触发器（Trigger）是一种特殊的存储过程，它与表紧密相连，可以是表定义的一部分。当预定义的事件（如用户修改指定表或者视图中的数据时）发生时，触发器将会自动执行。

触发器基于一个表创建，但是可以针对多个表进行操作。所以触发器可以用来对表实施复杂的完整性约束，当触发器所保存的数据发生改变时，触发器被自动激活，从而防止对数据进行不正确的修改。触发器的优点如下所述。

（1）触发器自动执行，在表的数据做了任何修改（比如手工输入或者使用程序采集的操作）之后立即激活。

（2）触发器可以通过数据库中的相关表进行层叠更改。这比直接把代码写在前台的做法更安全合理。

（3）触发器可以强制限制，这些限制比用CHECK约束所定义的更复杂。与CHECK约束不同的是，触发器可以引用其他表中的列。

5.5.2 创建触发器

1．利用命令创建触发器

因为触发器是一种特殊的存储过程，所以触发器的创建和存储过程的创建方式有很多相似之处，其基本语法格式如下。

```
CREATE TRIGGER trigger_name trigger_time trigger_event
   ON tb_name FOR EACH ROW trigger_statement;
```

在 CREATE TRIGGER 的语法中，各主要参数含义如下。

（1）trigger_name：要创建的触发器的名称。

（2）tb_name：建立触发器的表名，即在哪个表上建立触发器。tb_name 必须引用永久性表。

（3）trigger_time：指定触发器触发的时机。以指明触发程序是在激活它的语句之前或之后触发。可以指定为 BEFORE 或 AFTER。

（4）trigger_event：指明激活触发程序的语句的类型。trigger_event 可以是下述值之一。

① INSERT：将新行插入表时激活触发程序。例如通过 INSERT、LOAD DATA 和 REPLACE 语句。

② UPDATE：更改某一行时激活触发程序。例如通过 UPDATE 语句。

③ DELETE：从表中删除某一行时激活触发程序。例如通过 DELETE 和 REPLACE 语句。

（5）FOR EACH ROW：触发器的执行间隔，通知触发器每隔一行执行一次动作，而不是对整个表执行一次。

（6）trigger_statement：指定触发器所执行的 SQL 语句。可以使用 BEGIN…END 作为开始和结束。

在触发器的 SQL 语句中，可以关联表中的任何列，通过使用 OLD 和 NEW 列名来标识，如 OLD.col_name、NEW.col_name。OLD.col_name 关联现有的行的一列在被更新或删除前的值。NEW.col_name 关联一个新行的插入或更新现有的行的一列的值。

对于 INSERT 语句，只有 NEW 是合法的。对于 DELETE 语句，只有 OLD 是合法的。对于 UPDATE 语句，NEW 和 OLD 可以同时使用。

【例 5.30】 在 gradem 数据库中，当向 student 表添加一条学生信息时，同时还需要更新 class 表中的“classnumber”列。通过创建一个 INSERT 触发器，在用户每次向 student 表中添加新的学生信息时便更新相应的班级的人数。这个触发器的名称为“trig_classnum”，其定义语句如下。

```
mysql>USE gradem;
mysql>CREATE TRIGGER trig_classnum
    ->AFTER INSERT ON student FOR EACH ROW
    ->UPDATE class SET number=number+1  WHERE classno = left(new.sno,8);
```

为确保找到学生的班号，利用 left()函数取学生学号的前 8 位。这样，在输入学生信息时，如果 classno 列为空，也不会出现在 student 表中找不到的情况。

执行上面的语句，就创建了一个“trig_classnum”触发器。接下来，使用 INSERT 语句插入一条新的学生信息，以验证触发器是否会自动执行。这里由于触发器基于 student 表，因此插入也针对此表，在 INSERT 语句之前之后各添加一条 SELECT 语句，比较一下插入记录前后处理状态的变化。

```
mysql> SELECT number as 插入前班级人数 FROM class WHERE classno='20070301';
+----------------+
| 插入前班级人数  |
+----------------+
|            47  |
+----------------+
1 row in set
mysql> INSERT INTO student(sno,sname,ssex) VALUES('2007030148','李勇','男');
Query OK, 1 row affected
```

```
mysql> SELECT number as 插入后班级人数 FROM class WHERE classno='20070301';
+----------------+
| 插入后班级人数    |
+----------------+
|         48     |
+----------------+
1 row in set
```

通过执行结果看，执行 INSERT 语句后的班级人数已经更改，比执行 INSERT 语句前多 1，说明 INSERT 触发器已经成功执行。

【例 5.31】 在 gradem 数据库的 teacher 表中，定义一个触发器，当一个教师的信息被删除时，把该教师的编号和姓名添加到 delteacher 表中。具体代码如下。

```
mysql>USE gradem;
# 创建一个空表 delteacher,表由 tno 和 tname 两列组成。
mysql> CREATE TABLE delteacher SELECT tno,tname FROM teacher WHERE 1=0;
# 创建 teacher 表的触发器
mysql>CREATE TRIGGER trig_teacher
    ->AFTER DELETE ON teacher  FOR EACH ROW
    ->INSERT INTO delteacher(tno,tname) values(old.tno, old.tname);
Query OK, 0 rows affected
```

执行上述代码，就在 teacher 表上创建了一个"trig_teacher"触发器。

执行下面的代码，验证触发器是否触发。

```
mysql> DELETE FROM teacher WHERE tname='李新';  #删除 teacher 表中的一条记录
Query OK, 1 row affected
mysql> SELECT * FROM delteacher;
+-----+-------+
| tno | tname |
+-----+-------+
| 101 | 李新   |
+-----+-------+
1 row in set
```

【例 5.32】 创建一个触发器，当 student 表中的学生学号发生变更时，同时更新 sc 表中的相应的学生学号信息，具体代码如下所示。

```
mysql>USE gradem;
mysql> DELIMITER &&
mysql> CREATE TRIGGER trig_snoupdate
    -> AFTER UPDATE ON student  FOR EACH ROW
    -> BEGIN
    -> IF new.sno!=old.sno THEN
    ->      UPDATE sc SET sno=new.sno WHERE sno =old.sno;
    -> END IF;
    -> END &&
Query OK, 0 rows affected
mysql> DELIMITER ;
```

更改某一同学的学号，然后查看 sc 表中相应的学号是否随之改变，代码如下。

```
mysql> SELECT a.sno,sname,degree FROM student a,sc b
   -> WHERE a.sno=b.sno and a.sno='2007010104';
+------------+---------+--------+
| sno        | sname   | degree |
+------------+---------+--------+
| 2007010104 | 邓维杰   | 87     |
| 2007010104 | 邓维杰   | 83     |
| 2007010104 | 邓维杰   | 78     |
+------------+---------+--------+
3 rows in set
mysql> UPDATE student SET sno='2007010101' WHERE sno='2007010104';
Query OK, 1 row affected
```

```
Rows matched: 1  Changed: 1  Warnings: 0
mysql> SELECT a.sno,sname,degree FROM student a,sc b
   ->WHERE a.sno=b.sno and a.sno='2007010101';
+------------+----------+--------+
| sno        | sname    | degree |
+------------+----------+--------+
| 2007010101 | 邓维杰    | 87     |
| 2007010101 | 邓维杰    | 83     |
| 2007010101 | 邓维杰    | 78     |
+------------+----------+--------+
3 rows in set
```

2．利用 Navicat 图形工具创建触发器

使用 Navicat 图形工具在 course 表中创建触发器，具体操作步骤如下。

（1）在 Navicat 工具中，连接到 mysql 服务器。

（2）展开【mysql】|【gradem】|【表】，用鼠标右键单击要创建触发器的表，在弹出的快捷菜单中选择【设计表】命令，然后在弹出的对话框中单击【触发器】选项卡，就会显示该表的触发器的定义窗口，如图 5.19 所示。

（3）在"名"列中输入触发器的名称，在"触发"列设置触发的时机，"插入"、"更新"和"删除"列决定激活触发程序的语句的类型。

（4）在窗口下方的【定义】选项卡中指定触发器所执行的 SQL 语句，如图 5.20 所示。

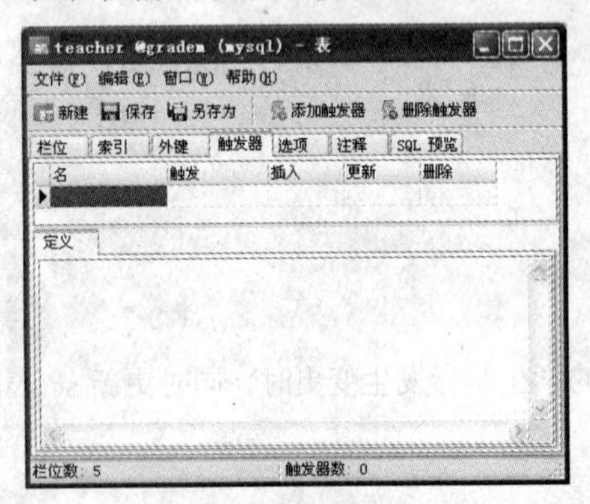

图 5.19　创建触发器窗口

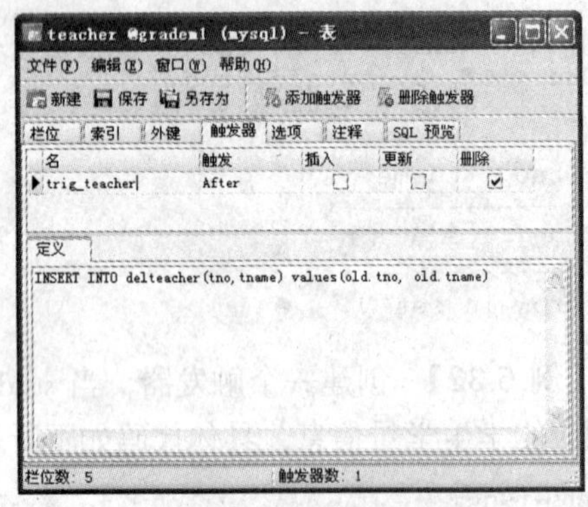

图 5.20　创建好的触发器

（5）定义完毕，单击工具栏上的【保存】按钮进行存盘。【另存为】按钮是将该触发器的定义保存到指定的表中。

在此界面下可以进行添加、修改和删除触发器。

5.5.3　管理触发器

1．查看触发器

查看触发器是指查看数据库中已存在的触发器的定义、状态和语法信息等。可以通过命令来查看已经创建的触发器。

（1）利用 SHOW TRIGGERS 语句查看。通过 SHOW TRIGGERS 语句查看触发器的基本语法如下。

```
SHOW TRIGGERS;
```

（2）在 triggers 表中查看触发器的信息。在 MySQL 中，所有触发器的定义都存在 informat_schema 数据库下的 triggers 表中。查询 triggers 表，可以查看到数据库中所有触发器的详细信息。查询的语句如下。

```
SELECT * FROM information_schema.triggers;
```

也可以查询指定触发器的详细信息，其语句的基本格式如下。

```
SELECT * FROM information_schema.triggers WHERE trigger_name='触发器名称';
```

其中，触发器名称要用单引号（''）引起来。

例如，利用 SELECT 语句查询触发器 trig_teacher 的信息，代码执行如下。

```
SELECT * FROM information_schema.triggers WHERE trigger_name='trig_teacher';
```

2．删除触发器

使用 DROP TRIGGER 语句可删除当前数据库的触发器。其基本语法如下。

```
DROP TRIGGER [dbname.]trig_name;
```

其中，dbname 表示数据库名，如果缺省，表示删除当前数据库中的触发器。trig_name 表示要删除的触发器的名称。

例如，删除触发器“trig_teacher”，可以使用如下语句。

```
USE gradem;
DROP TRIGGER trig_teacher;
```

3．使用 Navicat 图形工具管理触发器

使用 Navicat 图形工具可以查看触发器的定义信息，具体步骤如下。

（1）在 Navicat 工具中，连接到 mysql 服务器。

（2）展开【mysql】|【gradem】|【表】，用鼠标右键单击拥有触发器的表，在弹出的快捷菜单中选择【设计表】命令，然后在弹出的对话框中单击【触发器】选项卡，就会显示该表的触发器的定义信息。

另一种查看触发器定义信息的方法如下操作所示。

（1）在 Navicat 工具中，连接到 mysql 服务器。

（2）展开【mysql】|【gradem】|【表】，单击拥有触发器的表，鼠标右键单击该表，在弹出的快捷菜单中选择【对象信息】命令，这时会在右下方的窗格中显示两个选项卡，单击【DDL】选项卡，就会显示该表的结构定义信息和触发器的定义信息，如图 5.21 所示。在此界面下只能查看，不能修改。

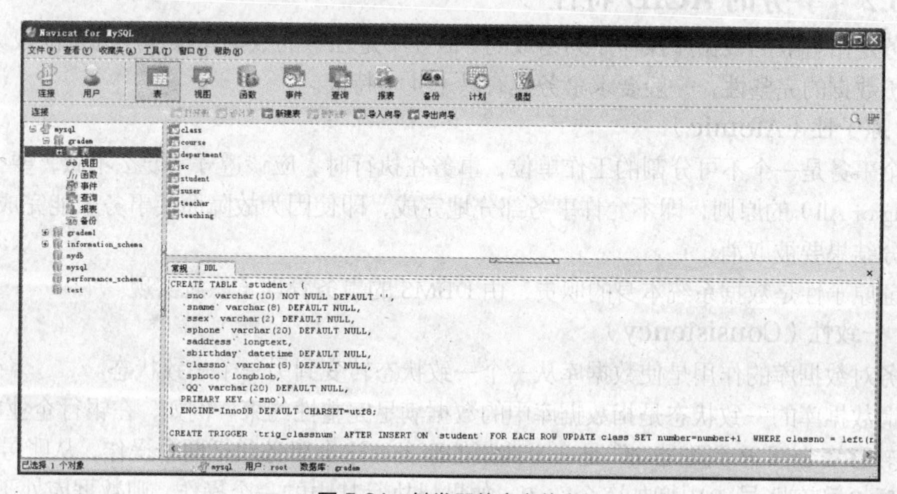

图 5.21 触发器的定义信息

5.6 事务

【任务分析】

为了确保数据的完整性和有效性，设计人员可以使用事务确保同时发生的行为与数据的有效性不发生冲突。

【课堂任务】

本节要求掌握事务的概念及应用。

- 事务的基本概念及分类
- 事务的 4 个属性

事务在 MySQL 中相当于一个工作单元，使用事务可以确保同时发生的行为与数据的有效性不发生冲突，并且维护数据的完整性，确保数据的有效性。

5.6.1 事务概述

所谓事务就是用户定义的一个数据库操作序列，这些操作要么全做要么全不做，是一个不可分割的工作单位。事务是单个的工作单元，是数据库中不可再分的基本部分。

1．为什么要引入事务

事务处理机制在程序开发过程中有着非常重要的作用，它可以使整个系统更加安全。例如，在银行处理转账业务时，如果 A 账户中的金额刚被转出，而 B 账户还没来得及接收就发生停电。或 A 账户中的金额在转出过程中因出现错误未转出，但 B 账户却已完成转入工作。这会给银行和个人带来很大的经济损失。采用事务处理机制，一旦在转账过程中发生意外，则整个转账业务将全部撤消，不做任何处理，确保数据的一致性和有效性。

2．MySQL 事务处理机制

MySQL 系统具有事务处理功能，能够保证数据库操作的一致性和完整性，使用事务可以确保同时发生的行为与数据的有效性不发生冲突。

在 MySQL 中，并不是所有的存储引擎都支持事务，如 InnoDB 和 BDB 支持，但 MyISAM 和 MEMORY 则不支持。

5.6.2 事务的 ACID 特性

事务是由有限的数据库操作序列组成的，但并不是任意的数据库操作序列都能成为事务，为了保护数据的完整性，一般要求事务具有以下 4 个特征。

1．原子性（Atomic）

一个事务是一个不可分割的工作单位，事务在执行时，应该遵守“要么不做，要么全做”（Nothing or All）的原则，即不允许事务部分地完成，即使因为故障而使事务未能完成，它执行的部分结果要被取消。

保证原子性是数据系统本身的职责，由 DBMS 的事务管理子系统实现。

2．一致性（Consistency）

事务对数据库的作用是使数据库从一个一致状态转变到另一个一致状态。

所谓数据库的一致状态是指数据库中的数据满足完整性约束。例如，在银行企业中，“从账号 A 转移资金额 R 到账号 B”是一个典型的事务，这个事务包括两个操作，从账号 A 中减去资金额 R 和在账号 B 中增加资金额 R，如果只执行其中的一个操作，则数据库处于不一致状态，账务会出现问题，也就是说，两个操作要么全做，要么全不做，否则就不能成为事务。可见事务的一致性与原子性是密切相关的。

确保单个事务的一致性是编写事务的应用程序员的职责，在系统运行中，是由DBMS的完整性子系统实现的。

3．隔离性（Isolation）

如果多个事务并发执行，应像各个事务独立执行一样，一个事务的执行不能被其他事务干扰，即一个事务内部的操作及使用的数据对并发的其他事务是隔离的。并发控制就是为了保证事务间的隔离性。

隔离性是由DBMS的并发控制子系统实现的。

4．持久性（Durability）

最后，一个事务一旦提交，它对数据库中数据的改变就应该是持久的。如果提交一个事务以后计算机瘫痪，或数据库因故障而受到破坏，那么重新启动计算机后，DBMS也应该能够恢复，该事务的结果将依然是存在的。

事务的上述4个性质的英文术语的第1个字母的组合为ACID，因此这4个性质被称为事务的ACID属性。

5.6.3　事务的定义

一个事务可以是一组SQL语句、一条SQL语句或整个程序，一个应用程序可以包括多个事务。

事务的开始与结束可以由用户显式控制。如果用户没有显式地定义事务，则由DBMS按照默认规则自动划分事务。在MySQL系统中，定义事务的语句主要有下列3条：START TRANSACTION、COMMIT和ROLLBACK。

1．开始事务

START TRANSACTION 语句标识一个用户自定义事务的开始。其语法格式如下。

```
START TRANSACTION | BEGIN WORK;
```

BEGIN WORK语句可以用来替代START TRANSACTION语句。

MySQL 使用的是平面事务模型，因此嵌套的事务是不允许的。在第1个事务里使用START TRANSACTION命令后，当第2个事务开始时，系统会自动提交第1个事务。

2．结束事务

COMMIT 语句用于结束一个用户定义的事务，保证对数据的修改已经成功地写入数据库。此时事务正常结束。其语法格式如下。

```
COMMIT [WORK]  [AND [NO] CHAIN]  [[NO] RELEASE];
```

AND CHAIN子句可选，会在当前事务结束时，立刻启动一个新事务，并且新事务与刚结束的事务有相同的隔离等级。RELEASE子句在终止了当前事务后，会让服务器断开与当前客户端的连接。包含NO关键词可以抑制CHAIN或RELEASE完成。

下面的这些MySQL语句运行时都会隐式地执行一个COMMIT命令。

- DROP DATABASE / DROP TABLE

- CREATE INDEX / DROP INDEX
- ALTER TABLE / RENAME TABLE
- LOCK TABLES / UNLOCK TABLES
- SET @@AUTOCOMMIT=1

3．撤销事务

ROLLBACK 语句用于事务的撤销，它撤销事务所做的修改，并结束当前这个事务。其语法格式如下。

```
ROLLBACK [WORK] [AND [NO] CHAIN] [[NO] RELEASE];
```

4．回滚事务

除了撤销整个事务，用户还可以使用 ROLLBACK TO 语句使事务回滚到某个点，在这之前需要使用 SAVEPOINT 语句来设置一个保存点。SAVEPOINT 语句的语法格式如下。

```
SAVEPOINT identifier;
```

其中，identifier 为保存点的名称。

ROLLBACK TO SAVEPOINT 语句会向已命名的保存点回滚一个事务。如果在保存点被设置后，当前事务对数据进行了更改，则这些更改会在回滚中被撤销。语法格式如下。

```
ROLLBACK [WORK] TO SAVEPOINT identifier ;
```

当事务回滚到某个保存点后，在该保存点之后设置的保存点将被删除。RELEASE SAVEPOINT 语句会从当前事务的一组保存点中删除已命名的保存点。不出现提交或回滚。如果保存点不存在，会出现错误。其语法格式如下。

```
RELEASE SAVEPOINT identifier ;
```

例如，下面几个语句说明了有关事务的处理过程。

```
1. START TRANSACTION;
2. UPDATE …;
3. DELETE…;
4. SAVEPOINT S1;
5. DELETE…;
6. ROLLBACK WORK TO SAVEPOINT S1;
7. INSERT…;
8. COMMIT WORK;
```

在以上语句中，第 1 行语句标志事务的开始；第 2、第 3 行语句对数据进行了修改，但没有提交；第 4 行设置了一个保存点；第 5 行删除了数据，但没有提交；第 6 行将事务回滚到保存点 S1，这时第 5 行所做修改被撤销了；第 7 行修改了数据；第 8 行结束了这个事务，这时第 2、第 3、第 7 行对数据库做的修改被持久化。

5．改变 MySQL 的自动提交模式

在 MySQL 中，当一个会话开始时，系统变量@@AUTOCOMMIT 值为 1，即自动提交功能是打开的，当用户每执行一条 SQL 语句后，该语句对数据库的修改就立即被提交成为持久性修改保存到磁盘上，一个事务也就结束了。因此，用户必须关闭自动提交，事务才能由多条 SQL 语句组成，使用语句“SET @@AUTOCOMMIT=0;”，执行此语句后，必须明确地指示每个事务的终止，事务中的 SQL 语句对数据库所做的修改才能成为持久化修改。例如，执行如下语句：

```
SET @@AUTOCOMMIT=0;
DELETE FROM student WHERE sno='2007010101';
SELECT * FROM student;
```

从执行结果中发现，表中已经删去了一行。但是，这个修改并没有持久化，因为自动提交已经关闭了。用户可以通过 ROLLBACK 撤销这一修改，或者使用 COMMIT 语句持久化这一修改。

若想恢复事务的自动提交功能，执行如下语句即可。

```
SET @@AUTOCOMMIT=1;
```

【例 5.33】编写转账业务的存储过程，要求 bank 表中的 currentMoney 字段值不能小于 1，具体代码如下所示。

```
mysql>create database bankinfo;   -- 创建数据库 bankinfo
mysql>use bankinfo;
mysql>if exists(select * from sysobjects where name='bank') then
    ->drop table bank;
mysql>create table bank              -- 创建表 bank
    -> ( customerName varchar (10),
    -> currentMoney decimal(13,2));
mysql>insert into bank values ('张三',1000);
mysql>insert into bank values ('李四',1);
mysql>select * from bank
mysql>delimiter //
mysql>create procedeue banktrans()
    ->begin
    ->declare money decimal(13,2) default 0.0;
    ->start transaction;
    ->update bank set currentMoney=currentMoney-1000
    ->where customerName='张三';
    ->update bank set currentMoney=currentMoney+1000
    ->where customerName='李四';
    ->select currentMoney into money from bank where customerName='张三';
    ->if money<1  then
    ->  begin
    ->   select '交易失败,回滚事务'
    ->   rollback;
    ->  end;
    ->else
    ->  begin
    ->   select '交易成功,提交事务,写入硬盘,永久保存';
    ->   commit ;
    ->  end;
    -> end if;
    ->end //
mysql> DELIMITER ;
```

5.7 锁

【任务分析】

为了解决并发操作带来的问题，设计人员可以使用锁来实现并发控制，以确保多个用户能够同时操作同一个数据库中的数据而不发生数据不一致性。

【课堂任务】

本节要求掌握锁的概念及应用。

- 并发操作引起的问题
- 锁的类型
- 死锁的处理

MySQL 的关键特性之一是支持多用户共享同一数据库。但是，当某些用户同时对同一个数据进行操作时，会产生一定的并发问题。使用事务便可以解决用户存取数据的这个问题，从而保证数据库的完整性和一致性。然而如果防止其他用户修改另一个还没完成的事务中的数据，就必须在事务中使用锁。

5.7.1 并发操作引起的问题

当同一数据库系统中有多个事务并发运行时，如果不加以适当控制，就可能产生数据的不一致性问题。

例如，并发取款操作。假设存款余额 *R*=1000 元，甲事务 *T*1 取走存款 100 元，乙事务 *T*2 取走存款 200 元，如果正常操作，即甲事务 *T*1 执行完毕再执行乙事务 *T*2，存款余额更新后应该是 700 元，但是如果按照如下顺序操作，则会有不同的结果。

① 甲事务 *T*1 读取存款余额 *R*=1000 元。

② 乙事务 *T*2 读取存款余额 *R*=1000 元。

③ 甲事务 *T*1 取走存款 100 元，修改存款余额 *R*=*R*-100=900，把 *R*=900 写回到数据库。

④ 乙事务 *T*2 取走存款 200 元，修改存款余额 *R*=*R*-200=800，把 *R*=800 写回到数据库。

结果两个事务共取走存款 300 元，而数据库中的存款却只少了 200 元。

得到这种错误的结果是由于甲、乙两个事务并发操作引起的，数据库的并发操作导致的数据库的不一致性主要有 3 种：丢失更新、读“脏”数据和不可重复读。

1．丢失更新（Lost Update）

当两个事务 *T*1 和 *T*2 读入同一数据做修改并发执行时，*T*2 把 *T*1 或 *T*1 把 *T*2 的修改结果覆盖掉，造成了数据的丢失更新问题，导致数据的不一致。

仍以上例中的操作为例进行分析。

在表 5.3 中，数据库中 *R* 的初值是 1000，事务 *T*1 包含 3 个操作：读入 *R* 初值（Find *R*）；计算 *R*（*R*=*R*-100）；更新 *R*（Update *R*）。

事务 *T*2 也包含 3 个操作：Find *R*；计算 *R*（*R*=*R*-200）；Update *R*。

如果事务 *T*1 和 *T*2 顺序执行，则更新后，*R* 的值是 700。但如果 *T*1 和 *T*2 按照表 5.3 所示并发执行，则 *R* 的值是 800，得到了错误的结果，原因在于 *t*7 时刻丢失了 *T*1 对数据库的更新操作。

因此，这个并发操作不正确。

表 5.3　　丢失更新问题

时　间	事务 *T*1	*R* 的值	事务 *T*2
*t*0		1000	
*t*1	Find *R*		
*t*2			Find *R*
*t*3	*R*=*R*-100		
*t*4			*R*=*R*-200
*t*5	Update *R*		
*t*6		900	Update *R*
*t*7		800	

2. 读“脏”数据（Dirty Reads）

读“脏”数据也称“污读”。即事务 *T*1 更新了数据 *R*，事务 *T*2 读取了更新后的数据 *R*，事务 *T*1 由于某种原因被撤销，修改无效，数据 *R* 恢复原值。这样事务 *T*2 得到的数据与数据库的内容不一致，这种情况称为“污读”。

在表 5.4 中，事务 *T*1 把 *R* 的值改为 900，但此时尚未做 COMMIT 操作，事务 *T*2 将修改过的值 900 读出来，之后事务 *T*1 执行 ROLLBACK 操作，*R* 的值恢复为 1000，而事务 *T*2 将仍在使用已被撤销了的 *R* 值 900。

原因在于 *t*4 时刻事务 *T*2 读取了 *T*1 未提交的更新操作结果，这种值是不稳定的，在事务 *T*1 结束前随时可能执行 ROLLBACK 操作。

对于这些未提交的随后又被撤销的更新数据称为“脏”数据。例如，这里事务 *T*2 在 *t*4 时刻读取的就是“脏”数据。

表 5.4　读“脏”数据问题

时　间	事务 *T*1	*R* 的值	事务 *T*2
*t*0		1000	
*t*1	Find *R*		
*t*2	*R*=*R*-100		
*t*3	Update *R*		
*t*4		900	Find *R*
*t*5	ROLLBACK		
*t*6		1000	

3. 不可重复读（Non-repeatable Reads）

一个事务对同一行数据重复读取两次，但是却得到了不同的结果。不可重复读包括以下情况。

（1）事务 *T*1 读取了数据 *R*，事务 *T*2 读取并更新了数据 *R*，当事务 *T*1 再读取数据 *R* 以进行核对时，得到的两次读取值不一致。

（2）事务在操作过程中进行两次查询，第 2 次查询的结果包含了第 1 次查询中未出现的数据或者缺少了第 1 次查询中出现的数据（这里并不要求两次查询的 SQL 语句相同）。这种现象就称为“幻读（Phantom Reads）”。这是因为在两次查询过程中有另外一个事务插入或删除数据造成的。

在表 5.5 中，在 *t*1 时刻事务 *T*1 读取 *R* 的值为 1000，但事务 *T*2 在 *t*4 时刻将 *R* 的值更新为 800，所以 *T*1 所使用的值已经与开始读取的值不一致了。

表 5.5　不可重复读问题

时　间	事务 *T*1	*R* 的值	事务 *T*2
*t*0		1000	
*t*1	Find *R*		
*t*2			Find *R*
*t*3			*R*=*R*-200

续表

时　间	事务 $T1$	R 的值	事务 $T2$
$t4$			Update R
$t5$	Find R	800	

5.7.2 事务隔离级别

在并发操作带来的问题中，“丢失更新”是应该完全避免的。但防止更新丢失，并不能单靠数据库事务控制器来解决，需要应用程序对要更新的数据加必要的锁来解决，因此防止丢失更新应该是应用程序的责任。

“污读”和“不可重复读”其实都是数据库的一致性问题，必须由数据库提供一定的事务隔离机制来解决。数据库实现事务隔离的方式，基本上可分为以下两种。

一种是在读取数据前，对其加锁，阻止其他事务对数据进行修改。

另一种是不用加任何锁，通过一定机制生成一个数据请求时间点的一致性数据快照（Snapshot），并用这个快照来提供一定级别（语句级或事务级）的一致性读取。从用户的角度来看，好象是数据库可以提供同一数据的多个版本，因此这种技术叫做数据多版本并发控制（MultiVersion Concurrency Control，简称 MVCC 或 MCC），也经常称为多版本数据库。

为了解决“隔离”与“并发”的矛盾，ISO/ANSI SQL92 定义了 4 个事务隔离级别，每个级别的隔离程度不同，允许出现的副作用也不同，可以根据自己的业务逻辑要求来选择，通过选择不同的隔离级别来平衡“隔离”与“并发”的矛盾。

1．未提交读（Read Uncommitted）

允许脏读取，但不允许丢失更新。如果一个事务已经开始写数据，则另外一个事务则不允许同时进行写操作，但允许其他事务读此行数据。该隔离级别可以通过“排他写锁”实现。

2．已提交读（Read Committed）

允许不可重复读取，但不允许脏读取。这可以通过“瞬间共享读锁”和“排他写锁”实现。读取数据的事务允许其他事务继续访问该行数据，但是未提交的写事务将会禁止其他事务访问该行。

3．可重复读（Repeatable Read）

禁止不可重复读取和脏读取，但是有时可能出现幻影数据。这可以通过“共享读锁”和“排他写锁”实现。读取数据的事务将会禁止写事务（但允许读事务），写事务则禁止任何其他事务。

4．可序列化（Serializable）

提供严格的事务隔离。它要求事务序列化执行，事务只能一个接着一个地执行，但不能并发执行。如果仅仅通过“行级锁”是无法实现事务序列化的，必须通过其他机制保证新插入的数据不会被刚执行查询操作的事务访问到。

隔离级别越高，越能保证数据的完整性和一致性，但是对并发性能的影响也越大。对于多数应用程序，可以优先考虑把数据库系统的隔离级别设为已提交读。它能够避免脏读取，而且具有较好的并发性能。尽管它会导致不可重复读、虚读和第 2 类丢失更新这些并发问题，在可能出现这类问题的个别场合，可以由应用程序采用悲观锁或乐观锁来控制。表 5.6 中列出了 4 种隔离级别的特性。

表 5.6　　4 种隔离级别比较

隔离级别 \ 并发副作用 \ 读数据一致性	读数据一致性	脏读	不可重复读	幻读
未提交读（Read uncommitted）	最低级别，只能保证不读取物理上损坏的数据	是	是	是
已提交读（Read committed）	语句级	否	是	是
可重复读（Repeatable read）	事务级	否	否	是
可序列化（Serializable）	最高级别，事务级	否	否	否

5.7.3　MySQL 的锁定机制

MySQL 通过锁来防止数据并发操作过程中引起的问题。锁就是防止其他事务访问指定资源的手段，它是实现并发控制的主要方法，是多个用户能够同时操作同一个数据库中的数据而不发生数据不一致性现象的重要保障。

在 MySQL 中有 3 种锁定机制：表级锁定、行级锁定和页级锁定。

1．表级锁定

表级锁定是 MySQL 中粒度最大的一种锁，它实现简单，资源消耗较少，被大部分 MySQL 引擎支持。最常使用的 MyISAM 与 InnoDB 都支持表级锁定，其中 MyISAM 使用的就是表级锁定。

表级锁定的类型包括两种锁：读锁和写锁。

（1）读锁。MySQL 中用于 READ（读）的表级锁定的实现机制如下：如果表没有加写锁，那么就加一个读锁。否则的话，将请求放到读锁队列中。

（2）写锁。MySQL 中用于 WRITE（写）的表级锁定的实现机制如下：如果表没有加锁，那么就加一个写锁。否则的话，将请求放到写锁队列中。

2．行级锁定

行级锁定并不是由 MySQL 提供的锁定机制，而是由存储引擎自己实现的，其中 InnoDB 的锁定机制就是行级锁定。

行级锁定的类型包括 3 种：排他锁、共享锁和意向锁。

（1）排他锁（eXclusive Locks）。排他锁又称为 X 锁。如果事务 T1 获得了数据行 R 上的排他锁，则 T1 对数据行既可读又可写。事务 T1 对数据行 R 加上排他锁，则其他事务对数据行 R 的任务封锁请求都不会成功，直至事务 T1 释放数据行 R 上的排他锁。

（2）共享锁（Share Locks）。共享锁又称为 S 锁。如果事务 T1 获得了数据行 R 上的共享锁，则 T1 对数据项 R 可以读但不可以写。事务 T1 对数据行 R 加上共享锁，则其他事务对数据行 R 的排他锁请求不会成功，而对数据行 R 的共享锁请求可以成功。

（3）意向锁。意向锁是一种表锁，锁定的粒度是整张表，分为意向共享锁（IS）和意向排他锁（IX）两类。意向锁表示一个事务有意对数据上共享锁或排他锁。

① 意向共享锁（IS）：事务打算给数据行加共享锁，事务在取得一个数据行的共享锁之前必须先取得该表的 IS 锁。

② 意向排他锁（IX）：事务打算给数据行加排他锁，事务在取得一个数据行的排他锁之

前必须先取得该表的 IX 锁。

表 5.7 中列出了 4 种锁模式的兼容性。

表 5.7　各种锁模式之间的兼容性

请求锁模式 / 是否兼容 / 当前锁模式	X	IX	S	IS
X	冲突	冲突	冲突	冲突
IX	冲突	兼容	冲突	兼容
S	冲突	冲突	兼容	兼容
IS	冲突	兼容	兼容	兼容

如果一个事务请求的锁模式与当前的锁兼容，InnoDB 就将请求的锁授予该事务；反之，如果两者不兼容，该事务就要等待锁释放。

意向锁是 InnoDB 自动加的，不需用户干预。对于 UPDATE、DELETE 和 INSERT 语句，InnoDB 会自动给涉及数据集加排他锁（X）；对于普通 SELECT 语句，InnoDB 不会加任何锁；事务可以通过以下语句显示给记录集加共享锁或排他锁。

共享锁（S）：SELECT * FROM table_name WHERE ... LOCK IN SHARE MODE。

排他锁（X）：SELECT * FROM table_name WHERE ... FOR UPDATE。

用 SELECT ... IN SHARE MODE 获得共享锁，主要用在需要数据依存关系时来确认某行记录是否存在，并确保没有人对这个记录进行 UPDATE 或者 DELETE 操作。但是如果当前事务也需要对该记录进行更新操作，则很有可能造成死锁，对于锁定行记录后需要进行更新操作的应用，应该使用 SELECT... FOR UPDATE 方式获得排他锁。

InnoDB 的行级锁是通过在指向数据记录的第 1 个索引键之后和最后一个索引键之后的空域空间上标记锁定信息，这种锁定方式被称为“间隙锁”。这种锁定机制是通过索引来实现的，也就是说如果无法利用索引的时候，InnoDB 就会放弃使用行级锁定而改用表级锁定。

3．页级锁定

BDB 表支持页级锁。页级锁开锁和加锁时间介于表级锁和行级锁之间，会出现死锁，锁定粒度介于表级锁和行级锁之间。

5.7.4　分析 InnoDB 行锁争用情况

可以通过检查 InnoDB_row_lock 状态变量来查看系统上行锁的争夺情况。

```
mysql> show status like 'innodb_row_lock%';
+-------------------------------+-------+
| Variable_name                 | Value |
+-------------------------------+-------+
| Innodb_row_lock_current_waits | 0     |
| Innodb_row_lock_time          | 0     |
| Innodb_row_lock_time_avg      | 0     |
| Innodb_row_lock_time_max      | 0     |
| Innodb_row_lock_waits         | 0     |
+-------------------------------+-------+
5 rows in set
```

如果发现锁争用比较严重，如 InnoDB_row_lock_waits 和 InnoDB_row_lock_time_avg 的值

比较高，还可以通过设置 InnoDB 监视器来进一步观察发生锁冲突的表、数据行等，并分析锁争用的原因，具体方法如下。

```
mysql> CREATE TABLE innodb_monitor(a INT) ENGINE=INNODB;
Query OK, 0 rows affected
```

然后就可以用下面的语句来进行查看。

```
mysql> Show innodb status\G;
```

设置监视器后，在 SHOW INNODB STATUS 的显示内容中，会有详细的当前锁等待的信息，包括表名、锁类型、锁定记录的情况等，便于进行进一步的分析和对问题的确定。

监视器可以通过执行下列语句来停止查看。

```
mysql> DROP TABLE innodb_monitor;
Query OK, 0 rows affected
```

5.7.5 死锁的处理

两个或两个以上的事务分别申请封锁对方已经封锁的数据对象，导致长期等待而无法继续运行下去的现象称为死锁。死锁状态如图 5.22 所示。

（1）任务 *T*1 具有资源 *R*1 的锁（通过从 *R*1 指向 *T*1 的箭头指示），并请求资源 *R*2 的锁（通过从 *T*1 指向 *R*2 的箭头指示）。

（2）任务 *T*2 具有资源 *R*2 的锁（通过从 *R*2 指向 *T*2 的箭头指示），并请求资源 *R*1 的锁（通过从 *T*2 指向 *R*1 的箭头指示）。

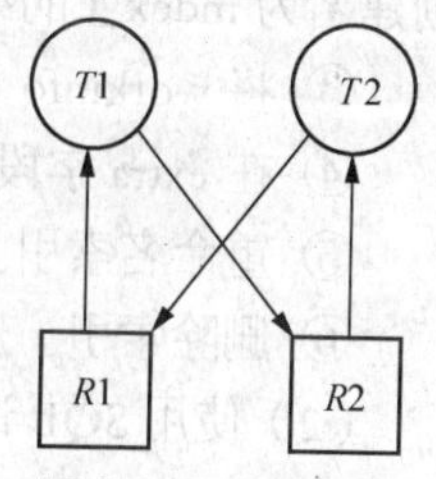

图 5.22 死锁状态

两个用户分别锁定一个资源，之后双方又都等待对方释放所锁定的资源，就产生一个锁定请求环，从而出现死锁现象。死锁会造成资源的大量浪费，甚至会使系统崩溃。

死锁往往在行级锁中出现，当两个线程互相等待对方的资源释放之后才能释放自己的资源，这样就造成了死锁。

在 InnoDB 的事务管理和锁定机制中，有专门用于检测死锁的机制。当检测到死锁时，InnoDB 会选择产生死锁的两个事务中较小的一个产生回滚，而让另外一个较大的事务成功完成。那么如何判断事务的大小呢？主要是通过计算两个事务各自插入、更新或者删除的数据量来判断，也就是说哪个事务改变的记录数越多，在死锁中越不会被回滚。需要注意的是，如果在产生死锁的场景中涉及到不止 InnoDB 存储引擎时，InnoDB 是检测不到该死锁的，这时就只能通过锁定超时限制来解决该死锁了。

5.8 课堂实践

5.8.1 索引

1．实践目的

（1）理解索引的概念与类型。

（2）掌握创建、更改、删除索引的方法。

（3）掌握维护索引的方法。

2．实践内容和要求

（1）使用 Navicat 图形工具创建、管理索引。

① 在数据库 test 下创建 workinfo 表。创建表的同时在 id 字段上创建名为 index_id 的唯一性索引，而且以降序的格式排列。workinfo 表结构内容如表 5.8 所示。

表 5.8　　workinfo 表结构内容

字段名	字段描述	数据类型	主键	外键	非空	唯一	自增
id	编号	INT(10)	是	否	是	是	是
name	职位名称	VARCHAR(20)	否	否	是	否	否
type	职位类别	VARCHAR(10)	否	否	否	否	否
address	工作地址	VARCHAR(50)	否	否	否	否	否
wages	工资	INT	否	否	否	否	否
contents	工作内容	INTYTEXT	否	否	否	否	否
extra	附加信息	TEXT	否	否	否	否	否

② 创建索引。为 name 字段创建长度为 10 的索引 index_name，在 type 和 address 字段上创建名为 index_t 的组合索引。

③ 将 workinfo 表的存储引擎更改为 MyISAM 类型。

④ 在 extra 字段上创建名为 index_ext 的全文索引。

⑤ 重命名索引。将 index_t 索引更名为 index_taddress。

⑥ 删除索引。删除 workinfo 表的唯一性索引 index_id。

（2）使用 SQL 语句创建、管理索引。

① 利用 create table 语句在 test 数据库中创建数据表 writers，其表结构内容如表 5.9 所示。创建表的同时在 w_id 字段上添加名称为 uniqidx 的唯一索引。

表 5.9　　writers 表结构内容

字段名	字段描述	数据类型	主键	外键	非空	唯一	自增
w_id	编号	INT(10)	是	否	是	是	是
w_name	作者姓名	VARCHAR(20)	否	否	是	否	否
w_address	作者地址	VARCHAR(50)	否	否	否	否	否
w_age	年龄	INT	否	否	是	否	否
w_note	说明	TEXT	否	否	否	否	否

② 使用 alter table 语句在 w_name 字段上建立名称为 nameidx 的普通索引。

③ 使用 create index 语句在 w_address 和 w_age 字段上建立名称为 multiidx 的组合索引。

④ 使用 create index 语句在 w_note 字段上建立名称为 ftidx 的全文索引。

⑤ 删除索引。利用 alter table 语句将全文索引 ftidx 删除，利用 drop index 语句将 nameidx 索引删除。

3．思考题

（1）数据库中索引被损坏后会产生什么结果?

（2）视图上能创建索引吗?

5.8.2 视图

1. 实践目的

（1）理解视图的概念。

（2）掌握视图的创建、修改和删除。

（3）掌握使用视图来访问数据的方法。

2. 实践内容和要求

（1）使用 SQL 语句创建、管理视图。

① 创建视图。

a. 创建一个名为 sc_view1 的视图，从数据库 gradem 的 sc 表中查询出成绩大于 90 分的所有学生选修课程成绩的信息。

b. 创建一个名为 sc_view2 的视图，从数据库 gradem 的 sc 表中查询出成绩小于 80 分的所有学生的学号、课程号、成绩等信息。

c. 创建一个名为 sc_view3 的视图，由数据库 gradem 的 student、course、sc 表创建一个显示“20070303”班学生选修课程（包括学生姓名、课程名称、成绩等信息）的视图。

d. 创建一个从视图 sc_view1 中查询出课程号“c01”的所有学生的视图。

② 查看视图的创建信息及视图中的数据。

a. 利用 DESC 语句和 SHOW CREATE VIEW 语句查看视图 sc_view1 的基本结构和详细结构。

b. 查看视图 sc_view1 中的所有记录。

③ 修改视图的定义。修改视图 sc_view1，使其从数据库 gradem 的 sc 表中查询出成绩大于 90 分的所有学生第 3 学期选修课程成绩的信息。

④ 视图的更名与删除。

a. 将视图 sc_view1 更名为 sc_view5。

b. 将视图 sc_view5 删除。

⑤ 管理视图中的数据。

a. 从视图 sc_view2 中查询出学号为“2007030125”、课程号为“a01”的学生选修成绩的信息。

b. 将视图 sc_view2 中学号为“2007030122”、课程号为“c02”的成绩改为 87。

c. 从视图 sc_view2 中将学号为“2007030123”、课程号为“a01”的学生信息删除。

（2）使用 Navicat 图形工具创建、管理视图。

① 创建视图。使用 Navicat 图形工具，在 student 表上创建一个名为 stud_query2_view 的视图，该视图能查询 1984 年出生的学生学号、姓名、家庭住址信息。

② 修改视图。使用 Navicat 图形工具，在 student 表上创建一个名为 stud_query3_view 的视图，该视图能查询 1984 年出生的女学生的学号、姓名、家庭住址信息。

③ 查看视图 stud_query2_view 结构信息。

④ 管理视图中的记录信息。

a. 查看视图 stud_query3_view 中的数据。

b. 将视图 stud_query3_view 中学号为“2007030301”的学生姓名由“于军”改为“于君”。

3. 思考题

（1）向视图中插入的数据能进入到基本表中去吗？

（2）修改基本表的数据会自动反映到相应的视图中去吗？

5.8.3 SQL 语言基础

1．实践目的

（1）理解常量与变量的概念。

（2）掌握常量与变量的使用方法。

（3）掌握表达式的使用方法。

（4）理解 SQL 流程控制语句的使用。

（5）掌握常用函数的功能及使用方法。

2．实践内容和要求

（1）定义一个整型局部变量 iAge 和可变长字符型局部变量 vAddress，并分别赋值 20 和“中国山东”，最后输出变量的值，并要求通过注释对语句的功能进行说明。

（2）通过全局变量获得当前服务器进程的 ID 标识和 MySQL 服务器的版本。

（3）利用存储过程或函数，求 1～100 的偶数和及所有的质数和。

（4）对于字符串“Welcome to MySQL”，进行以下操作。

① 将字符串转换为全部大写。

② 将字符串转换为全部小写。

③ 去掉字符串前后的空格。

④ 截取从第 12 个字符开始的 10 个字符。

（5）使用日期型函数，获得输出结果见表 5.10。

表 5.10　输出结果

年　份	月　份	日　期	星期几
2009	11	16	星期一

（6）根据 sc 表中的成绩进行处理：成绩大于等于 60 分的显示“及格”，小于 60 分的显示“不及格”，为 NULL 的显示“无成绩”。

（7）利用 SQL 条件语句，在 student 表中查找“李艳”同学的信息，若找到，则显示该生的学号、姓名、班级名称及班主任，否则显示“查无此人”。

3．思考题

（1）全局变量与局部变量的区别是什么？

（2）使用变量的前提是什么？

5.8.4 存储过程和函数

1．实践目的

（1）理解存储过程和函数的概念。

（2）掌握创建存储过程和函数的方法。

（3）掌握执行存储过程和函数的方法。

（4）掌握查看、修改、删除存储过程和函数的方法。

2．实践内容和要求

（1）利用 SQL 语句创建存储过程和函数。

① 创建不带参数的存储过程。

a. 创建一个从 student 表查询班级号为“20070301”班的学生资料的存储过程 proc_1，其中包括学号、姓名、性别、出生年月等。调用 proc_1 存储过程，观察执行结果。

b. 在 gradem 数据库中创建存储过程 proc_2，要求实现如下功能：存在不及格情况的学生选课情况列表，其中包括学号、姓名、性别、课程号、课程名、成绩、系别等。调用 proc_2 存储过程，观察执行结果。

② 创建带输入参数的存储过程。创建一个从 student 表查询学生资料的存储过程 proc_3，其中包括学号、姓名、性别、出生年月、班级等。要查询的班级号通过输入参数 no 传递给存在过程。执行此存储过程，查看执行结果。

③ 创建带输入输出参数的存储过程。创建一个从 sc 表查询某一门课程考试成绩总分的存储过程 proc_4。

在以上存储过程中，要查询的课程号通过输入参数 cno 传递给存储过程，sum_degree 作为输出参数用来存放查询得到的总分。执行此存储过程，观察执行结果。

④ 创建存储函数 func_1、func_2、func_3、func_4，功能分别对应 proc_1 ~ proc_4。

⑤ 创建存储函数。在 sc 表中，创建一个存储函数 func_5，实现如下功能：输入学生学号，根据该学生所选课程的平均分显示提示信息，平均分大于等于 90，则显示“该生成绩优秀”，平均分小于 90 但大于等于 80，则显示“该生成绩良好”，平均分小于 80 但大于等于 60，显示“该生成绩合格”，小于 60 则显示“该生成绩不及格”。调用此存储函数，显示“2007030301”学生的成绩情况。

（2）使用 SQL 语句查看、修改和删除存储过程和函数。

① 查看存储过程。

a. 分别利用 SHOW STATUS 语句和 SHOW CREATE 语句查看存储过程 proc_1 ~ proc_4、存储函数 func_1 ~ func_5 的状态和定义。

b. 从 information_schema.routines 表中查看 proc_1 ~ proc_4、存储函数 func_1 ~ func_5 的信息。

② 修改存储过程和函数。

a. 使用 ALTER PROCEDURE 语句修改存储过程 proc_1 的定义。将读写权限改为 MODIFIES SQL DATA，并指明调用者可以执行。

b. 修改存储函数 func_5 的定义。将读写权限改为 READS SQL DATA，并加上注释信息 'FUNCTION'。

③ 删除存储过程和函数。将存储过程 proc_1 和存储函数 func_1 删除。

（3）使用 Navicat 图形工具创建、查看、修改和删除存储过程。

① 创建存储过程。创建一个从 student 表查询班级号为“20070303”班的学生资料的存储过程 proc_5。

② 查看存储过程和函数。分别查看存储过程 proc_1 ~ proc_5、存储函数 func_1 ~ func_5，观察其区别。

③ 修改存储过程。将存储过程 proc_3 功能改为从 student 表查询某班男生的信息。

④ 删除存储过程和存储函数。将存储过程 proc_5 和存储函数 func_5 删除。

3．思考题

（1）功能相同的存储过程和存储函数的不同点在什么地方？

（2）如何在不影响现有权限的情况下修改存储过程？

5.8.5 触发器

1. 实践目的

（1）理解触发器的概念与类型。

（2）理解触发器的功能及工作原理。

（3）掌握创建、更改、删除触发器的方法。

（4）掌握利用触发器维护数据完整性的方法。

2. 实践内容和要求

（1）使用 SQL 语句创建触发器。

① 创建插入触发器并进行触发器的触发执行。为表 sc 创建一个插入触发器 student_sc_insert，当向表 sc 插入数据时，必须保证插入的学号有效地存在于 student 表中，如果插入的学号在 student 表中不存在，给出错误提示。

向表 sc 中插入一行数据：sno，cno，degree 分别是（'2007030215'，'c01',78），该行数据插入后，观察插入触发器 student_sc_insert 是否触发工作，再插入一行数据，观察插入触发器是否触发工作。

② 创建删除触发器。为表 student 创建一个删除触发器 student_delete，当删除表 student 中的一个学生的基本信息时，将表 sc 中该生相应的学习成绩删除。

将学生“张小燕”的资料从表 student 中删除，观察删除触发器 student_delete 是否触发工作，即 sc 表中该生相应的学习成绩是否被删除。

③ 创建更新触发器。为 student 表创建一个更新触发器 student_sno，当更改 student 表中某学生的学号时，同时将 sc 表中该学生的学号更新。

将 student 表中“2007030112”的学号改为“2007030122”，观察触发器 student_sno 是否触发工作，即 sc 表中是否也全部改为“2007030122”。

（2）查看、删除触发器。

① 查看触发器的定义、状态和语法信息。

a. 利用 SHOW TRIGGERS 语句查看。

b. 在 triggers 表中查看触发器的相关信息。

② 删除触发器。使用 DROP TRIGGER 删除 student_sno 触发器。

（3）使用 Navicat 工具。使用 Navicat 工具完成触发器 student_sc_insert、触发器 student_delete 和触发器 student_sno 的创建、查看和删除。

3. 思考题

（1）能否在当前数据库中为其他数据库创建触发器?

（2）触发器何时被激发?

5.8.6 游标及事务的使用

1. 实践目的

（1）理解游标的概念。

（2）掌握定义、使用游标的方法。

（3）理解事务的概念及事务的结构。

（4）掌握事务的使用方法。

2．实践内容和要求

（1）使用游标。

① 定义及使用游标。在 student 表中定义一个学号为“2007030101”，包含 sno、sname、ssex 的只读游标 stud01_cursor，并将游标中的记录逐条显示出来。

② 使用游标修改数据。在 student 表中定义一个游标 stud02_cursor，将游标中绝对位置为 3 的学生姓名改为“李平”，性别改为“女”。

③ 使用游标删除数据。将游标 stud02_cursor 中绝对位置为 3 学生记录删除。

（2）使用事务。

①比较以非事务方式及事务方式执行 SQL 脚本的异同。

a. 以事务方式修改 student 表中学号为“2007020101”的学生姓名及出生年月。执行完修改脚本后，查看 student 表中该学号记录。

b. 以非事务方式修改 student 表中学号为“2007020101”的学生姓名及出生年月。执行脚本，查看 student 表中该学号的记录。比较两种方式对执行结果的影响有何不同。

② 以事务方式向表中插入数据。以事务方式向 class 表中插入 3 个班的资料，内容自定。其中 header 字段的属性为 NOT NULL。编写事务脚本并执行，分析回滚操作如何影响分列于事务不同部分的 3 条 INSERT 语句。

3．思考题

（1）使用游标对于数据检索有什么好处？

（2）事务的特点是什么？

5.9 课外拓展

操作内容及要求如下。

1．索引和视图

（1）查询显示购物者的名字及其所订购的玩具的总价。

Select vFirstName,mTotalCost

From shopper join Orders

On shopper.cShopperId=Orders.cShopperId

上述查询的执行要花费很长的时间。创建相应的索引来优化上述查询。

（2）表 Toys 经常用作查询，查询一般基于属性 cToyId，用户必须优化查询的执行。同时，确保属性 cToyId 没有重复。

（3）表 Category 经常用于查询，查询基于表中的属性 cCategory。属性 cCategoryId 被定义为主关键字，在表上创建相应的索引，加快查询的执行。同时确保属性 cCategory 没有重复。

（4）完成下面的查询。

① 显示购物者的名字和他们所订购的玩具的名字。

```
select shopper.vFirstName, cToyName
from shopper join orders
on shopper.cShopperId=Orders.cShopperId
join orderDetail
on Orders.cOrderNo=OrderDetail.cOrderNo
join Toys
on OrderDetail.cToyId=Toys.cToyId
```

② 显示购物者的名字和他们订购的玩具的名字和订购的数量。

```
Select shopper.vFirstName,cToyName,siQty
From shopper join orders
On shopper.cshopperId=Orders.cShopperId
Join OrderDetail
On Orders.cOrderNo=OrderDetail.cOrderNo
Join Toys
On OrderDetail.cToyId=Toys.cToyId
```

③ 显示购物者的名字和他们所订购的玩具的名字和玩具价格。

```
select shopper.vFirstName,cToyName,mToyCost
from shopper join orders
on shopper.cShopperId=orders.cShopperId
join orderDetail
on orders.cOrderNo=orderDetail.cOrderNo
join Toys
on OrderDetail.cToyId=Toys.cToyId
```

简化这些查询。

（5）视图定义如下。

```
create view vwOrderWrapper
as
  select cOrderNO, cToyId, siQty, vDescription, mWrapperRate
  from OrderDetail join Wrapper
  on OrderDetail.cWrapperId=Wrapper.cWrapperId
```

当使用下列更新命令更新 siQty 和 mWrapperRate 时，该命令给出一个错误。

```
update vwOrderWrapper
set siQty=2,mWrapperRate= mWrapperRate
from vwOrderWrapper
where cOrderNo = '000001'
```

修改更新命令，在基表中更新所需的值。

① 需要获得订货代码为“000003”的货物的船运状况，如果该批订货已经投递，则应该显示消息“the order has been delivered”。否则，显示消息“the order has been shipped but not delivered”。

如果该批订货已经船运但未投递，则属性 cDeliveryStatus 将包含“s”，如果该批订货已经投递，则属性 cDeliveryStatus 包含“d”。

② 将每件玩具的价格增加¥0.5，直到玩具的平均价格达到约¥22.5。

③ 将每件玩具的价格增加¥0.5，直到玩具的平均价格达到约¥24.5。此外，任何一件玩具的价格最高不得超过¥53。

2．存储过程和触发器

（1）频繁地需要一份包含所有玩具的名称、说明、价格的报表。在数据库中创建一个对象，消除获得报表时因网络阻塞造成的延时。

（2）对报表的查询如下。

select vFirstName，vLastName，vEmailId

from shopper;

为上述查询创建存储过程。

（3）创建存储过程，接收一个玩具代码，显示该玩具的名称和价格。

（4）创建一个存储过程，将下列数据添加到表 ToyBrand 中，见表 5.11。

表 5.11 ToyBrand

cBrandId（品牌代码）	cBrandName（品牌名称）
009	Fun World

（5）创建一个叫 prcAddCategory 的存储过程，将下列数据添加到表 Category 中，见表 5.12。

表 5.12 Category

cCategory Id（种类代码）	cCategory（种类名称）	vDescription（说明）
018	Electronic Games	这些游戏中包含了一个和孩子们交互的屏幕

（6）删除过程 prcAddCategory。

（7）创建一个叫 prcCharges 的触发器，按照给定的订货代码返回船运费和包装费。

（8）创建一个叫 prcHandlingChanges 的触发器，接收一个订货代码并显示处理费。触发器 prcHandlingCharges 中应该用到触发器 prcCharges，以取得船运费和包装费。

处理费＝船运费＋包装费。

3．事务

（1）当完成了订购之后，订购信息被存放在表 OrderDetail 中，系统应当将玩具的现有数量减少，减少数量为购物者订购的数量。

（2）存储过程 prcGenOrder 生成数据库中现有的订货数量。

```
Create procedure prcGenOrder(in OrderNo char(6))
   BEGIN
   Declare OrderNo char(6);
   select max(cOrderNo) into OrderNo from orders;
   select @OrderNo=case
when @OrderNo>=0 and @OrderNo<9  then '00000'+convert(char,@OrderNO+1)
when @OrderNo>=9 and @OrderNo<99  then '0000'+convert(char,@OrderNO+1)
when @OrderNo>=99 and @OrderNo<999 then '000'+convert(char,@OrderNO+1)
when @OrderNo>=999 and @OrderNo<9999  then '00'+convert(char,@OrderNO+1)
when @OrderNo>=9999and @OrderNo<99999  then '0'+convert(char,@OrderNO+1)
when @OrderNo>=99999  then  convert(char,@OrderNO+1)
end;
```

当购物者确认一次订购时，依次执行下列步骤。

① 通过上述过程生成订货代码。

② 将订货代码、当前日期、车辆代码、购物者代码添加到表 Order 中。

③ 将订货代码、玩具代码、数量添加到表 OrderDetail 中。

④ OrderDetail 表中的玩具价格应该更新。

玩具价格＝数量×玩具单价。

上述步骤应当具有原子性。

将上述事务转换成存储过程，该过程接收车辆代码和购物者代码作为参数。

（3）当购物者为某个特定的玩具选择礼品包装时，依次执行下列步骤。

① 属性 cGiftWrap 中应当存放“Y”，属性 cWrapperId 应根据选择的包装代码进行更新。

② 礼品包装费用应当更新。

上述步骤应当具有原子性。

将上述事务转换成存储过程，该过程接收订货代码、玩具代码和包装代码作为参数。

（4）如果购物者改变了订货数量，则玩具价格将自动修改。

玩具价格 = 数量 × 玩具单价。

习题

1．选择题

（1）下列关于 SQL 语言索引（Index）的叙述中，哪一条是不正确的？（　　）

A. 索引是外模式

B. 一个基本表上可以创建多个索引

C. 索引可以加快查询的执行速度

D. 系统在存取数据时会自动选择合适的索引作为存取路径

（2）为了提高特定查询的速度，对 SC(S#, C#, DEGREE)关系创建唯一性索引，应该创建在哪一个属性（组）上？（　　）

A. (S#, C#)　　B. (S#, DEGREE)

C. (C#, DEGREE)　　D. DEGREE

（3）设 S_AVG(SNO,AVG_GRADE)是一个基于关系 SC 定义的学号和他的平均成绩的视图。下面对该视图的操作语句中，（　　）是不能正确执行的。

Ⅰ. UPDATE S_AVG SET AVG_GRADE=90 WHERE SNO='2004010601'

Ⅱ. SELECT SNO, AVG_GRADE FROM S_AVG WHERE SNO='2004010601'

A. 仅Ⅰ　　B. 仅Ⅱ　　C. 都能　　D. 都不能

（4）在视图上不能完成的操作是（　　）。

A. 更新视图　　B. 查询

C. 在视图上定义新的基本表　　D. 在视图上定义新视图

（5）在 SQL 语言中，删除一个视图的命令是（　　）。

A. DELETE　　B. DROP　　C. CLEAR　　D. REMOVE

（6）为了使索引键的值在基本表中唯一，在创建索引的语句中应使用保留字（　　）。

A. UNIQUE　　B. COUNT　　C. DISTINCT　　D. UNION

（7）创建索引是为了（　　）。

A. 提高存取速度　　B. 减少 I/O

C. 节约空间　　D. 减少缓冲区个数

（8）在关系数据库中，视图（View）是三级模式结构中的（　　）。

A. 内模式　　B. 模式　　C. 存储模式　　D. 外模式

（9）视图是一个“虚表”，视图的构造基于（　　）。

Ⅰ. 基本表　Ⅱ. 视图　Ⅲ. 索引

A. Ⅰ或Ⅱ　　B. Ⅰ或Ⅲ　　C. Ⅱ或Ⅲ　　D. Ⅰ、Ⅱ或Ⅲ

（10）已知关系：STUDENT(Sno，Sname，Grade)，以下关于命令
“CREATE INDEX S index ON STUDENT(Grade)”的描述中，正确的是（　　）。

A. 按成绩降序创建了一个普通索引

B. 按成绩升序创建了一个普通索引

C. 按成绩降序创建了一个全文索引

D. 按成绩升序创建了一个全文索引

（11）在关系数据库中，为了简化用户的查询操作，而又不增加数据的存储空间，则应该创建的数据库对象是（　　）。

A. Table（表）　　B. Index（索引）

C. Cursor（游标）　　D. View（视图）

（12）下面关于关系数据库视图的描述，正确的是（　　）。

A. 视图是关系数据库三级模式中的内模式

B. 视图能够对机密数据提供安全保护

C. 视图对重构数据库提供了一定程度的逻辑独立性

D. 对视图的一切操作最终要转换为对基本表的操作

（13）触发器的触发事件有 3 种，下面哪一种是错误的？（　　）

A. UPDATE　　B. DELETE　　C. ALTER　　D. INSERT

（14）下列几种情况下，不适合创建索引的是（　　）。

A. 列的取值范围很少　　B. 用作查询条件的列

C. 频繁搜索范围的列　　D. 连接中频繁使用的列

（15）CREATE UNIQUE INDEX writer_index ON 作者信息（作者编号）语句创建了一个（　　）索引。

A. 唯一性索引　　B. 全文索引　　C. 普通索引　　D. 空间索引

（16）存储过程和存储函数的相关信息是在（　　）数据库中存放。

A. mysql　　B. information_schema

C. performance_schema　　D. test

（17）一个触发器能定义在多少个表中？（　　）

A. 只有一个　　B. 一个或者多个　　C. 一个到 3 个　　D. 任意多个

（18）下面选项中不属于存储过程和存储函数的优点的是（　　）。

A. 增强代码的重用性和共享性　　B. 可以加快运行速度，减少网络流量

C. 可以作为安全性机制　　D. 编辑简单

（19）在一个表上可以有（　　）不同类型的触发器。

A. 一种　　B. 两种　　C. 3种　　D. 无限制

（20）使用（　　）语句删除触发器 trig_Test。

A. DROP * FROM trig_Test

B. DROP trig_Test

C. DROP TRIGGER WHERE NAME='trig_Test'

D. DROP TRIGGER trig_Test

2．填空题

（1）视图是从________中导出的表，数据库中实际存放的是视图的________，而不是________。

（2）当对视图进行 UPDATE、INSERT 和 DELETE 操作时，为了保证被操作的行满足视图定义中子查询语句的谓词条件，应在视图定义语句中使用可选择项________。

（3）SQL 语言支持数据库 3 级模式结构。在 SQL 中，外模式对应于________和部分基本表，模式对应于基本表全体，内模式对应于存储文件。

（4）如果在视图中删除或修改一条记录，则相应的________也随着视图更新。

（5）在 MySQL 系统中，有两种基本类型的索引：________和________。

（6）创建唯一性索引时，应保证创建索引的列不包括重复的数据，并且没有两个或两个以上的空值。如果有这种数据，必须先将其________，否则索引不能成功创建。

（7）存储过程和存储函数的相关信息在________表中存放，触发器的相关信息在________表中存放。

（8）在 MySQL 中，触发器的执行时间有两种，________和________。

3．简答题

（1）简述索引的作用。

（2）视图与表有何不同？

（3）简述存储过程、触发器各自的特点，总结并讨论各适用于何处。

（4）什么是游标？为什么要使用游标？

（5）简述视图的优缺点。

（6）通过视图修改数据需要遵循哪些准则？

（7）利用索引检索数据有哪些优点？

（8）如何创建一个存储过程和函数？

（9）在什么情况下要使用事务？事务有哪些属性？

（10）各种触发器的触发顺序是什么？

PART 6 第 6 章 MySQL 数据库高级管理

任务要求：

当在服务器上运行 MySQL 时，数据库管理员的职责就是要想方设法使 MySQL 免遭用户的非法侵入，拒绝其访问数据库，保证数据库的安全性和完整性。

学习目标：

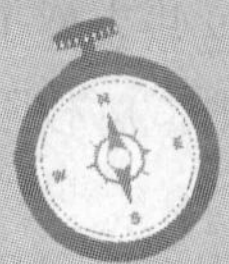

- 了解 MySQL 的权限系统
- 掌握 MySQL 的用户管理和权限管理的方法
- 掌握各种数据备份和数据还原的方法
- 掌握数据库迁移的方法
- 掌握数据的导入与导出的方法
- 了解什么是 MySQL 日志
- 掌握 MySQL 日志的用法

学习情境：

训练学生掌握 MySQL 的用户管理方法、数据库的备份与还原、数据库的迁移、数据的导入与导出和日志的用法等。

6.1 MySQL 的权限系统

【任务分析】

想确保数据库的安全性，首先要了解 MySQL 的访问控制系统。明确 MySQL 权限系统的工作原理，熟悉其权限操作，掌握 MySQL 账户管理和权限管理的相关知识，为数据库提供安全性保护打下基础。

【课堂任务】

本节要理解 MySQL 的安全机制。

- MySQL 的验证模式
- MySQL 登录
- MySQL 权限操作

MySQL 是一个多用户数据库管理系统，具有功能强大的访问控制系统，可以为不同用户指定允许的权限。掌握其授权机制是开始操作 MySQL 数据库必须要走的第 1 步。下面对如何利用 MySQL 权限表的结构和服务器，并决定访问权限进行简单介绍。

6.1.1 权限表

通过网络连接服务器的客户对 MySQL 数据库的访问由权限表内容来控制。这些表位于 mysql 数据库中，并在第 1 次安装 MySQL 的过程中初始化（运行 mysql_install_db 脚本）。权限表共有 6 个表：user、db、host、tables_priv、columns_priv 和 procs_priv。

当 MySQL 服务启动时，会首先读取 mysql 中的权限表，并将表中的数据装入内存。当用户进行存取操作时，MySQL 会根据这些表中的数据做相应的权限控制。

1．权限表 user、db 和 host 的结构和作用

权限表 user、db 和 host 的结构如表 6.1 所示。

表 6.1　　权限表 user、db 和 host 的结构及各字段含义

user 表	db 表	host 表	含　义
用户列			
Host	Host	Host	主机名
	Db	Db	数据库名
User	User		用户名
Password			密码
数据库/表的权限列			
Select_priv	Select_priv	Select_priv	查询记录权限
Insert_priv	Insert_priv	Insert_priv	插入记录权限
Update_priv	Update_priv	Update_priv	更新记录权限
Delete_priv	Delete_priv	Delete_priv	删除记录权限
Create_priv	Create_priv	Create_priv	创建数据库和表权限
Drop_priv	Drop_priv	Drop_priv	删除数据库和表权限

续表

user 表	db 表	host 表	含 义
Reload_priv			刷新/重载 MySQL 服务器权限
Shutdown_priv			终止（关闭）服务器权限
Process_priv			通过 Show Processlist 命令查看其他用户线程的权限
File_priv			在服务器上读/写文件的权限
Grant_priv	Grant_priv	Grant_priv	授权权限
References_priv	References_priv	References_priv	设置完整性约束权限
Index_priv	Index_priv	Index_priv	创建或删除索引权限
Alter_priv	Alter_priv	Alter_priv	修改表和索引权限
Show_db_priv			是否拥有所有数据库的查看权限
Super_priv			是否拥有超级权限
Create_tmp_table_priv	Create_tmp_table_priv	Create_tmp_table_priv	创建临时表权限
Lock_tables_priv	Lock_tables_priv	Lock_tables_priv	锁定表权限（阻止访问/修改）
Execute_priv	Execute_priv	Execute_priv	存储过程和函数执行权限
Repl_slave_priv			从服务器连接到主服务器权限
Repl_client_priv			查看主服务器和从服务器状态权限
Create_view_priv	Create_view_priv	Create_view_priv	创建视图权限
Show_view_priv	Show_view_priv	Show_view_priv	查看视图权限
Create_routine_priv	Create_routine_priv	Create_routine_priv	创建存储过程和函数权限
Alter_routine_priv	Alter_routine_priv	Alter_routine_priv	修改存储过程和函数权限
Create_user_priv			创建用户权限
Event_priv	Event_priv		创建、修改和删除事件（时间触发器）权限
Trigger_priv	Trigger_priv	Trigger_priv	创建和删除触发器权限
Create_tablespace_priv			创建表空间权限
安全列			
ssl_type			用于加密
ssl_cipher			用于加密
x509_issuer			标识用户
x509_ subject			标识用户
plugin			验证用户身份
authentication_string			数据严格检验
资源控制列			
max_questions			用户每小时允许执行的查询操作次数
max_updates			用户每小时允许执行的更新操作次数
max_connections			用户每小时允许执行的连接操作次数
max_user_connections			用户允许同时建立的连接次数

（1）user 表。user 表是 MySQL 中最重要的一个权限表，记录允许连接到服务器的账号信息。user 表列出可以连接服务器的用户及其口令，并且指定他们有哪种全局（超级用户）权限。在 user 表启用的任何权限均是全局权限，并适用于所有数据库。例如，如果用户启用了 DELETE 权限，则该用户可以从任何表中删除记录。MySQL 5.5 中 user 表有 42 个字段，共分为 4 类，分别是用户列、权限列、安全列和资源控制列。各类字段的作用如下。

① 用户列。user 表的用户列包括 Host、User 和 Password，分别表示主机名、用户名和密码。其中 User 和 Host 为 User 表的联合主键。当用户和服务器之间建立连接时，输入的账户信息中的用户名称、主机名和密码必须匹配 User 表中对应的字段，只有 3 个值都匹配时，才允许建立连接。这 3 个字段的值是在创建账户时保存的账户信息。修改用户密码时，实际是修改 user 表的 Password 字段的值。

② 权限列。user 表的权限列包括 Select_priv、Insert_priv 等以 priv 结尾的字段。这些字段决定了用户的权限，描述了在全局范围内允许对数据和数据库进行的操作。包括查询权限、修改权限等普通权限，还包括了关闭服务器、超级权限和加载用户等高级权限。普通权限用于操作数据库，高级权限用于数据库管理。

这些字段的类型为 ENUM，可以取的值只有 Y 和 N，Y 表示该权限可以用到所有数据库上，N 表示用户没有该权限。从安全角度考虑，这些字段的默认值都为 N。如果要修改权限，可以使用 GRANT 语句或 UPDATE 语句更改 user 表的相应字段值来修改用户对应的权限。

③ 安全列。安全列有 6 个字段，其中有两个与 ssl 相关，有两个与 x509 有关，另外两个与授权插件相关。ssl 用于加密，x509 标准用于标识用户，plugin 字段标识用于验证用户身份，authentication_string 用于数据严格检验。读者可以通过 SHOW VARIBALES LIKE 'have_openssl' 语句来查询服务器是否支持 ssl 功能。

④ 资源控制列。资源控制列的字段用来限制用户使用的资源。这些字段的默认值为 0，表示没有限制。

（2）db 表和 host 表。db 表和 host 表也是 MySQL 数据库中非常重要的权限表。db 表中存储了用户对某个数据库的操作权限，决定用户能从哪个主机存取哪个数据库。host 表中存储了某个主机对数据库的操作权限，配合 db 权限表对给定主机上数据库级操作权限做更细致的控制。这个权限表不受 GRANT 和 REVOKE 语句的影响。db 表比较常用，host 表一般很少使用。db 和 host 表结构相似，字段大致可以分为两类：用户列和权限列。

① 用户列。db 表的用户列包括 Host、User 和 Db，分别表示主机名、用户名和数据库名，标识从某个主机连接某个用户对某个数据库的操作权限，这 3 个字段的组合构成了 db 表的主键。host 表的用户列有 Host 和 Db 两个字段，表示从某个主机连接的用户对某个数据库的操作权限，其主键包括 Host 和 Db 两个字段。Host 表是 db 表的扩展。如果 db 表中找不到 Host 字段的值，就需要到 host 表中寻找。

② 权限列。db 表和 host 表的权限列大致相同，只是 db 表多了一个 event_priv 字段。

user 表的权限是针对所有数据库的，如果希望用户只对某个数据库有操作权限，那么需要将 user 表中对应的权限设置为 N，然后在 db 表中设置对应数据的操作权限。例如，为某用户只设置了查询 test 表的权限，那么 user 表的 Select_priv 字段的取值为 N，而 SELECT 权限则记录在 db 表中，db 表的 Select_priv 字段的取值将会是 Y。由此可见，用户先根据 user 表的内容获取权限，然后再根据 db 表的内容获取权限。

2．tables_priv 表、columns_priv 表和 procs_priv 表

tables_priv 表用来对表设置操作权限，columns_priv 表用来对表的某一列设置权限，procs_priv 表可以对存储过程和存储函数设置操作权限。tables_priv 表、columns_priv 表和 procs_priv 表的结构如表 6.2 所示。

表 6.2　权限表 tables_priv、columns_priv、procs_priv 的结构和各字段含义

tables_priv 表	columns_priv 表	procs_priv 表	各字段含义
用户列			
Host	Host	Host	主机名
Db	Db	Db	数据库名
User	User	User	用户名
Table_name	Table_name		表名
		Routine_name	存储过程或函数名称
		Routine_type	存储过程或函数类型
	Column_name		具有操作权限的列名
权限列			
Table_priv			表操作权限
Column_priv	Column_priv		列操作权限
		Proc_priv	存储过程或函数操作权限
其他列			
Timestamp	Timestamp	Timestamp	更新的时间
Grantor		Grantor	权限设置的用户

其中，Table_priv 权限包括 Select、Insert、Update、Delete、Create、Drop、Grant、References、Index、Alter 等。Column_priv 权限包括 Select、Insert、Update 和 References 等。Routine_type 字段有两个值，分别是 FUNCTION 和 PROCEDURE。FUNCTION 表示是一个函数，PROCEDURE 表示是一个存储过程。Proc_priv 权限包括 Execute、Alter Routine 和 Grant 3 种。

6.1.2　MySQL 权限系统的工作原理

为了确保数据库的安全性与完整性，系统并不希望每个用户可以执行所有的数据库操作。当 MySQL 允许一个用户执行各种操作时，它将首先核实用户向 MySQL 服务器发送的连接请求，然后确认用户的操作请求是否被允许。下面简单介绍 MySQL 权限系统的工作过程。

MySQL 的访问控制分为两个阶段：连接核实阶段和请求核实阶段。

1．连接核实阶段

当用户试图连接 MySQL 服务器时，服务器基于用户提供的信息来验证用户身份，如果不能通过身份验证，服务器会完全拒绝该用户的访问。如果能够通过身份验证，则服务器接受连接，然后进入第 2 个阶段等待用户请求。

MySQL 使用 user 表中的 3 个字段（Host、User 和 Password）进行身份检查，服务器只有在用户提供主机名、用户名和密码并与 user 表中对应的字段值完全匹配时才接受连接。

（1）Host 值的指定。Host 值可以是主机名或一个 IP 地址，或 'localhost' 指出本地主机。还可以在 Host 字段里使用通配符字符“%”和“_”，它的含义与 LIKE 操作符的模糊匹配操作相同。'%' 匹配任何主机名，空 Host 值等价于 '%'。注意这些值匹配能创建一个连接到服务器的任何主机。

（2）User 值的指定。通配符字符在 User 字段中不允许使用，但是可以指定空白的值，它匹配任何名字。如果 user 表匹配到的连接的条目有一个空值用户名，用户被认为是匿名用户（没有名字的用户），而非客户实际指定的名字。这意味着一个空值用户名被用于在连接期间的进一步的访问检查（即在请求核实阶段）。

（3）Password 值的指定。Password 值可以是空值。这不意味着匹配任何密码，它意味着用户必须不指定密码进行连接。

User 表中的非空 Password 值是经过加密的用户密码。MySQL 不以任何人可以看的纯文本格式存储密码，相反，正在试图联接的一个用户提供的密码被加密（使用 PASSWORD()函数），并且与存储在 user 表中的已经加密的版本比较。如果它们匹配，那么说明密码是正确的。

2．请求核实阶段

一旦连接得到许可，服务器进入请求核实阶段。在这一阶段，MySQL 服务器对当前用户的每个操作都进行权限检查，判断用户是否有足够的权限来执行它。用户的权限保存在 user、db、host、tables_priv 或 columns_priv 权限表中。

在 MySQL 权限表的结构中，user 表在最顶层，是全局级的。下面是 db 表和 host 表，它们是数据库层级的。最后才是 tables_priv 表和 columns_priv 表，它们是表级和列级的。低等级的表只能从高等级的表得到必要的范围或权限。

确认权限时，MySQL 首先检查 user 表，如果指定的权限没有在 user 表中被授权，MySQL 服务器将检查 db 表和 host 表，在该层级的 SELECT 权限允许用户查看指定数据库的所有表的数据。如果在该层级没有找到限定的权限，则 MySQL 继续检查 tables_priv 表以及 columns_priv 表。如果所有权限表都检查完毕，依旧没有找到允许的权限操作，MySQL 服务器将返回错误信息，用户操作不能执行，操作失败。请求核实阶段的过程如图 6.1 所示。

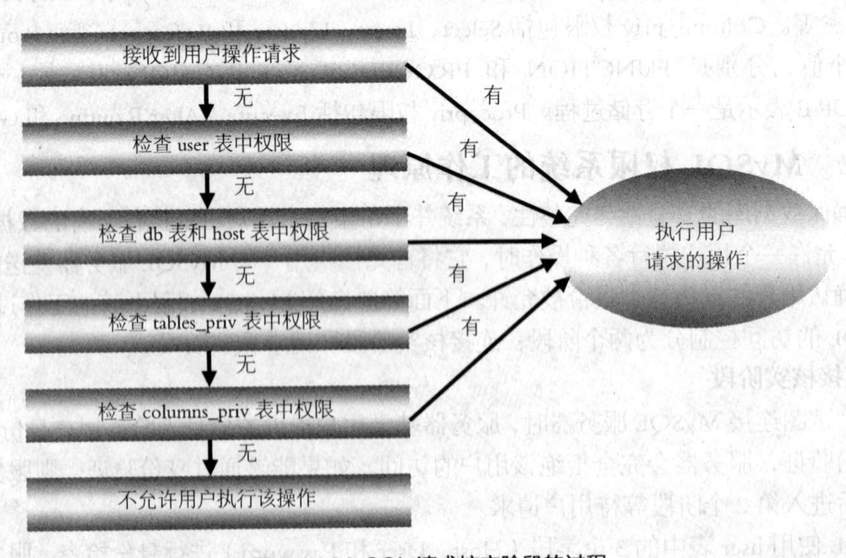

图 6.1　MySQL 请求核实阶段的过程

MySQL 通过向下层级的顺序检查权限表（从 user 表到 columns_priv 表），并不是所有的权限都要执行该过程。例如，一个用户登录到 MySQL 服务器后只执行对 MySQL 的管理操作（如 Reload、Process、Shutdown 等），此时只涉及管理权限，MySQL 将只检查 user 表。另外，如果请求的权限不被允许，MySQL 也不会继续检查下一层级的表。

6.1.3 账户管理

MySQL 的账户管理包括登录和退出 MySQL 服务器、创建用户、删除用户、密码管理和权限管理等内容。通过账户管理，可以保证 MySQL 数据库的安全性。有关登录和退出 MySQL 服务器的内容在第 3 章已详细讲述，在此不再赘述。

1．创建新用户

创建新用户，必须有相应的权限来执行创建操作。在 MySQL 数据库中，有 3 种方式创建新用户。一种是利用图形工具，再一种是使用 SQL 语句（CTEATE USER 语句或 GRANT 语句），第 3 种是直接操作 MySQL 权限表。最好的方法是前两种，因为操作更精确，错误少。

（1）使用 Navicat 图形工具。创建一个用户，用户名是 tom，密码是 mypass，主机名为 localhost。操作步骤如下。

① 在 Navicat 中，连接到 MySQL 服务器。

② 单击工具栏上的【用户】按钮，这时会在右侧窗格显示出用户列表，如图 6.2 所示。

③ 单击右侧窗格上方的【新建用户】按钮，或用鼠标右键单击窗格的空白处，执行快捷菜单的【新建用户】命令，将弹出新建用户的对话框，在对话框中输入相应内容，如图 6.3 所示。

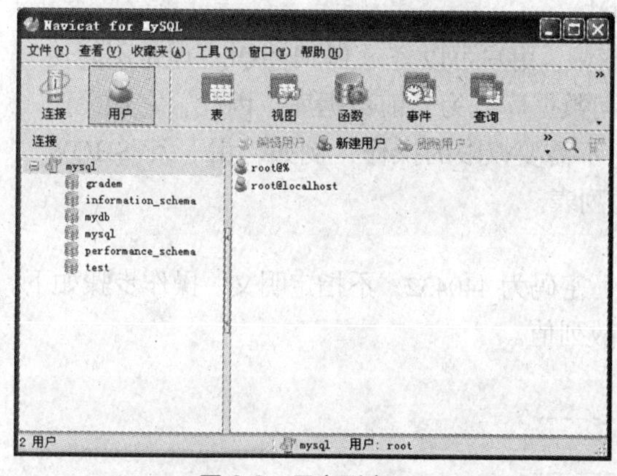

图 6.2 用户列表

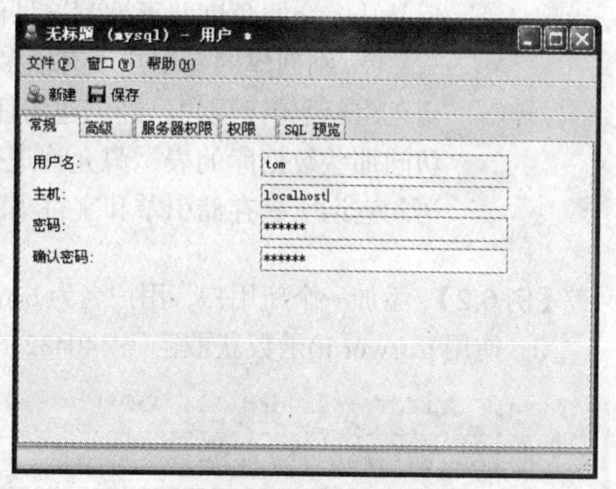

图 6.3 新建用户对话框

④ 单击【保存】按钮，新用户创建成功。

⑤ 可以在“高级”、“服务器权限”和“权限”选项卡中设置该用户的权限、安全连接和限制服务器资源等。

（2）使用 CREATE USER 语句创建新用户。执行 CREATE USER 或 GRANT 语句时，服务器会有相应的用户权限表，添加或修改用户及其权限。CREATE USER 语句的基本语法格式如下。

```
CREATE USER user[IDENTIFIED BY [PASSWORD]'password']
          [,user[IDENTIFIED BY [PASSWORD]'password']][,…];
```

参数说明如下。

① user：表示用户的名称，其格式为'user_name'@'host_name'。其中，user_name 为用户名，host_name 为主机名。如果只指定 user_name 部分，host_name 部分则默认为'%'（即对所有的主机开放权限）。

② IDENTIFIED BY：用来设置用户的密码。该参数可选，即用户登录时可不设置密码。

③ PASSWORD：表示使用哈希值设置密码（不想以明文发送密码），该参数可选。

④ 'password'：表示用户登录时使用的普通明文密码。

CREATE USER 语句会在系统本身的 mysql 数据库的 user 表中添加一个新记录。要使用 CREATE USER 语句，必须拥有 mysql 数据库的全局 CREATE USER 权限或 INSERT 权限。如果账户已经存在，则出现错误。

【例 6.1】 添加两个新用户，king 的密码为 queen，palo 的密码为 530415。

```
CREATE USER
    'king'@'localhost' IDENTIFIED BY 'queen',
    'palo'@'localhost' IDENTIFIED BY '530415';
```

说　明

① localhost 关键字指定了用户创建的是使用 MySQL 连接的主机。如果一个用户名和主机名中包含特殊符号如“_”或通配符如“%”，则需要用单引号将其括起。

② 如果两个用户具有相同的用户名但主机不同，MySQL 将其视为不同的用户，允许为这两个用户分配不同的权限集合。

③ 如果没有输入密码，那么 MySQL 允许相关的用户不使用密码登录。但是从安全的角度并不推荐这种做法。

④ 刚创建的新用户没有很多权限。用户可以登录到 MySQL，但是不能使用 USE 语句让用户已经创建的任何数据库成为当前数据库。因此，它们无法访问那些数据库的表，只允许进行不需要权限的操作，例如，用一条 SHOW 语句查询所有存储引擎和字符集的列表。

【例 6.2】 添加一个新用户，用户名为 bana，密码为 440432，不指定明文。操作步骤如下。

① 使用 password()函数获取密码'440432'的散列值。

```
mysql> SELECT password('440432');
+-------------------------------------------+
| password('440432')                        |
+-------------------------------------------+
| *8896757F25D7B730D7A72894FE06257623CF99B9 |
+-------------------------------------------+
1 row in set (0.00 sec)
```

② 执行 CREATE USER 语句。

```
Mysql> CREATE USER 'bana'@'localhost'
IDENTIFIED BY PASSWORD '*8896757F25D7B7307A72894FE06257623CF99B9';
Query OK, 0 rows affected (0.00 sec)CREATE USER
```

（3）使用 GRANT 语句创建新用户。GRANT 语句不仅可创建新用户，还可以在创建的同时对用户授权。GRANT 语句还可以指定用户的其他特点，如安全连接、限制使用服务器资源等。使用 GRANT 语句创建新用户时必须有 GRANT 权限。关于权限管理的问题请参考

6.1.4 节。其基本语法格式如下。

```
GRANT  priv_type  ON database.table
  TO user [IDENTIFIED BY [PASSWORD] 'password']
     [, user [IDENTIFIED BY [PASSWORD] 'password']] [,…]
     [WITH GRANT OPTION];
```

参数说明如下。

① priv_type：表示赋予用户的权限类型。

② database.table：表示用户的权限范围，即只能在指定的数据库和表上使用自己的权限。

③ user：表示用户的名称，同 CREATE USER 语句。

④ IDENTIFIED BY：用来设置用户的密码。

⑤ PASSWORD：表示使用哈希值设置密码（不想以明文发送密码），该参数可选。

⑥ 'password'：表示用户登录时使用的普通明文密码。

⑦ WITH GRANT OPTION：表示对新用户赋予 GRANT 权限，即该用户可以对其他用户赋予权限。

GRANT 语句也可以同时创建多个用户。

【例 6.3】 使用 GRANT 语句创建一个新用户 test1，主机名为 localhost，密码为 testuser，并授予所有数据表的 SELECT 和 UPDATE 权限。

```
mysql> GRANT SELECT,UPDATE ON *.* TO 'test1'@'localhost'
    -> IDENTIFIED BY 'testuser';
Query OK, 0 rows affected
```

执行结果显示执行成功，利用 Navicat 工具可以查看该用户的权限，如图 6.4 所示。

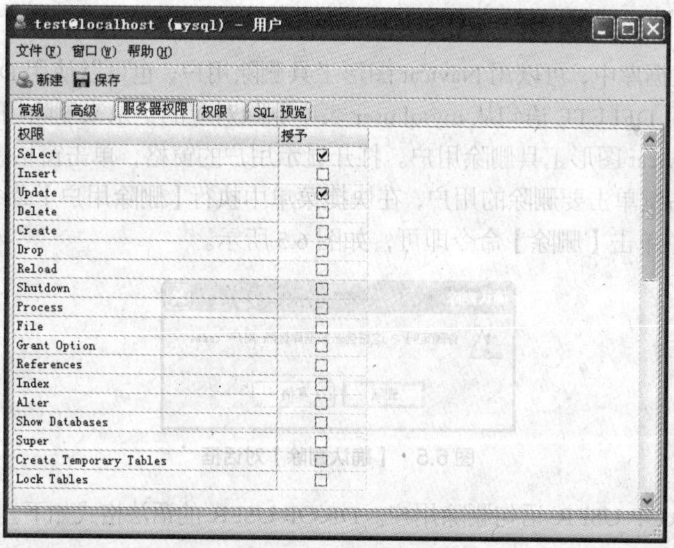

图 6.4　用户权限列表

（4）直接操作 mysql 用户表。创建新用户，实际上就是在 user 表中添加一条新的记录。因此，可以使用 INSERT 语句直接将用户的信息添加到 mysql.user 表中。使用 INSERT 语句，必须拥有对 mysql.user 表的 INSERT 权限。其基本语法格式如下。

```
INSERT INTO mysql.user
    (HOST,User,Password,ssl_cipher,x509_issuer,x509_subject)
    VALUES('hostname','username',PASSWORD('password'),'','','');
```

参数说明如下。

① PASSWORD()函数：用来给密码加密。

② ssl_cipher, x509_issuer, x509_subject：这 3 个字段在表中没有默认值，在添加新记录时为这 3 个字段设置初始值。

在 mysql 数据库的 user 表中，ssl_cipher、x509_issuer 和 x509_subject 这 3 个字段没有默认值。向 user 表添加新记录时，一定要设置这 3 个字段的值，否则 INSERT 语句将不能执行。而且，PASSWORD 字段一定要使用 PASSWORD()函数将密码加密。

【例 6.4】 使用 INSERT 语句创建一个新用户 student，主机名为 localhost，密码为 infomation。

```
mysql> INSERT INTO mysql.user
(Host,User,Password,ssl_cipher,x509_issuer,x509_subject)
VALUES('localhost','student',PASSWORD('infomation'),'','','');
Query OK, 1 row affected
```

此时，新添加的用户还没法使用账号密码登录 MySQL，需要使用 FLUSH 命令使用户生效。命令如下。

```
FLUSH PRIVILEGES;
```

使用这个命令可以从 mysql 数据库中的 user 表中重新装载权限。但是执行 FLUSH 命令需要 RELOAD 权限。

2．删除用户

在 MySQL 数据库中，可以用 Navicat 图形工具删除用户，也可以使用 DROP USER 语句删除用户，或使用 DELETE 语句从 mysql.user 表中删除对应的记录来删除用户。

（1）使用 Navicat 图形工具删除用户。打开显示用户的窗格，单击窗格上方的【删除用户】按钮，或用鼠标右键单击要删除的用户，在快捷菜单中执行【删除用户】命令，在弹出的【确认删除】对话框中单击【删除】命令即可，如图 6.5 所示。

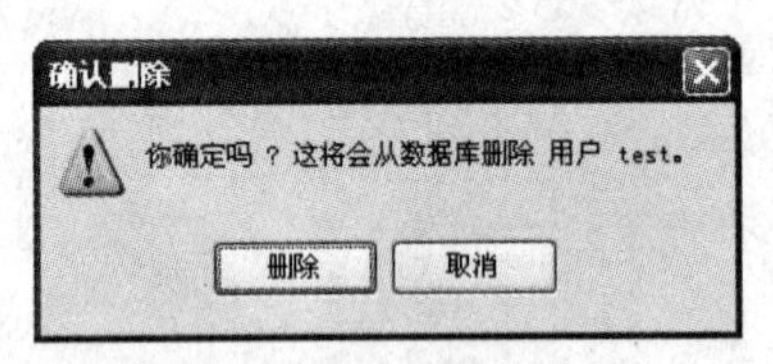

图 6.5 【确认删除】对话框

（2）使用 DROP USER 语句删除用户。DROP USER 的语法格式如下。

```
DROP USER user_name[, user_name] [,…];
```

DROP USER 语句用于删除一个或多个 MySQL 账户，并取消其权限。要使用 DROP USER，必须拥有 mysql 数据库的全局 CREATE USER 权限或 DELETE 权限。

【例 6.5】 删除用户 TOM。

```
mysql>DROP USER TOM@localhost;
```

（3）使用 DELETE 语句删除用户。DELETE 语句的基本语法格式如下。

```
DELETE FROM mysql.user WHERE host='hostname' and user='username';
```

host 和 user 为 user 表中的两个字段。

【例 6.6】 使用 DELETE 删除用户 test1。

```
mysql>DELETE FROM mysql.user WHERE host='localhost'and user='test1';
```

读者可以使用 SELECT 语句查询 user 表中的记录，确认删除操作是否成功。

如果删除的用户已经创建了表、索引或其他的数据库对象，它们将继续保留，因为 MySQL 并没有记录是谁创建了这些对象。

3．修改用户名称

修改用户名称可以用 Navicat 图形工具实现，也可以使用 RENAME USER 语句来实现。

（1）使用 Navicat 图形工具修改用户。打开显示用户的窗格，选中要修改的用户名称，单击窗格上方的【编辑用户】按钮，或双击要修改的用户名称，在打开的对话框中直接进行修改即可。在对话框中，还可以修改用户的主机名、密码等内容，修改完后单击【保存】按钮。

（2）使用 RENAME USER 语句修改用户。基本语法格式如下。

```
RENAME USER old_user TO new_user,
          [, old_user TO new_user] [,…];
```

参数说明如下。

old_user 为已经存在的 SQL 用户，new_user 为新的 SQL 用户。

RENAME USER 语句用于对原有 MySQL 账户进行重命名。要使用 RENAME USER，必须拥有全局 CREATE USER 权限或 mysql 数据库 UPDATE 权限。如果旧账户不存在或者新账户已存在，则会出现错误。

【例 6.7】 将用户 king1 和 king2 的名字分别修改为 ken1 和 ken2。

```
RENAME USER
  'king1'@'localhost' TO 'ken1'@'localhost',
  'king2'@'localhost' TO 'ken2'@'localhost';
```

4．修改密码

要修改某个用户的登录密码，可以使用 mysqladmin 命令、UPDATE 语句或 SET PASSWORD 语句来实现。

（1）root 用户修改自己的密码。root 用户的安全对于保证 MySQL 的安全非常重要，因为 root 用户拥有全部权限。修改 root 用户密码的方式有多种。

① 使用 mysqladmin 命令。mysqladmin 命令的基础语法格式如下。

```
mysqladmin -u username -h localhost -p password "newpassword";
```

参数说明如下。

a. username：是要修改密码的用户名称，在这里指定为 root 用户。

b. -h：指需要修改的、对应哪个主机名的密码，该参数可以不写，默认值是 localhost。

c. -p：表示输入当前密码。

d. password：是关键字，不是指旧密码。

e. "newpassword"：为新设置的密码，此参数必须用双引号（""）括起来。

【例 6.8】 使用 mysqladmin 命令将 root 用户的密码修改为"rootpwd"，执行命令如下。

```
mysql>mysqladmin -u root -p password "rootpwd";
Enter password:
```

按照要求输入 root 用户原来的密码，执行完毕后，新的密码将被设定。root 用户登录时将使用新的密码。

② 使用 UPDATE 语句修改 mysql 数据库中的 user 表。因为所有账户信息都保存在 user 表中，因此可以通过直接修改 user 表来改变 root 用户的密码。root 用户登录到 MySQL 服务器后，使用 UPDATE 语句修改 mysql 数据库中的 user 表的 password 字段值，从而修改用户密码。使用 UPDATE 语句修改 root 用户密码的语句如下。

```
UPDATE mysql.user set password=PASSWORD('newpassword')
    WHERE user='root' and host='localhost';
```

执行 UPDATE 语句后，需要执行 FLUSH PRIVILEGES 语句重新加载用户权限表。

（2）使用 SET 语句修改密码。其基本语法格式如下。

```
SET  PASSWORD [FOR user]= PASSWORD('newpassword');
```

参数说明如下。

如果不加 FOR user，表示修改当前用户的密码。加了 FOR user 则是修改当前主机上的特定用户的密码，user 为用户名。user 的值必须以'user_name'@'host_name'的格式给定。

【例 6.9】 将用户 king 的密码修改为 queen1。

```
SET PASSWORD FOR 'king'@'localhost' =PASSWORD('queen1');
```

【例 6.10】 将 root 用户的密码修改为 123456。

```
SET PASSWORD =PASSWORD('123456');
```

修改完 root 用户的密码后，需要重新启动 MySQL 或执行 FLUSH PRIVILEGES 语句重新加载用户权限表。

6.1.4 权限管理

权限管理主要是对登录到 MySQL 的用户进行权限验证。所有用户的权限都存储在 MySQL 的权限表中。合理的权限管理能够保证数据库系统的安全，不合理的权限设置会给 MySQL 服务器带来安全隐患。

1．MySQL 的权限类型

MySQL 数据库中有多种类型的权限，这些权限都存储在 mysql 数据库的权限表中。在 MySQL 启动时，服务器将这些数据库中的权限信息读入内存。

在表 6.3 中，列出了 MySQL 的各种权限。

表 6.3 MySQL 的各种权限

权限名称	对应 user 表中的列	权限范围
CREATE	Create_priv	数据库、表或索引

续表

权限名称	对应 user 表中的列	权限范围
DROP	Drop_priv	数据库、表或视图
GRANT OPTION	Grant_priv	数据库、表或存储过程
REFERENCES	References_priv	数据库或表
EVENT	Event_priv	数据库
ALTER	Alter_priv	数据库
DELETE	Delete_priv	表
INDEX	Index_priv	用索引查询的表
INSERT	Insert_priv	表
SELECT	Select_priv	表或列
UPDATE	Update_priv	表或列
CREATE VIEW	Create_view_priv	视图
SHOW VIEW	Show_view_priv	视图
CREATE ROUTINE	Create_routine_priv	存储过程或函数
ALTER ROUTINE	Alter_routine_priv	存储过程或函数
EXECUTE	Execute_priv	存储过程或函数
FILE	File_priv	服务器上的文件
CREATE TEMPORARY TABLES	Create_tmp_table_priv	表
LOCK TABLES	Lock_tables_priv	表
CREATE USER	Create_user_priv	服务器管理
PROCESS	Process_priv	存储过程或函数
RELOAD	Reload_priv	服务器上的文件
REPLICATION CLIENT	Repl_client_priv	服务器管理
REPLICATION SLAVE	Repl_slave_priv	服务器管理
SHOW DATABASES	Show_db_priv	服务器管理
SHUTDOWN	Shutdown_priv	服务器管理
SUPER	Super_priv	服务器管理

表 6.3 中对 user 表中的各个字段及权限进行了介绍。通过权限设置，用户可以拥有不同的权限。拥有 GRANT 权限的用户可以为其他用户设置权限。拥有 REVOKE 权限的用户可以收回自己的权限。合理设置权限能够保证 MySQL 数据库安全。

2．授权

授权就是为某个用户授予权限。在 MySQL 中，可以使用 GRANT 语句为用户授予权限。

（1）权限的级别。授予的权限可以分为多层级别。

① 全局层级。全局权限作用于一个给定服务器上的所有数据库。这些权限存储在 mysql.user 表中。读者可以通过使用 GRANT ALL ON *.*语法设置全局权限。

② 数据库层级。数据库权限作用于一个给定数据库的所有表。这些权限存储在 mysql.db 和 mysql.host 表中。读者可以通过使用 GRANT ON db_name.*语法设置数据库权限。

③ 表层级。表权限作用于一个给定表的所有列。这些权限存储在 mysql.tables_priv 表中。可以通过 GRANT ON table_name 为具体的表名设置权限。

④ 列层级。列权限作用于在一个给定表的单个列。这些权限存储在 mysql.columns_priv 表中。读者可以通过指定一个 columns 子句将权限授予特定的列，同时要在 ON 子句中指定具体的表。

⑤ 子程序层级。CREATE ROUTINE、ALTER ROUTINE、EXECUTE 和 GRANT 权限适用于已存储的子程序（存储过程或函数）。这些权限可以被授予全局层级和数据库级别。而且，除了 CREATE ROUTINE 外，这些权限可以被授予子程序层级，并存储在 mysql.procs_priv 表中。

（2）授权语句 GRANT。在 MySQL 中，必须是拥有 GRANT 权限的用户才可以执行 GRANT 语句。

GRANT 语句的基本语法格式如下。

```
GRANT priv_type [(column_list)] [,priv_type [(column_list)]] [,…n]
      ON {table_name|*|*.*|database_name.*|database_name.table_name}
      TO user[IDENTIFIED BY [PASSWORD] 'password']
     [,user[IDENTIFIED BY [PASSWORD] 'password']] [,…n]
     [WITH GRANT OPTION];
```

各参数的含义如下。

① priv_type：表示权限的类型。具体的权限类型参见表 6.3。

② column_list：表示权限作用于哪些列上，列名与列名之间用逗号隔开。不指定该参数，表示作用于整个表。

③ ON 子句：指出所授的权限范围，它可能有以下几种情况。

- *.*：全局权限，适用于所有数据库和所有表。
- *：如果未选择缺少数据库，它的意义同*.*，否则为当前数据库的数据库级权限。
- database_name.*：数据库级权限，适用于指定数据库中所有表。
- table_name：表级权限，适用于指定表中的所有列。
- database_name.table_name：表级权限，适用于指定表中的所有列。

提 示

如果在 ON 子句使用 database_name.table_name 或 table_name 的形式指定了一个表，就可以在 column_list 子句中指定一个或多个用逗号分隔的列，用于对它们进行权限定义。

④ TO 子句：用于指定一个或多个 MySQL 用户。

- User 参数：由用户名和主机名构成，形式是“'username'@'hostname'”。
- INDENTIFIED BY 参数：用来为用户设置密码。
- Password 参数：是用户的新密码。

⑤ WITH GRANT OPTION：GRANT OPTION 的取值有 5 个，意义如下。

- GRANT OPTION：将自己的权限赋予其他用户。
- MAX_QUERIES_PER_HOUR count：设置每小时可以执行 count 次查询。
- MAX_UPDATES_PER_HOUR count：设置每小时可以执行 count 次更新。

- MAX_CONNECTIONS_PER_HOUR count：设置每小时可以建立 count 个连接。
- MAX_USER_PER_HOUR count：设置单个用户可以同时建立 count 个连接。

【例 6.11】 使用 GRANT 语句创建一个新用户 grantUser，密码为“grantpwd”。用户 grantUser 对所有的数据有查询、插入权限，并授予 GRANT 权限。

```
mysql> GRANT SELECT,INSERT on *.* TO 'grantUser'@'localhost'
    -> IDENTIFIED BY 'grantpwd'
    -> WITH GRANT OPTION;
Query OK, 0 rows affected
```

结果显示执行成功，利用 Navicat 图形工具打开该用户，查看其服务器权限，如图 6.6 所示。读者也可以直接在图 6.6 所示的窗口中进行权限的设置。

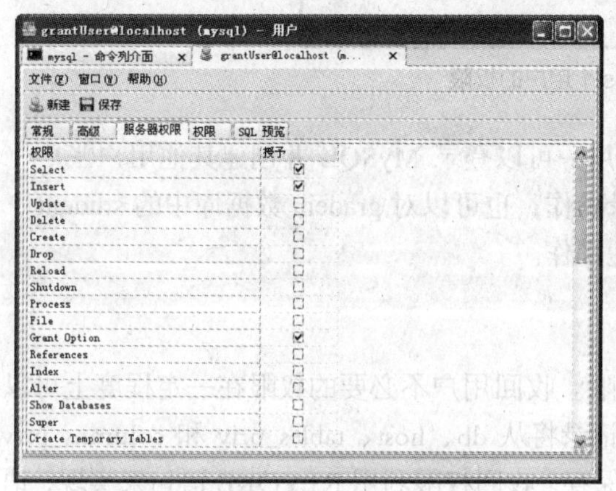

图 6.6 查看新建用户的服务器权限

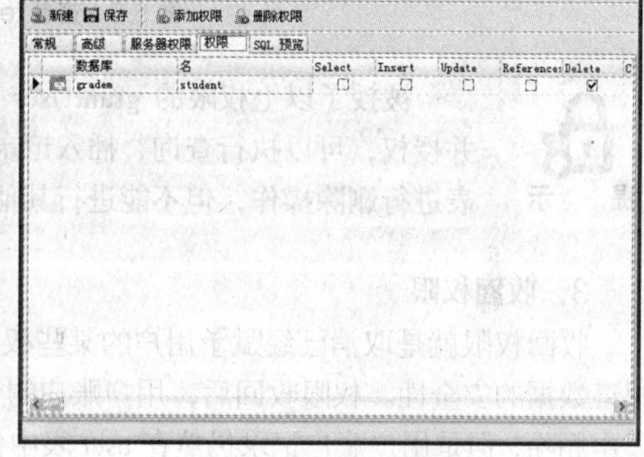

图 6.7 查看用户的权限

也可以使用 SELECT 语句查询用户 grantUser 的权限。

```
mysql> select Host,user,select_priv,insert_priv,grant_priv from mysql.user where
user='grantUser';
+-----------+-----------+-------------+-------------+------------+
| Host      | user      | select_priv | insert_priv | grant_priv |
+-----------+-----------+-------------+-------------+------------+
| localhost | grantUser | Y           | Y           | Y          |
+-----------+-----------+-------------+-------------+------------+
1 row in set
```

查询结果显示用户 grantUser 创建成功，并被赋予 SELECT、INSERT 和 GRANT 权限，其相应的字段值均为“Y”。

【例 6.12】 使用 GRANT 语句将 gradem 数据库中 student 表的 DELETE 权限授予用户 grantUser。

```
mysql> GRANT DELETE on gradem.student TO 'grantUser'@'localhost';
Query OK, 0 rows affected
```

结果显示执行成功，利用 Navicat 图形工具打开该用户，查看其权限，如图 6.7 所示。

【例 6.13】 使用 GRANT 语句将 gradem 数据库中 sc 表的 degree 列和 cterm 列的 UPDATE 权限授予用户 test1。

```
mysql> grant update(degree,cterm) on gradem.sc to 'test1'@'localhost';
Query OK, 0 rows affected
```

结果显示执行成功，利用 Navicat 图形工具打开该用户，查看其权限，如图 6.8 所示。

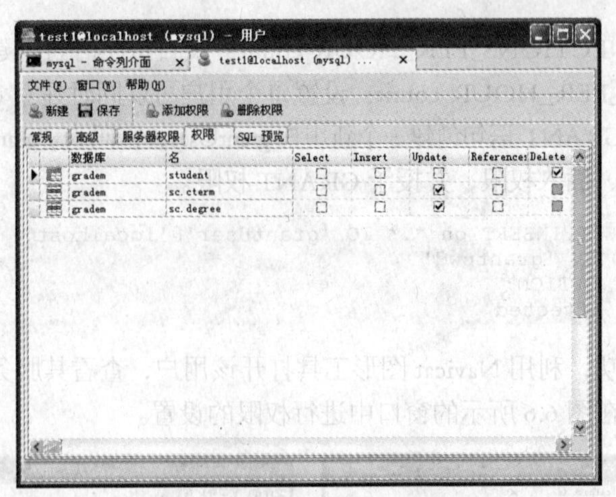

图 6.8　查看 test1 用户的权限

提　示

被授予以上权限的 grantUser 用户可以登录 MySQL 并创建其他用户账户并授权，可以执行查询、插入记录操作，也可以对 gradem 数据库中的 student 表进行删除操作，但不能进行其他操作。

3. 收回权限

收回权限就是取消已经赋予用户的某些权限。收回用户不必要的权限在一定程度上可以保证数据的安全性。权限收回后，用户账户的记录将从 db、host、tables_priv 和 columns_priv 表中删除，但是用户账户记录仍然在 user 表中保存。收回权限利用 REVOKE 语句来实现，语法格式有两种，一种是收回用户的所有权限，另一种是收回用户指定的权限。

（1）收回所有权限。

其基本语法如下。

```
REVOKE ALL PRIVILEGES,GRANT OPTION
FROM 'username'@'hostname'[,'username'@'hostname'][,…n];
```

其中，ALL PRIVILEGES 表示所有权限，GRANT OPTION 表示授权权限。

【例 6.14】 使用 REVOKE 语句收回 grantUser 用户的的所有权限，包括 GRANT 权限。

```
mysql> REVOKE ALL PRIVILEGES,GRANT OPTION FROM 'grantUser'@'localhost';
Query OK, 0 rows affected
```

（2）收回指定权限。

其基本语法如下。

```
REVOKE priv_type [(column_list)] [,priv_type [(column_list)]] [,…n]
      ON {table_name|*|*.*|database_name.*|database_name.table_name}
      FROM 'username'@'hostname'[,'username'@'hostname'][,…n];
```

参数解释与 GRANT 语句相同。

要使用 REVOKE 语句，必须拥有 mysql 数据库的全局 CREATE USER 权限或 UPDATE 权限。

【例 6.15】 收回 test1 用户对 gradem 数据库中 student 表的 cterm 列的 UPDATE 权限。

```
mysql> REVOKE UPDATE(cterm) on gradem.sc FROM 'test1'@'localhost';
Query OK, 0 rows affected
```

4. 查看权限

SHOW GRANTS 语句可以显示指定用户的权限信息，使用 SHOW GRANTS 查看账户权限信息的基本语法格式如下。

```
SHOW GRANTS FOR 'username'@'hostname';
```

【例 6.16】 使用 SHOW GRANTS 语句查看 test1 用户的权限信息。

```
mysql> show grants for 'test1'@'localhost';
+------------------------------------------------------------------------------------------------------------------+
| Grants for test1@localhost                                                                                       |
+------------------------------------------------------------------------------------------------------------------+
| GRANT SELECT, UPDATE ON *.* TO 'test1'@'localhost' IDENTIFIED BY PASSWORD '*6BB4837EB74329105EE4568DDA7DC67ED2CA2AD9' |
| GRANT UPDATE (degree) ON `gradem`.`sc` TO 'test1'@'localhost'                                                    |
| GRANT DELETE ON `gradem`.`student` TO 'test1'@'localhost'                                                        |
+------------------------------------------------------------------------------------------------------------------+
3 rows in set
```

6.2 MySQL 的数据备份和恢复

【任务分析】

确保数据库的安全性和完整性的关键措施是进行数据备份和数据恢复。首先了解数据损失的原因，然后要掌握数据备份和数据恢复的方法与段，理解数据库迁移、数据的导入与导出的方法。工欲善其事，必先利其器。

【课堂任务】

本节要掌握 MySQL 的数据备份与恢复。

- 了解什么是数据备份
- 掌握 MySQL 的数据备份方法
- 掌握 MySQL 的数据恢复方法
- 掌握 MySQL 的数据库迁移方法
- 掌握 MySQL 表的导入与导出方法

6.2.1 数据备份和恢复

数据备份就是制作数据库结构、对象和数据的复制，以便在数据库遭到破坏时，或因需求改变而需要把数据还原到改变以前时能够恢复数据库。数据恢复就是指将数据库备份加载到系统中。数据备份和恢复可以用于保护数据库的关键数据。在系统发生错误或者因需求改变时，利用备份的数据可以恢复数据库中的数据。

1. 数据损失的因素

用户使用数据库是因为要利用数据库来管理和操作数据，数据对于用户来说是非常宝贵的资产。数据存放在计算机上，但是即使是最可靠的硬件和软件也会出现系统故障或产生意外。所以，应该在意外发生之前做好充分的准备工作，以便在意外发生之后有相应的措施能快速地恢复数据库，并使丢失的数据量减少到最小。可能造成数据损失的因素有很多种，大致可分为以下几类。

（1）存储介质故障。即外存储介质故障。如磁盘损坏、磁头碰撞、瞬时强磁场干扰等。这类故障使数据库受到破坏，并影响正在存取这部分数据的事务。介质故障发生的可能性较小，但破坏性很强，有时会造成数据库无法恢复。

（2）系统故障。通常称为软故障，是指造成系统停止运行的任何事件，使得系统要重新启动。例如突然停电、CPU 故障、操作系统故障、误操作等。发生这类故障，系统必须重新启动。

（3）用户的错误操作。如果用户无意或恶意地在数据库上进行了大量的非法操作，如删除了某些重要数据、甚至删除了整个数据库等，数据库系统将处于难以使用和管理的混乱局面。重新恢复条理性的最好办法是使用备份信息将数据系统重新恢复到一个可靠、稳定、一致的状态。

（4）服务器的彻底崩溃。再好的计算机、再稳定的软件也有漏洞存在，如果某一天数据库服务器彻底瘫痪，用户面对的将是重建系统的艰巨局面。如果事先进行过完善而彻底的备份操作，用户就可以迅速地完成系统的重建工作，并将数据灾难造成的损失减少到最小。

（5）自然灾害。不管硬件性能有多么出色，如果遇到台风、水灾、火灾、地震，一切将无济于事。

（6）计算机病毒。这是人为故障，轻则使部分数据不正确，重则使整个数据库遭到破坏。

还有许多想象不到的原因时刻都在威胁着人们的电脑，随时可能使系统崩溃而无法正常工作。或许在不经意间，用户的数据以及长时间积累的资料就会化为乌有。唯一的恢复方法就是拥有一个有效的备份。

2．数据备份的分类

（1）按备份时服务器是否在线划分。

① 热备份。热备份是指数据库在线时服务正常运行的情况下进行数据备份。

② 温备份。温备份是指进行数据备份时数据库服务正常运行，但数据只能读不能写。

③ 冷备份。冷备份是指数据库已经正常关闭的情况下进行的数据备份。当正常关闭时会提供一个完整的数据库。

（2）按备份的内容划分。

① 逻辑备份。逻辑备份是指使用软件技术从数据库中导出数据并写入一个输出文件，该文件格式一般与原数据库的文件格式不同，只是原数据库中数据内容的一个映像。逻辑备份支持跨平台，备份的是 SQL 语句（DDL 和 insert 语句），以文本形式存储。在恢复的时候执行备份的 SQL 语句实现数据库数据的重现。

② 物理备份。物理备份是指直接复制数据库文件进行的备份，与逻辑备份相比，其速度较快，但占用空间比较大。

（3）按备份涉及的数据范围来划分。

① 完整备份。完整备份是指备份整个数据库。这是任何备份策略中都要求完成的第 1 种备份类型，因为其他所有备份类型都依赖于完整备份。换句话说，如果没有执行完整备份，就无法执行差异备份和增量备份。

② 增量备份。数据库从上一次完全备份或者最近一次的增量备份以来改变的内容的备份。

③ 差异备份。差异备份是指将从最近一次完整数据库备份以后发生改变的数据进行备份。差异备份仅捕获自该次完整备份后发生更改的数据。

提　示

备份是一种十分耗费时间和资源的操作，不能频繁操作。应该根据数据库使用情况确定一个适当的备份周期。

3．数据恢复的手段

数据恢复就是当数据库出现故障时，将备份的数据库加载到系统，从而使数据库恢复到备份时的正确状态。MySQL 有 3 种保证数据安全的方法。

（1）数据库备份：通过导出数据或者表文件的拷贝来保护数据。

（2）二进制日志文件：保存更新数据的所有语句。

（3）数据库复制：MySQL 内部复制功能。建立在两个或两个以上服务器之间，通过设定它们之间的主从关系来实现的。其中一个作为主服务器，其他的作为从服务器。在此主要介绍前两种方法。

恢复是与备份相对应的系统维护和管理操作。系统进行恢复操作时，先执行一些系统安全性的检查，包括检查所要恢复的数据库是否存在、数据库是否变化及数据库文件是否兼容等，然后根据所采用的数据库备份类型采取相应的恢复措施。

6.2.2 数据备份的方法

数据备份是数据库管理员的工作。系统意外崩溃或者硬件的损坏都可能导致数据库的丢失，因此 MySQL 管理员应该定期对数据库进行备份，使得在意外情况发生时，尽可能减少损失。下面介绍数据备份的 4 种方法。

1．使用 Navicat 图形工具备份

使用 Navicat 图形工具备份 gradem 数据库，操作步骤如下。

（1）在 Navicat 中，连接到 MySQL 服务器。

（2）双击 gradem 数据库使其处在打开状态，单击【gradem】节点下的【备份】节点或单击工具栏上的【 】按钮，如图 6.9 所示。

（3）单击工具栏下方的【 新建备份 】按钮，或用鼠标右键单击右方窗格，执行快捷菜单中的【新建备份】命令，则会弹出【新建备份】对话框，如图 6.10 所示。

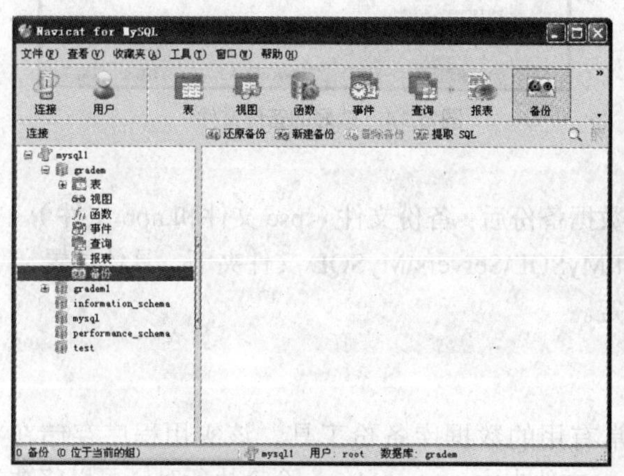

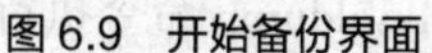
图 6.9 开始备份界面

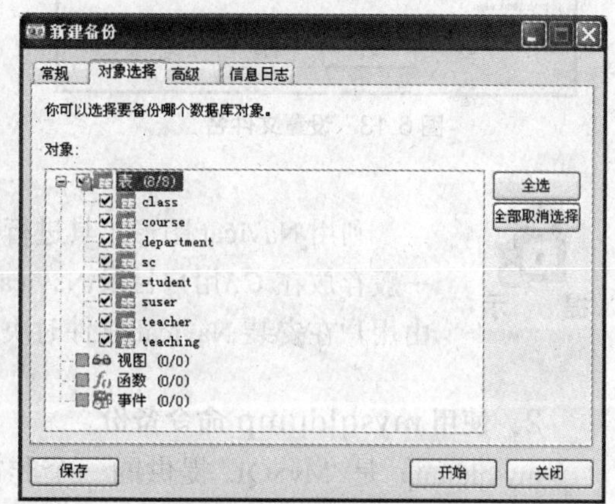

图 6.10 【新建备份】对话框

（4）在【新建备份】对话框中选择【对象选择】选项卡，选择要进行备份的内容，可以备份部分表、视图、函数或事件，也可以全部备份（单击【全选】按钮即可）。

（5）在【高级】选项卡中，可以给备份文件指定文件名，如果不指定，则以当时日期和时间作为备份文件的名字。文件是否是压缩形式等设置也在此选项卡中，如图 6.11 所示。

（6）单击【开始】按钮，系统开始进行备份，如图 6.12 所示。

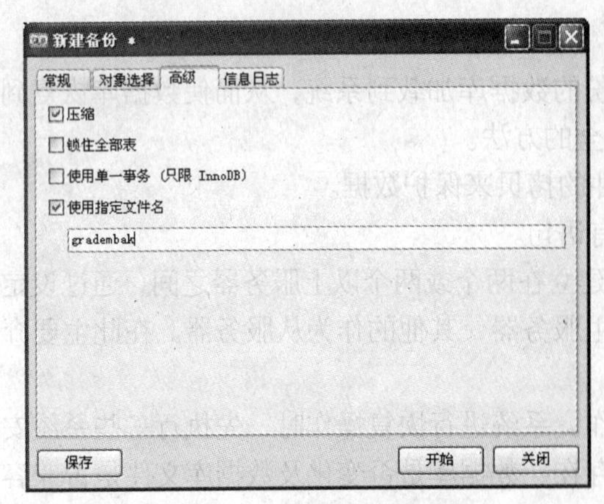

图 6.11 【高级】选项卡内容

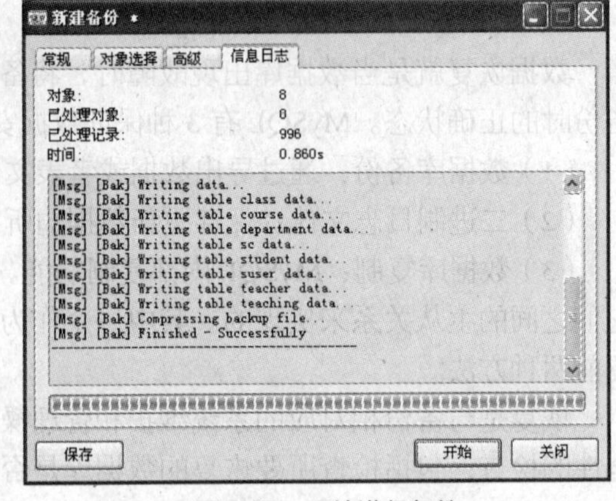

图 6.12 开始进行备份

（7）单击【保存】按钮，系统会生成备份文件的设置文件名，如图 6.13 所示。输入设置文件名后，单击【确定】按钮，然后返回到图 6.12 所示的窗口，单击【关闭】按钮即可。建好后的备份文件如图 6.14 所示。

图 6.13 设置文件名

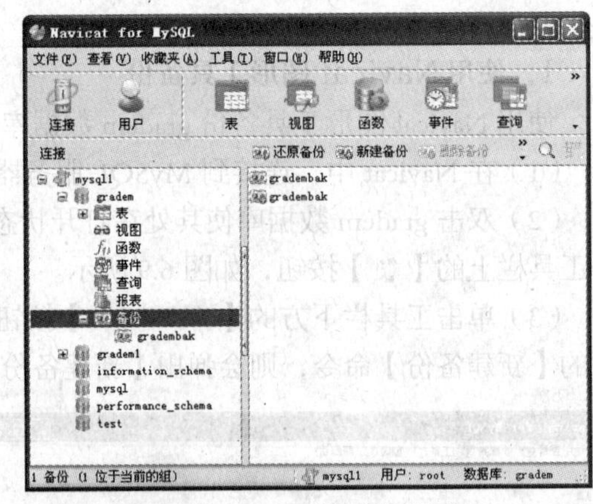

图 6.14 建好的备份文件

提示

利用 Navicat 图形工具进行数据备份后，备份文件（.psc 文件和.npb 文件）一般存放在 C:\用户目录\Navicat\MySQL\Servers\MySQL 文件夹下，具体位置由用户在安装 Navicat 软件时决定。

2．使用 mysqldump 命令备份

mysqldump 是 MySQL 提供的一个非常有用的数据库备份工具。该实用程序存储在 C:\Program Files\MySQL\MySQLServer 5.5\bin 文件夹中。Mysqldump 命令执行时，可以将数据库备份成一个文本文件，该文件中实际上是包含了多个 CREATE 和 INSERT 语句，使用这些语句可以重新创建表和插入数据。

（1）备份数据库或表。mysqldump 备份数据库或表的基本语法格式如下。

```
mysqldump -u user -h host -ppassword dbname[tbname,[tbname…]]>filename.sql;
```

参数说明如下。

① user：用户名称。

② host：登录用户的主机名称。

③ password：登录密码。注意，在使用此参数时，-p 和 password 之间不能有空格。

④ dbname：需要备份的数据库名称。

⑤ tbname：为 dbname 数据库中需要备份的数据表，可以指定多个需要备份的表。若缺省该参数，则表示备份整个数据库。

⑥ >：将备份数据表的定义和数据写入备份文件。

⑦ filename.sql：备份文件名称。其中包括该文件所在路径。

【例 6.17】 使用 mysqldump 命令备份数据库 gradem 中的所有表，执行过程如下。

```
Mysqldump -u root -h localhost -p gradem>d:\bak\gradembak.sql
Enter password:******
```

输入密码后，MySQL 便对数据库进行了备份，在 D:\bak 文件夹下查看备份的文件，使用文本查看器打开文件可以看到其文件内容。

【例 6.18】 使用 mysqldump 命令备份数据库 gradem 中的 student 表和 sc 表，执行过程如下。

```
Mysqldump -u root -h localhost -p gradem student,sc>d:\bak\gradembtb.sql
Enter password:******
```

（2）备份多个数据库。

使用 mysqldump 备份多个数据库，需要使用--databases 参数，其基本语法格式如下。

```
mysqldump -u user -h host -p --databases dbname[ dbname…]]>filename.sql;
```

使用--databases 参数之后，必须指定至少一个数据库的名称，多个数据库之间用空格隔开。

【例 6.19】 使用 mysqldump 命令备份数据库 gradem 和 mydb，执行过程如下。

```
mysqldump -u root -h localhost -p --databases gradem mydb>d:\bak\gradem db.sql
Enter password:******
```

（3）mysqldump 命令中各参数的含义。mysqldump 命令提供许多参数，包括用于调试和压缩的，在此只列举最常用的。运行帮助命令 mysqldump –help，可以获得特定版本的完整参数列表。

- --all-databases：备份所有数据库。
- --databases db_name：备份某个数据库。
- --lock-tables：锁定表。
- --lock-all-tables：锁定所有的表。
- --events：备份 EVENT 的相关信息。
- --no-data：只备份 DDL 语句和表结构，不备份数据。
- --master-data=n：备份的时候同时导出二进制日志文件和位置；如果 n 为 1，则把信息保存为 CHANGE MASTER 语句；如果 n 为 2，则把信息保存为注释掉的 CHANGE MASTER 语句。
- --routines：将存储过程和存储函数定义备份。
- --single-transaction：实现热备份。
- --triggers：备份触发器。

3．直接复制整个数据库文件夹

因为 MySQL 表保存为文件方式，所以可以直接复制 MySQL 数据库的存储目录及文件进行备份。这种方法最简单，速度也最快。使用该方法时，最好先将服务器停止，这样可以保证在复制期间数据不会发生变化。

这种方法虽然简单快速，但不是最好的备份方法。因为在实际情况下，可能不允许停止 MySQL 服务器。而且此方法对 InnoDB 存储引擎的表不适用。对于 MyISAM 存储引擎的表，利用此方法备份和还原很方便。使用此方法备份的数据最好还原到相同版本的服务器上，否则会出现不兼容的情况。

需要注意的是，在备份文件之前，需要执行如下 SQL 语句。

```
FLUSH TABLES WITH READ LOCK;
```

也就是把内存中的数据都刷新到磁盘中，同时锁定数据表，以保证拷贝过程中不会有新的数据写入。这种方法备份出来的数据恢复也很简单，直接拷贝回原来的数据库目录下即可。

注意，对于 InnoDB 存储引擎的表来说，还需要备份日志文件，即 ib_logfile* 文件。因为当 InnoDB 表损坏时，就可以依靠这些日志文件来恢复。

MySQL 的数据库目录位置不一定相同，在 Windows 平台下，MySQL 5.5 存放数据库的目录通常默认为“C:\Documents and Settings\All Users\Application Data\MySQL\MySQL Server 5.5\data”或用户自定义目录。在 Linux 平台下，数据库目录位置通常为“/var/lib/mysql”，不同 Linux 版本下目录会有不同，读者应在自己使用的平台下查找该目录。

说明

在 MySQL 的版本号中，第 1 个数字表示主版本号。主版本号相同的 MySQL 5.5 数据库的文件类型会相同。如 MySQL 5.5.13 和 MySQL 5.5.36 这两个版本的主版本号都是 5，那么这两个数据库的数据文件拥有相同的文件格式。

6.2.3 数据恢复的方法

恢复数据库，就是让数据库根据备份的数据回到备份时的状态。当数据丢失或意外破坏时，可以通过数据恢复已经备份的数据，尽量减少数据丢失和破坏造成的损失。

1．使用 Navicat 图形工具恢复数据

使用 Navicat 图形工具实现对 gradem 数据库的数据恢复，具体操作步骤如下。

（1）在 Navicat 中，连接到 MySQL 服务器。

（2）双击 gradem 数据库使其处在打开状态（若数据库不存在，需新建一个数据库，并处在打开状态），单击【gradem】节点下的【备份】节点或单击工具栏上的【 备份 】按钮。

（3）单击工具栏下方的【 还原备份 】按钮，或鼠标右键单击右方窗格，执行快捷菜单中的【还原备份】命令，则会弹出【打开】对话框，在此对话框中找到相应的备份文件（.PSC 文件）后，单击【确定】按钮，则弹出【还原备份】对话框，如图 6.15 所示。

（4）在此对话框中，可以在“对象选择”选项卡中选择要恢复的数据库对象，与备份过程相同。在“高级”选项卡中选择对服务器和数据库对象的选项设置。单击【开始】按钮后，弹出警告提示框，单击【确定】按钮后开始进行数据恢复，显示的信息日志如图 6.16 所示。

（5）单击【关闭】按钮，完成数据恢复。

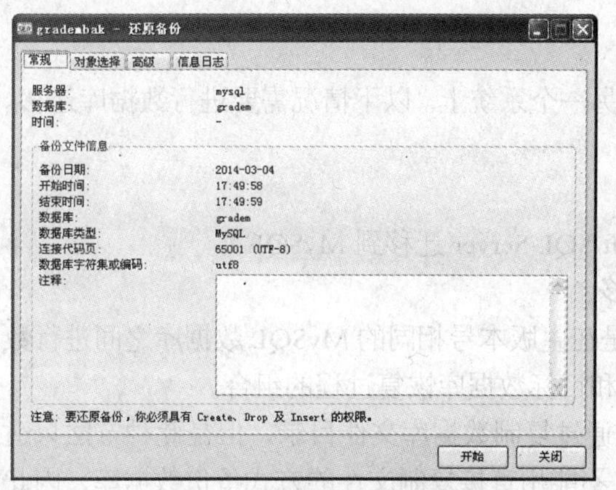

图 6.15 【还原备份】对话框

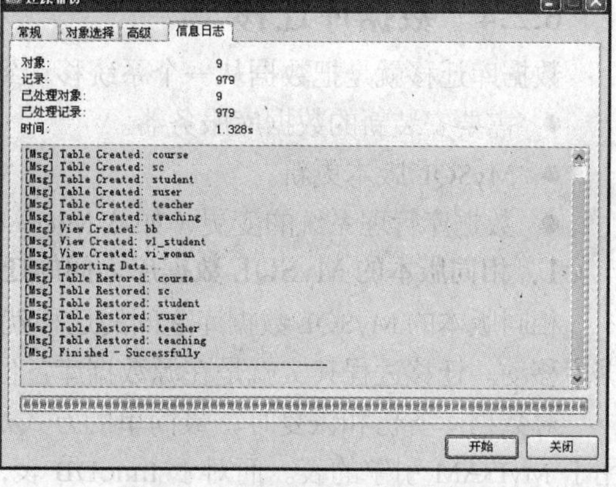

图 6.16 数据恢复时的信息日志

2．使用 mysql 命令恢复数据

对于使用 mysqldump 命令备份后形成的.sql 文件，可以使用 mysql 命令导入到数据库中。备份的.sql 文件中包含 CREATE、INSERT 语句，也可能包含 DROP 语句。MySQL 命令可以直接执行文件中的这些语句。其语法格式如下。

```
mysql -u user -p [dbname]<filename.sql;
```

其中，dbname 是数据库名，该参数是可选参数，可以指定数据库名，也可以不指定。指定数据库名时，表示恢复该数据库中的表。不指定数据库名时，表示恢复特定的一个数据库。如果 filename.sql 文件为 mysqldump 工具创建的备份文件，执行时不需要指定数据库名。

【例 6.20】 使用 mysql 命令将备份文件 gradembak.sql 恢复到数据库中，执行过程如下。

```
mysql -u root -p gradem <d:\bak\gradembak.sql
Enter password:******
```

执行语句前，必须先在 MySQL 服务器中创建了 gradem 数据库，如果不存在，在数据恢复过程中会出错。命令执行成功之后，gradembak.sql 文件中的语句就会在指定的数据库中恢复以前的数据。

如果已登录 MySQL 服务器，还可以使用 SOURCE 命令导入.sql 文件。SOURCE 语句的语法如下。

```
SOURCE filename.sql
```

【例 6.21】 使用 SOURCE 命令将备份文件 gradembak.sql 恢复到数据库中，执行过程如下。

```
mysql>USE  gradem;
database changed
mysql>SOURCE d:\bak\gradembak.sql
```

3．直接复制到数据库目录

如果数据库通过复制数据库文件备份，可以直接复制备份的文件到 MySQL 数据目录下实现还原。通过这种方式还原时，必须保证备份数据的数据库和待还原的数据库服务器的主版本号相同。而且这种方式只对 MyISAM 存储引擎的表有效，对于 InnoDB 存储引擎的表不可用。

执行还原前要关闭 MySQL 服务，将备份的文件或文件夹覆盖 MySQL 的 data 文件夹，然后再启动 MySQL 服务。对于 Linux/Unix 操作系统来说，复制完文件需要将文件的用户和组更改为 mysql 运行的用户和组，通常用户是 mysql，组也是 mysql。

6.2.4 数据库迁移

数据库迁移就是把数据从一个系统移动到另一个系统上。以下情况需要进行数据库迁移。

- 需要安装新的数据库服务器。
- MySQL 版本更新。
- 数据库管理系统的变更（如从 Microsoft SQL Server 迁移到 MySQL）。

1．相同版本的 MySQL 数据库之间的迁移

相同版本的 MySQL 数据库之间的迁移就是在主版本号相同的 MySQL 数据库之间进行数据库移动。迁移过程其实就是在源数据库备份和目标数据库恢复过程的组合。

对数据库备份和恢复时，最简单的方式是通过复制数据库文件目录，但是此种方法只适用于 MyISAM 引擎的表。而对于 InnoDB 表，不能用直接复制文件的方式备份数据库，因此最常用和最安全的方式是使用 mysqldump 命令导出数据，然后在目标数据库服务器使用 mysql 命令导入即可。

2．不同版本的 MySQL 数据库之间的迁移

因为数据库升级等原因，需要将较旧版本的 MySQL 数据库中的数据迁移到较新版本的数据库中。MySQL 服务器升级时，需要先停止服务，然后卸载旧版本，并安装新版的 MySQL，这种更新方法很简单，如果想保留旧版本中的用户访问控制信息，则需要备份 MySQL 中的 mysql 数据库，在新版本 MySQL 安装完成之后，重新读入 mysql 备份文件中的信息。

旧版本与新版本的 MySQL 可能使用不同的默认字符集，例如 MySQL 4.x 中大多使用 latin1 作为默认字符集，而 MySQL 5.x 的默认字符集为 utf8。如果数据库中有中文数据，迁移过程中需要对默认字符集进行修改，不然可能无法正常显示结果。

新版本会对旧版本有一定兼容性。从旧版本的 MySQL 向新版本的 MySQL 迁移时，对于 MyISAM 表，可以直接复制数据库文件，也可以使用 mysqlhotcopy 工具、mysqldump 工具。对于 InnoDB 表，一般只能使用 mysqldump 命令将数据导出，然后用 mysql 命令导入到目标服务器上。从新版本向旧版本的 MySQL 迁移数据时要特别小心，最好使用 mysqldump 命令导出，然后导入到目标服务器上。

3．不同数据库之间的迁移

不同类型的数据库之间的迁移，是指把 MySQL 的数据库转移到其他类型的数据库中，例如从 MySQL 迁移到 Oracle，从 Oracle 迁移到 MySQL，或从 MySQL 迁移到 SQL Server 等。

迁移之前，需要了解不同数据库的架构，比较它们之间的差异。不同数据库中定义相同类型的数据的关键字可能会不同。如 MySQL 中日期字段分为 DATE 和 TIME 两种，而 Oracle 日期字段只有 DATE。另外，数据库厂商并没有完全按照 SQL 标准来设计数据库管理系统，导致不同的数据库管理系统的 SQL 语句有差别。如 MySQL 几乎完全支持标准 SQL 语言，而 Microsoft SQL Server 使用的是 T-SQL 语言，T-SQL 语言中有一些非标准的 SQL 语句，因此在迁移时必须对这些语句进行语句映射处理。

数据库迁移可以使用一些工具，例如在 Windows 系统下，可以使用 MyODBC 实现 MySQL 和 SQL Server 之间的迁移。MySQL 官方提供的工具 MySQL Migration Toolkit 也可以在不同数据库之间进行数据迁移。

6.2.5 表的导入与导出

有时会需要将 MySQL 数据库中的数据导出到外部存储文件中，MySQL 数据库中的数据可以导出为 sql 文本文件、xml 文件、txt 文件、xls 文件或 html 文件。同样，这些导出文件也可以导入到 MySQL 数据库中。

1．利用 Navicat 图形工具导出和导入文件

（1）用 Navicat 图形工具导出文件。使用 Navicat 图形工具实现对表的导出，具体操作步骤如下。

① 在 Navicat 中，连接到 MySQL 服务器。

② 双击 gradem 数据库使其处在打开状态，选中要进行导出的表（如 teacher 表），单击窗格上方的【导出向导】按钮，或用鼠标右键单击 teacher 表，在弹出的快捷菜单中执行【导出向导】命令，则会弹出【导出向导——步骤 1】对话框，如图 6.17 所示。

③ 在【导出向导——步骤 1】对话框中，用户选择导出的文件格式，默认的文件格式为文本文件。选中后，单击【下一步】按钮，则会弹出【导出向导——步骤 2】对话框，如图 6.18 所示。

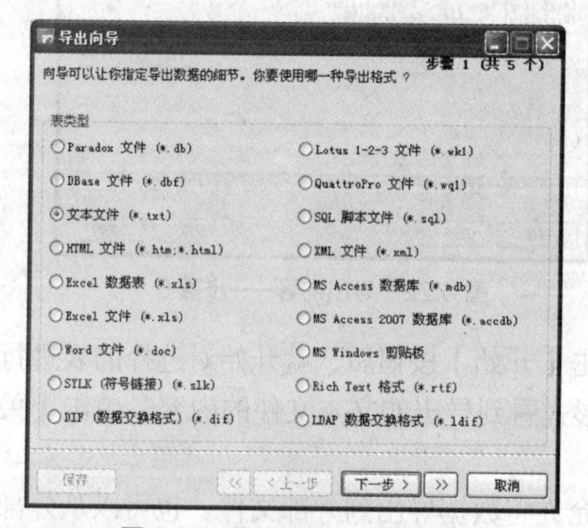

图 6.17　导出向导——步骤 1

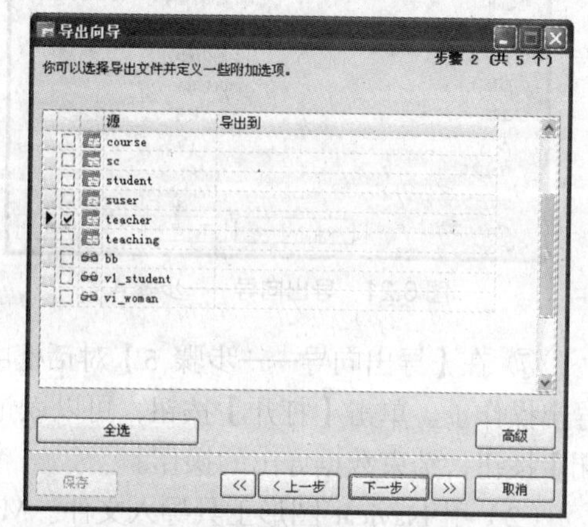

图 6.18　导出向导——步骤 2

④ 在【导出向导——步骤 2】对话框中，用户可以选择导出哪些表，在“导出到”一列中设置各表的导出位置，单击某列后，会出现【…】按钮，单击此按钮，则弹出【另存为】对话框，设置好导出文件的存储位置，单击【保存】按钮后，返回【导出向导——步骤 2】对话框，如图 6.19 所示。设置完毕后，单击【下一步】按钮，则会弹出【导出向导——步骤 3】对话框，如图 6.20 所示。

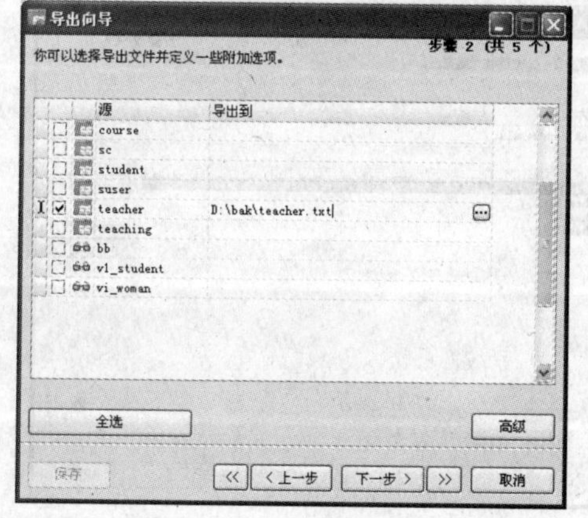

图 6.19　导出向导——步骤 2（设置文件位置）

图 6.20　导出向导——步骤 3

⑤ 在导出向导——步骤 3 中，用户可以选择导出哪些列，默认为全部栏位，把"全部栏位"复选框的"√"勾去，也可用栏位的各复选框进行选择。选择结束后，单击【下一步】按钮，则会弹出【导出向导——步骤 4】对话框，如图 6.21 所示。

⑥ 在【导出向导——步骤 4】对话框中，用户可以设置一些附加选项，如在导出时是否包含列的标题，行分隔符、文本限定符、栏位分隔符、日期的排序方式以及日期、时间和数字的分隔符等设置，设置完毕后，单击【下一步】按钮，则会弹出【导出向导——步骤 5】对话框，如图 6.22 所示。

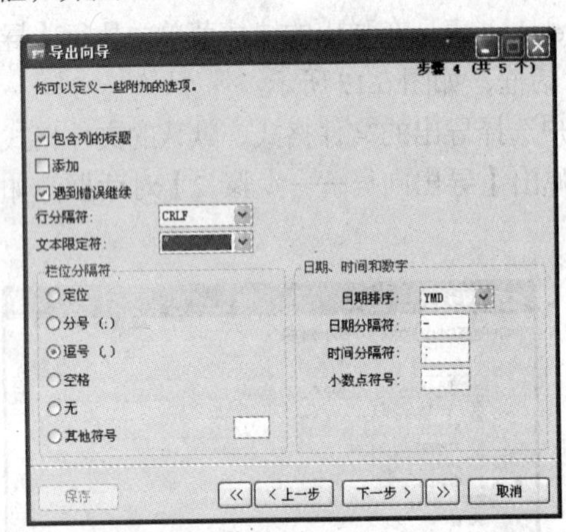

图 6.21 导出向导——步骤 4

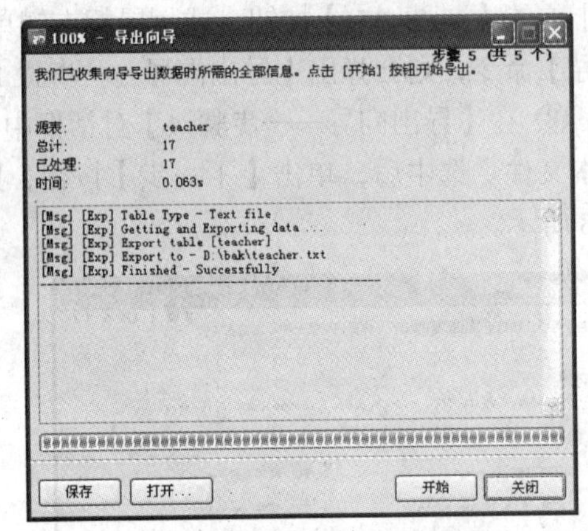

图 6.22 导出向导——步骤 5

⑦ 在【导出向导——步骤 5】对话框中，单击【开始】按钮后，就开始对选择的表进行导出操作了。单击【打开】按钮，可以以记事本形式看到导出的文本文件的内容。单击【关闭】按钮，结束数据导出的操作。

（2）用 Navicat 图形工具导入文件。MySQL 允许将数据导出到外部文件，也可以从外部文件导入数据。MySQL 提供了一些导入数据的工具。

使用 Navicat 图形工具实现对表的导入，具体操作步骤如下。

① 在 Navicat 中，连接到 MySQL 服务器。

② 双击 gradem 数据库使其处在打开状态，单击窗格上方的【导入向导】按钮，或用鼠标右键单击右侧窗格的空白处，或鼠标右键单击 gradem 数据库下方的表节点，在弹出的快捷菜单中执行【导入向导】命令，则会弹出【导入向导——步骤 1】对话框，如图 6.23 所示。

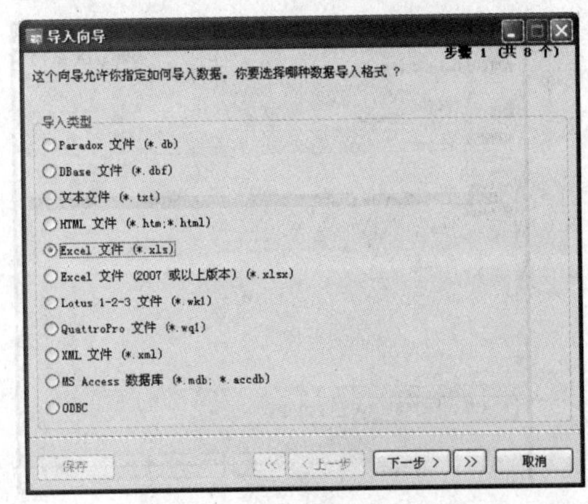

图 6.23 导入向导——步骤 1

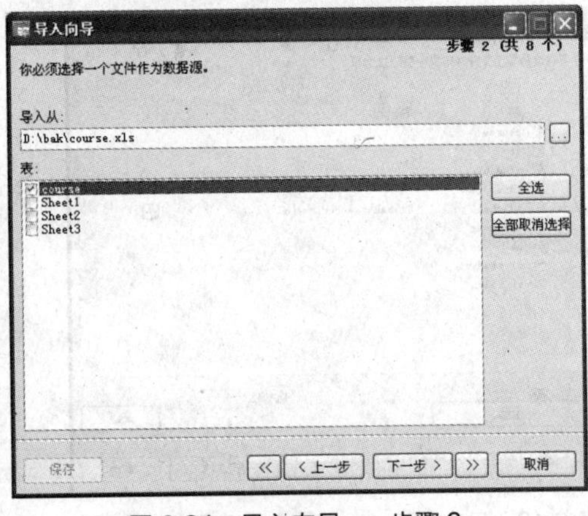

图 6.24 导入向导——步骤 2

③ 在【导入向导——步骤 1】对话框中，用户选择导入文件的文件格式，默认的文件格式为文本文件。选中后，单击【下一步】按钮，则会弹出【导入向导——步骤 2】对话框，如图 6.24 所示。

④ 在【导入向导——步骤 2】对话框中，用户单击【…】按钮选择导入文件，文件选择后，则在下面的列表中列出相应选项，在此例中选择的导入文件为 xls 文件，所以在列表中列出了 xls 文件的所有工作表，选择数据所在的工作表，单击【下一步】按钮，则会弹出【导入向导——步骤 4】对话框，如图 6.25 所示。如果选择的导入文件是文本文件，则会弹出【导入向导——步骤 3】对话框，如图 6.26 所示。在此对话框中，用户选择合适的分隔符后，单击【下一步】按钮，则会进入【导入向导——步骤 4】对话框。

图 6.25　导入向导——步骤 4

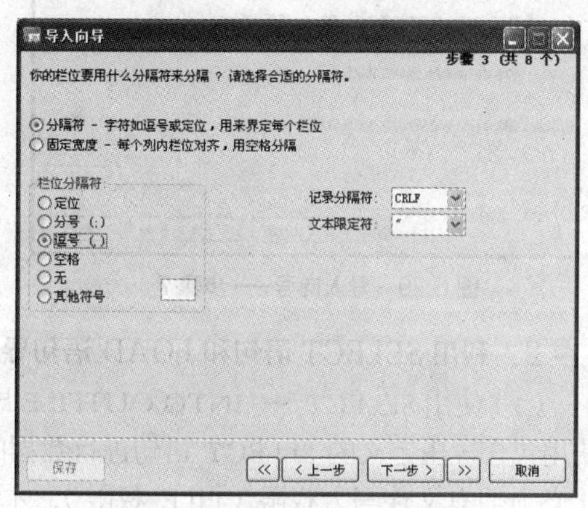

图 6.26　导入向导——步骤 3

⑤ 在【导入向导——步骤 4】对话框中，设置一些附加选项，如栏位名的行数、日期、时间和数字的格式设置等。设置完毕后，单击【下一步】按钮，进入【导入向导——步骤 5】对话框，如图 6.27 所示。

⑥ 在【导入向导——步骤 5】对话框中，实现对目标表的设置，目标表可以是现有的表，也可以新建表，在此例中，目标表为新建表。设置完毕后，单击【下一步】按钮，进入【导入向导——步骤 6】对话框，如图 6.28 所示。在步骤 6 中，实现对目标表的结构设置，如字段类型和长度的改变、是否设置主键等。各字段默认的类型为 varchar，长度为 255。设置完毕后，单击【下一步】按钮，进入【导入向导——步骤 7】对话框，如图 6.29 所示。

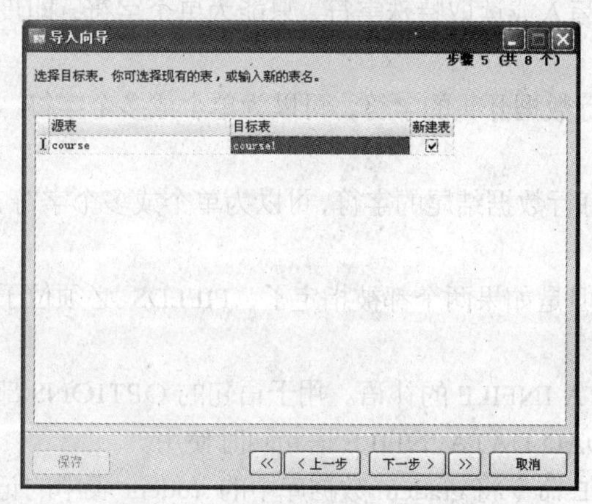

图 6.27　导入向导——步骤 5

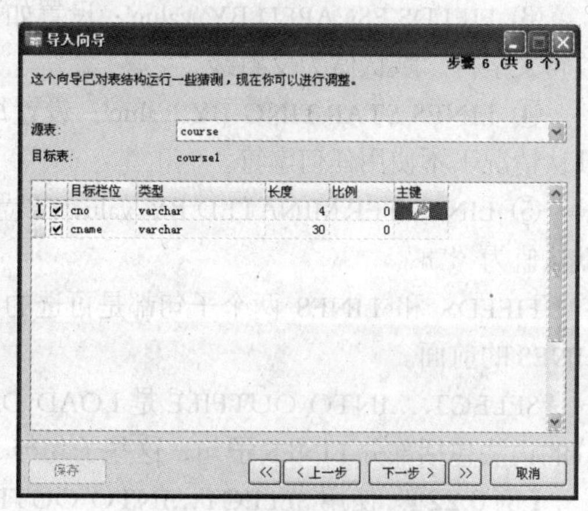

图 6.28　导入向导——步骤 6

⑦ 在【导入向导——步骤 7】对话框中，设置数据的导入模式，用户根据需要进行选择。设置完毕后，单击【下一步】按钮，进入【导入向导——步骤 8】对话框，如图 6.30 所示。在【导入向导——步骤 8】对话框中，单击【开始】按钮，开始进行数据导入，导入完毕后，单击【关闭】按钮。

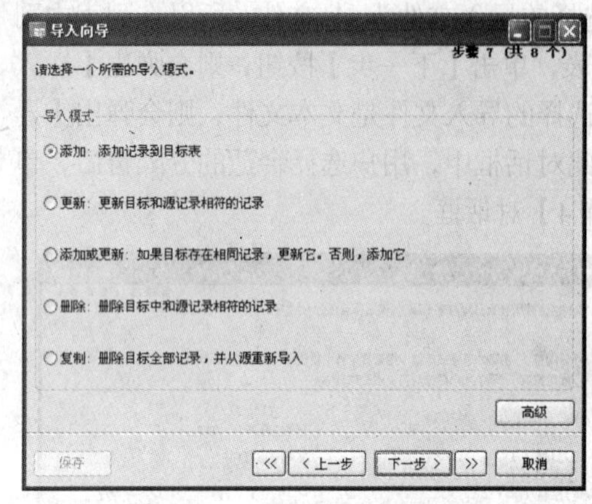

图 6.29　导入向导——步骤 7

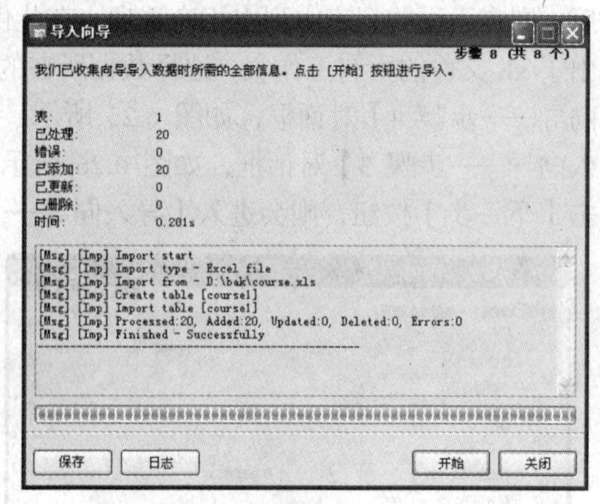

图 6.30　导入向导——步骤 8

2．利用 SELECT 语句和 LOAD 语句导出和导入文件

（1）使用 SELECT … INTO OUTFILE 导出文本文件。MySQL 数据库导出数据时，允许使用包含导出定义的 SELECT 语句进行数据的导出操作。该文件被创建在服务器主机上，因此必须拥有文件写入权限（FILE 权限），才能使用此语法。“SELECT … INTO OUTFILE 'filename'”形式的 SELECT 语句可以把查询结果集写入一个文件中，filename 不能是一个已经存在的文件。SELECT ... INTO OUTFILE 语句的基本语法格式如下。

```
SELECT <输出列表> FROM <表名> [WHERE <条件>] INTO OUTFILE '[文件路径]文件名' [OPTIONS];
```

其中，OPTIONS 选项有以下参数。

① FIELDS TERMINATED BY 'value'：设置字段之间的分隔字符，可以为单个或多个字符，默认情况下为制表符“\t”。

② FIELDS [OPTIONALLY] ENCLOSED BY 'value'：设置字段的包围字符，只能为单个字符，如果使用了 OPTIONALLY，则只能 CHAR 和 VARCHAR 字符数据字段被包括。

③ FIELDS ESCAPED BY 'value'：设置如何写入或读取特殊字符，只能为单个字符，即设置转义字符，默认值为反斜线“\”。

④ LINES STARTING BY 'value'：设置每行数据开头的字符，可以为单个或多个字符，默认情况下不使用任何字符。

⑤ LINES TERMINATED BY 'value'：设置每行数据结尾的字符，可以为单个或多个字符，默认值为“\n”。

FIELDS 和 LINES 两个子句都是可选的，但是如果两个都被指定了，FIELDS 必须位于 LINES 的前面。

SELECT ...INTO OUTFILE 是 LOAD DATA INFILE 的补语。用于语句的 OPTIONS 部分的语法包括部分 LINES 子句，这些子句与 LOAD DATA INFILE 语句同时使用。

【例 6.22】 使用 SELECT...INTO OUTFILE 命令将 gradem 数据库中的 student 表中的记录导出到文本文件，执行命令如下。

```
USE gradem;
SELECT * FROM student INTO OUTFILE "D:/BAK/person.txt";
```

由于指定了 INTO OUTFILE 子句，SELECT 将 student 表中的字段值保存到 D:\BAK\person.txt 文件中。

【例 6.23】 使用 SELECT…INTO OUTFILE 命令将 gradem 数据库中的 sc 表中的记录导出到文本文件，使用 FIELDS 选项和 LINES 选项，要求字段之间使用逗号“,”间隔，所有字段值用双引号括起来，定义转义字符为单引号“\'”，执行命令如下。

```
USE gradem;
SELECT * FROM course INTO OUTFILE "D:/BAK/course.txt"
FIELDS
   TERMINATED BY ','
   ENCLOSED BY '\"'
   ESCAPED BY '\''
LINES
   TERMINATED BY '\r\n';
```

其中，FIELDS TERMINATED BY ','表示逗号分隔字段；ENCLOSED BY '\"'表示字段用双引号括起来；ESCAPED BY '\''表示系统默认的转义字符为单引号；LINES TERMINATED BY '\r\n'表示每行以回车换行符结尾，保证每一条记录占一行。

执行成功后，在目录 D:\BAK\下生成一个 course.txt 文件，打开文件内容如图 6.31 所示。

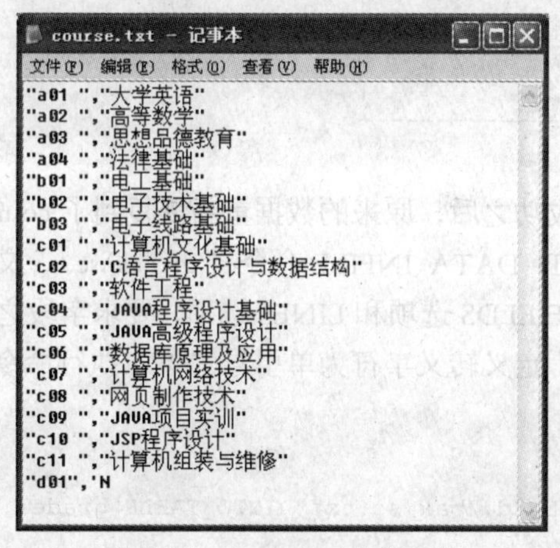

图 6.31 course.txt 文件内容

可以看到，所有的字段值都被双引号括起，最后一条记录中空值的表示形式为“'N”，即使用单引号替换了反斜线转义字符“\”。

（2）使用 LOAD DATA INFILE 语句导入文件。LOAD DATA INFILE 语句用于高速地从一个文本文件中读取行，并装入一个表中。文件名必须为文字字符串。LOAD DATA INFILE 语句的基本语法格式如下。

```
LOAD DATA INFILE 'filename.txt' INTO TABLE tablename [OPTIONS][IGNORE number LINES];
```

其中，filename.txt 表示导入数据的来源。tablename 表示待导入的数据表名称。[OPTIONS] 选项为可选参数，OPTIONS 选项的语法包括 FIELDS 和 LINES 子句，其常用的参数与 SELECT…INTO OUTFILE 语句是完全相同的，请参考该语句的解释。

IGNORE number LINES 选项表示忽略文件开始处的行数，number 表示忽略的行数。执行 LOAD DATA INFILE 语句需要 FILE 权限。

【例6.24】使用LOAD DATA INFILE命令将d:\bak\course.txt文件中的数据导入到gradem数据库中的course表中，执行命令如下。

```
mysql>USE gradem;
database changed;
mysql>delete from course;
Query OK, 18 rows affected
mysql>LOAD DATA INFILE 'd:/bak/course.txt' INTO TABLE course;
Query OK, 18 rows affected
mysql> select * from course;
+------+------------------------+
| cno  | cname                  |
+------+------------------------+
| a01  | 大学英语               |
| a02  | 高等数学               |
| a03  | 思想品德教育           |
| a04  | 法律基础               |
| b01  | 电工基础               |
| b02  | 电子技术基础           |
| b03  | 电子线路基础           |
| c01  | 计算机文化基础         |
| c02  | C语言程序设计与数据结构 |
| c03  | 软件工程               |
| c04  | JAVA程序设计基础       |
| c05  | JAVA高级程序设计       |
| c06  | 数据库原理及应用       |
| c07  | 计算机网络技术         |
| c08  | 网页制作技术           |
| c09  | JAVA项目实训           |
| c10  | JSP程序设计            |
| c11  | 计算机组装与维修       |
+------+------------------------+
18 rows in set
```

可以看到，语句执行成功之后，原来的数据重新恢复到了course表中。

【例6.25】使用LOAD DATA INFILE命令将d:\bak\sc.txt文件中的数据导入到gradem数据库中的sc表中，使用FIELDS选项和LINES选项，要求字段之间使用逗号“,”间隔，所有字段值用双引号括起来，定义转义字符为单引号“\'”，执行命令如下。

```
mysql>USE gradem;
database changed;
mysql>delete from sc;
mysql>LOAD DATA INFILE "d:/bak/sc.txt" INTO TABLE gradem.sc
     FIELDS
         TERMINATED BY ','
         ENCLOSED BY '\"'
         ESCAPED BY '\''
     LINES
         TERMINATED BY '\r\n';
```

3．利用mysqldump命令和mysqlimport命令导出和导入文件

（1）使用mysqldump命令导出文本文件。除了使用“SELECT … INTO OUTFILE 命令导出文本文件之外，还可以使用 mysqldump 命令。该工具不仅可以将数据导出为包含CREATE、INSERT的sql文件，也可以导出为纯文本文件。mysqldump导出文本文件的基本语法格式如下。

```
mysqldump -u root -p -T path dbname[tables] [OPTIONS]
```

其中，-T参数表示导出纯文本文件。Path表示导出数据的路径。Tables为指定要导出的表的名称，如果不指定，将导出数据库dbname中所有的表。

另外，OPTIONS选项是可选项，该选项需要结合-T选项使用，OPTIONS常用的参数

有以下几项。

① --fields-terminated-by=value：设置字段之间的分隔字符，可以为单个或多个字符，默认情况下为制表符“\t”。

② --fields-enclosed-by=value：设置字段的包围字符。

③ --fields-optionally-enclosed-by=value：设置字段的包围字符，只能为单个字符，只能包括CHAR和VARCHAR等字符数据字段。

④ --fields-escaped-by=value：设置如何写入或读取特殊字符，只能为单个字符，即设置转义字符，默认值为反斜线“\”。

⑤ --lines-terminated-by=value：设置每行数据结尾的字符，可以为单个或多个字符，默认值为“\n”。

与SELECT ... INTO OUTFILE语句中的OPTIONS各个参数设置不同，这里的OPTONS各个选项等号后面的value值不要用引号括起来。

【例6.26】 使用mysqldump命令将gradem数据库中的teacher表中的记录导出到文本文件，执行命令如下。

```
mysqldump -u root -p -T D:/bak gradem teacher
Enter password:******
```

语句执行成功后，会在D盘的bak文件夹中生成两个文件，分别为teacher.sql和teacher.txt。teacher.sql文件中包含创建teacher表的CREATE语句，teacher.txt文件中包含表中的数据。

【例6.27】 使用mysqldump命令将gradem数据库中的sc表中的记录导出到文本文件，要求字段之间使用逗号“,”间隔，所有字符类型的字段值用双引号括起来，定义转义字符为问号“?”，每行记录以回车换行符“\r\n”结尾，执行命令如下。

```
mysqldump -u root -p -T d:/bak gradem sc
   --fields-terminated-by=, --fields-optionally-enclosed-by=\"
   --fields-escaped-by=? --lines-terminated-by=\r\n
```

语句执行成功后，生成了两个文件，分别为sc.sql和sc.txt。其中，sc.txt的文件内容如图6.32所示。可以看到，只有字符类型的值被双引号括了起来，而数值类型的值没有。倒数第2行的NULL值表示为“?N”，使用问号“?”替代了系统默认的反斜线转义字符“\”。

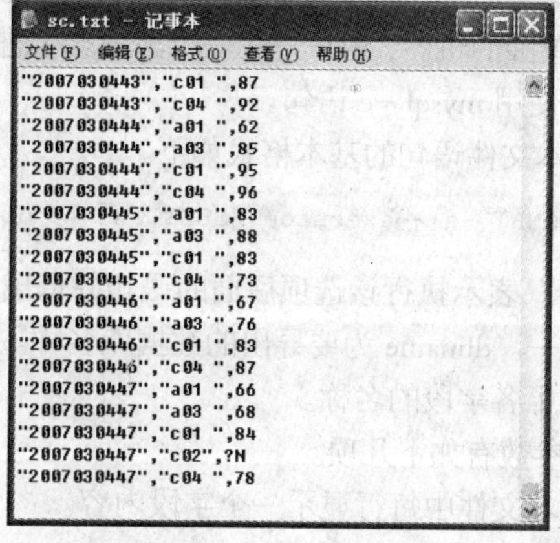

图6.32 sc.txt文件内容

（2）使用 mysqlimport 命令导入文本文件。使用 mysqlimport 命令可以导入文本文件，并且不需要登录 MySQL 客户端。mysqlimport 命令提供许多与 LOAD DATA INFILE 语句相同的功能，大多数选项直接对应 LOAD DATA INFILE 子句。使用 mysqlimport 命令需要指定所需的选项、导入的数据库名称以及导入的数据文件的路径和名称。mysqlimport 命令的基本语法格式如下。

```
mysqlimport -u root -p dbname filename.txt [OPTIONS]
```

其中，dbname 为导入的表所在的数据库名称。注意，mysqlimport 命令不导入数据库的表名称，数据表的名称由导入文件名称确定，即文件名作为表名，导入数据前该表必须存在。[OPTIONS]选项为可选参数，OPTIONS 选项常用的参数与 mysqldump 命令是大致相同的，请参考该命令的解释。

【例 6.28】使用 mysqlimport 命令将 d:\bak\sc.txt 文件中的数据导入到 gradem 数据库中的 sc 表中，字段之间使用逗号“，”间隔，所有字符型字段值用双引号括起来，定义转义字符为单引号“？”，执行命令如下。

```
mysqlimport -u root -p gradem  d:/bak/sc.txt
   --fields-terminated-by=, --fields-optionally-enclosed-by=\"
   --fields-escaped-by=? --lines-terminated-by=\r\n
```

上面语句要在一行中输入，语句执行成功后，将把 sc.txt 文件中的数据导入到数据库中。

除了前面介绍的几个选项之外，mysqlimport 支持许多选项，常见的选项有以下几项。

① --ignore-lines=n：忽视数据文件的前 n 行。

② --compress，-C：压缩在客户端和服务器之间发送的所有信息（如果二者均支持压缩）。

③ --columns=column_list，-c column_list：该选项采用逗号分隔的列名作为其值。列名的顺序指示如何分配数据文件列和表列。

④ --delete，-d：导入文本文件前清空表。

⑤ --force，-f：忽视错误。例如，如果某个文本文件的表不存在，继续处理其他文件。若不使用--force，如果表不存在，由 mysqlimport 退出。

4．使用 mysql 命令导出文本文件

mysql 是一个功能丰富的工具命令，使用 mysql 还可以在命令行模式下执行 SQL 指令，将查询结果导入到文本文件中。相比 mysqldump，mysql 工具导出的结果可读性更强。

如果 MySQL 服务器是单独的机器，用户是在一个客户端上进行操作，用户要把数据结果导入到客户端机器上，可以使用 mysql -e 语句。

使用 mysql 命令导出文本文件语句的基本格式如下。

```
mysql -u root -p [OPTIONS] -e|--execute= "SELECT 语句" dbname>filename.txt
```

其中，“-e|--execute=”表示执行该选项后面的语句并退出，后面的语句必须用双引号括起来，这两个参数任选其一。dbname 为要导出的数据库名称。导出的文件中不同列之间使用制表符分隔，第 1 行包含了各字段的名称。

OPTIONS 选项常用的参数有如下几项。

（1）-E|--vertical：文本文件中每行显示一个字段内容。

（2）-H|--html：导出的文件为 html 文件。

(3) -X|--xml：导出的文件为 xml 文件。

(4) -t|--table：以表格的形式导出数据。

【例 6.29】 使用 mysql 命令将 gradem 数据库中的 teacher 表中的记录导出到文本文件，执行命令如下。

```
mysql -u root -p --execute="SELECT * FROM teacher;" gradem>d:/bak/teatxt.txt
Enter password:******
或
mysql -u root -p -e "SELECT * FROM teacher;" gradem>d:/bak/teatxt.txt
Enter password:******
```

语句执行完毕后，会在 D 盘的 bak 文件夹中生成文件 teatxt.txt，其内容如图 6.33 所示。

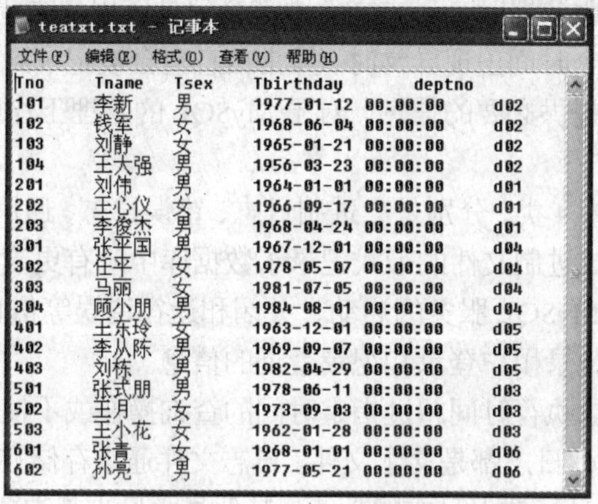

teatxt.txt - 记事本

文件(F) 编辑(E) 格式(O) 查看(V) 帮助(H)

Tno	Tname	Tsex	Tbirthday	deptno
101	李新	男	1977-01-12 00:00:00	d02
102	钱军	女	1968-06-04 00:00:00	d02
103	刘静	女	1965-01-21 00:00:00	d02
104	王大强	男	1956-03-23 00:00:00	d02
201	刘伟	男	1964-01-01 00:00:00	d01
202	王心仪	女	1966-09-17 00:00:00	d01
203	李俊杰	男	1968-04-24 00:00:00	d01
301	张平国	男	1967-12-01 00:00:00	d04
302	任平	女	1978-05-07 00:00:00	d04
303	马丽	女	1981-07-05 00:00:00	d04
304	顾小朋	男	1984-08-01 00:00:00	d04
401	王东玲	女	1963-12-01 00:00:00	d05
402	李从陈	男	1969-09-07 00:00:00	d05
403	刘栋	男	1982-04-29 00:00:00	d05
501	张式朋	男	1978-06-11 00:00:00	d03
502	王月	女	1973-09-03 00:00:00	d03
503	王小花	女	1962-01-28 00:00:00	d03
601	张青	女	1968-01-01 00:00:00	d06
602	孙亮	男	1977-05-21 00:00:00	d06

图 6.33 teatxt.txt 文件内容

可以看到，文件中包含了每个字段的名称和各条记录，该显示格式与 MySQL 命令行下 SELECT 语句的查询结果显示相同。

【例 6.30】 使用 mysql 命令将 gradem 数据库中的 sc 表中的记录导出到 html 文件，执行命令如下。

```
mysql -u root -p --html -e "SELECT * FROM sc;" gradem>d:/bak/sc.html
Enter password:******
或
mysql -u root -p -H --execute= "SELECT * FROM sc;" gradem>d:/bak/sc.html
Enter password:******
```

6.3 MySQL 日志

【任务分析】

对于 MySQL 的管理工作而言，日志文件不可缺少。日志文件记录了数据库运行期间发生的变化。当数据库遭到意外损害时，可以通过日志文件来查询出错原因，并且可以通过日志文件进行数据恢复。因此首先要了解日志的作用，并且掌握各种日志的使用方法和使用二进制日志还原数据的方法。

【课堂任务】

本节要掌握 MySQL 日志的用法。

● 了解什么是 MySQL 日志

- 掌握二进制日志的用法
- 掌握错误日志的用法
- 掌握通用查询日志的方法
- 掌握慢查询日志的方法

6.3.1 MySQL 日志简介

日志是数据库的重要组成部分。日志文件中记录了数据库运行期间发生的变化。当数据库遭到意外损害时，可以通过日志文件来查询出错原因，并且可以通过日志文件进行数据恢复。

MySQL 日志是用来记录 MySQL 数据库的运行情况、用户操作和错误信息等。例如，当一个用户登录到 MySQL 服务器时，日志文件中就会记录该用户的登录时间和执行的操作等。或当 MySQL 服务器在某个时间出现异常时，异常信息也会被记录到日志文件中。日志文件可以为 MySQL 管理和优化提供必要的信息。对于 MySQL 的管理工作而言，这些日志文件是不可缺少的。

MySQL 日志主要分为 4 类，分别是二进制日志、错误日志、通用查询日志和慢查询日志。

- 二进制日志：以二进制文件的形式记录了数据库中所有更改数据的语句。
- 错误日志：记录 MySQL 服务的启动、关闭和运行错误等信息。
- 通用查询日志：记录用户登录和记录查询的信息。
- 慢查询日志：记录执行时间超过指定时间的查询操作或不使用索引的查询。

除二进制日志外，其他日志都是文本文件。日志文件通常存储在 MySQL 数据库的数据目录下。默认情况下，只启动了错误日志的功能。其他 3 类日志都需要数据库管理员进行设置。

如果 MySQL 数据库系统意外停止服务，可以通过错误日志查看出现错误的原因。并且可以通过二进制日志文件来查看用户执行了哪些操作，对数据库文件做了哪些修改等。然后根据二进制日志文件的记录来修复数据库。

但是，启动日志功能会降低 MySQL 数据库的性能。例如，在查询非常频繁的 MySQL 数据库系统中，如果开启了通用查询日志和慢查询日志，MySQL 数据库会花费很多时间记录日志。同时，日志会占用大量的磁盘空间。对于用户量非常大、操作非常频繁的数据库，日志文件需要的存储空间甚至比数据库文件需要的存储空间还要大。

6.3.2 二进制日志

二进制日志主要记录数据库的变化情况。二进制日志以一种有效的格式，包含了所有更新了的数据或者已经潜在更新了的数据（如没有匹配任何行的一条 DELETE 语句）的语句。语句以“事件”的形式保存，描述数据的更改。

二进制日志还包含关于每个更新数据库语句的执行时间信息。它不包含没有修改任何数据的语句。如果要记录所有语句，需要使用通用查询日志。使用二进制日志的主要目的是最大可能地恢复数据，因为二进制日志包含备份后进行的所有更新。

1. 启动和设置二进制日志

默认情况下，二进制日志是关闭的，可以通过修改 MySQL 的配置文件来启动和设置二进制日志。

my.ini 中的[mysqld]组下面有几个设置是关于二进制日志的选项。

```
[mysqld]
log-bin[=path/[filename]]
expire_logs_days=10
max_binlog_size=100M
```

log-bin 定义开启二进制日志。path 表明日志文件所在的目录路径。Filename 指定了日志文件的文件名称，如文件的命名为 filename.000001、filename.000002 等。除了上述文件之外，还有一个名称为 filename.index 的文件，文件内容为所有日志的清单，可以使用记事本打开该文件。

expire_logs_days 定义了 MySQL 清除过期日志的时间，即二进制日志自动删除的天数。默认值为 0，表示“没有自动删除”。当 MySQL 启动或刷新二进制日志时可能删除该文件。

max_binlog_size 定义了单个文件的大小限制，如果二进制日志定稿的内容大小超出给定值，日志就会发生滚动（关闭当前文件，重新打开一个新的日志文件）。不能将该变量设置为大于 1GB 或小于 4KB。默认值是 1GB。

如果正在使用大的事务，二进制日志文件大小还可能会超过 max_binlog_size 定义的大小。在 my.ini 配置文件中的[mysqld]组下，添加以下几个参数与参数值。

```
[mysqld]
log-bin
expire_logs_days=10
max_binlog_size=100M
```

添加完毕之后，关闭并重新启动 MySQL 服务进程，即可打开二进制日志，然后可以通过 SHOW VARIABLES 语句来查询日志设置。

如果想改变日志文件的名称，可以修改 my.ini 中的 log-bin 参数。

```
[mysqld]
log-bin="D:/MySQL/log/binlog"
```

关闭并重新启动 MySQL 服务之后，新的二进制日志文件将出现在 D:\MySQL\log 文件夹下面，名称为 binlog.000001 和 binlog.index。读者可以根据情况灵活设置。

提 示

数据库文件最好不要与日志文件放在同一个磁盘上，这样，当数据库所在的磁盘发生故障时，可以使用日志文件恢复数据。

2．查看二进制日志

MySQL 二进制日志存储了所有的变更信息，MySQL 二进制日志是经常用到的。当 MySQL 创建二进制日志文件时，首先创建一个以“filename”为名称，以“.index”为后缀的文件；再创建一个以“filename”为名称，以“.000001”为后缀的文件。当 MySQL 服务重新启动一次，以“.000001”为后缀的文件会增加一个，并且后缀名加 1 递增。如果日志长度超过了 max_binlog_size 的上限（默认值为 1GB），也会创建一个新的日志文件。

show binary logs 语句可以查看当前的二进制日志文件个数及其文件名。MySQL 二进制日志并不能直接查看，如果要查看日志内容，可以通过 mysqlbinlog 命令查看。

3．删除二进制日志

MySQL 的二进制日志文件可以配置自动删除，同时 MySQL 也提供了安全的手动删除二进制日志文件的方法。

（1）使用 RESET MASTER 命令删除二进制日志文件。RESET MASTER 命令的语法如下。

```
RESET MASTER;
```

执行完该命令后，所有二进制日志将被删除，MySQL 会重新创建二进制日志，新的日志文件扩展名将重新从 000001 开始编号。

（2）使用 PURGE MASTER LOGS 命令删除指定日志文件。PURGE MASTER LOGS 命令的语法如下。

```
PURGE {MASTER|BINARY} LOGS TO 'log_name';
或
PURGE {MASTER|BINARY} LOGS BEFORE 'date';
```

其中，MASTER 和 BINARY 是等效的。第 1 种方法指定文件名，执行该删除文件名编号比指定文件名编号小的所有日志文件。第 2 种方法指定日期，执行该命令将删除指定日期以前的所有日志文件。

【例 6.31】 使用 PURGE MASTER LOGS 命令删除创建时间比 binlog.000003 早的所有日志，执行命令如下。

```
mysql>PURGE MASTER LOGS TO 'binlog.000003';
```

【例 6.32】 使用 PURGE MASTER LOGS 命令删除 2013 年 8 月 30 日前创建的所有日志文件，执行命令如下。

```
mysql>PURGE MASTER LOGS BEFORE '20130830';
```

4．使用二进制日志恢复数据库

如果 MySQL 服务器启用了二进制日志，在数据库出现意外丢失数据时，可以使用 mysqlbinlog 工具从指定的时间点开始直到现在，或另一个指定的时间点的日志中恢复数据。

要想从二进制日志恢复数据，需要知道当前二进制日志文件的路径和文件名。一般可以从配置文件（即 my.cnf 或 my.ini，文件名取决于 MySQL 服务器的操作系统）中找到路径。

mysqlbinlog 恢复数据的语法如下。

```
mysqlbinlog [option] filename|mysql -u user -ppassword
```

其中，filename 是日志文件名，option 是可选项。option 选项常用的参数有以下两对。

- --start-date 和--stop-date：指定恢复数据库的起始时间点和结束时间点。
- --start-position 和--stop-position：指定恢复数据库的开始位置和结束位置。

【例 6.33】 使用 mysqlbinlog 工具恢复 MySQL 数据库到 2013 年 8 月 30 日 16：32：30 时的状态，执行命令如下。

```
mysqlbinlog --stop-date='2013-08-30 16:32:30'
D:/MySQL/log/binlog/binlog.000008|mysql -u user -ppassword
```

该命令执行成功后，会根据 binlog.000008 日志文件恢复 2013 年 8 月 30 日 16：32：30 以前的所有操作。这种方法对于意外操作非常有效，比如因操作不当误删了数据表。

5．暂时停止二进制日志功能

如果在 MySQL 的配置文件配置启动了二进制日志，MySQL 会一直记录二进制日志。修改配置文件，可以停止二进制日志，但是需要重启 MySQL 数据库。MySQL 提供了暂时停止二进制日志的功能。通过 SET SQL_LOG_BIN 命令可以使 MySQL 服务器暂停或者启动二进制日志。

SET SQL_LOG_BIN 命令的语法如下。

```
SET sql_log_bin={0|1};
```

执行下列命令可暂停记录二进制日志。

```
SET sql_log_bin=0;
```

执行下列命令可启动记录二进制日志。

```
SET sql_log_bin=1;
```

6.3.3 错误日志

错误日志文件包含了当 mysqld 启动和停止时，以及服务器运行过程中发生任何严重错误时的相关信息。在 MySQL 中，错误日志也是非常有用的，MySQL 会将启动和停止数据库信息以及一些错误信息记录到错误日志文件中。

1．启动和设置错误日志

默认情况下，错误日志会记录到数据库的数据目录下。如果没有在配置文件中指定文件名，则文件名默认为 hostname.err。例如，MySQL 所在的服务器主机名为 mysql，记录错误信息的日志文件名为 mysql.err。如果执行了 FLUSH LOGS，错误日志文件会重新加载。

错误日志的启动和停止以及日志文件名，都可以通过修改 my.ini 或者 my.cnf 来配置。错误日志的配置项是 log-error。在[mysqld]组下配置 log-error，可以启动错误日志。如果需要指定文件名，则配置项如下。

```
[mysqld]
log-error[=path/[filename]]
```

log-error 定义开启错误日志。path 表明错误日志文件所在的目录路径。Filename 指定了日志文件的文件名称。修改配置项后，需要重启 MySQL 服务以生效。

2．查看错误日志

通过错误日志可以监视系统的运行状态，便于及时发现故障和修复故障。MySQL 错误日志是以文本文件形式存储的，可以使用文本编辑器直接查看 MySQL 错误日志。

如果不知道日志文件的存储路径，可以使用 SHOW VARIABLES 命令查询错误日志的存储路径。SHOW VARIABLES 命令的语法格式如下。

```
SHOW VARIABLES LIKE 'log_error';
```

```
+---------------+---------------------------------------------------------------------------------+
| Variable_name | Value                                                                           |
+---------------+---------------------------------------------------------------------------------+
| log_error     | C:\Documents and Settings\All Users\Application Data\MySQL\MySQL Server 5.5\Data\dell.err |
+---------------+---------------------------------------------------------------------------------+
1 row in set
```

可以看到，错误日志的文件是 dell.err，位于 MySQL 默认的数据目录下，使用记事本打开该文件，可以看到 MySQL 的错误日志。

```
140212 16:43:59 [Note] Plugin 'FEDERATED' is disabled.
140212 16:43:59 InnoDB: The InnoDB memory heap is disabled
140212 16:43:59 InnoDB: Mutexes and rw_locks use Windows interlocked functions
140212 16:43:59 InnoDB: Compressed tables use zlib 1.2.3
140212 16:44:00 InnoDB: Initializing buffer pool, size = 47.0M
140212 16:44:00 InnoDB: Completed initialization of buffer pool
InnoDB: The first specified data file .\ibdatal did not exist:
InnoDB: a new database to be created!
```

以上是错误日志文件的一部分，记载了系统的一些错误。

3．删除错误日志

MySQL 的错误日志是以文本文件的形式存储在文件系统中的，可以直接删除。

对于 MySQL 5.5.7 以前的版本，FLUSH LOGS 只是重新打开日志文件，并不做日志备份和创建的工作。如果日志文件不存在，MySQL 启动或执行 FLUSH LOGS 时会创建新的日志文件。

在运行状态下删除错误日志后，MySQL 并不会自动创建日志文件。FLUSH LOGS 在重新加载日志的时候，如果文件不存在，则会自动创建。所以在删除错误日志之后，如果需要重建日志文件，需要在服务器端执行以下命令。

```
mysqladmin -u root -p flush-logs
```

或者在客户端登录 MySQL 数据库，执行 FLUSH LOGS 命令。

```
mysql>flush logs;
Query OK, 0 rows affected
```

6.3.4 通用查询日志

通用查询日志记录 MySQL 的所有用户操作，包括启动与关闭服务、执行查询和更新语句等。

1．启动和设置通用查询日志

默认情况下，MySQL 服务器并没有开启通用查询日志。如果需要通用查询日志，可以通过修改 my.ini 或者 my.cnf 来开启。在[mysqld]组下加入 log 选项，配置项如下。

```
[mysqld]
log[=path/[filename]]
```

其中，path 表明通用查询日志文件所在的目录路径。filename 为日志文件名称。如果不指定目录和文件名，通用查询日志将默认存储在 MySQL 数据目录中的 hostname.log 文件中。hostname 是 MySQL 数据库的主机名。这里在[mysqld]下面增加选项 log，后面不指定参数值，格式如下。

```
[mysqld]
log
```

2．查看通用查询日志

通用查询日志记录了用户的所有操作。通过查看通用查询日志，可以了解用户对 MySQL 进行的操作。通用查询日志是以文本文件的形式存储的，可以使用文本编辑器直接查看。

3．删除通用查询日志

因为通用查询日志记录了用户的所有操作，因此在用户查询、更新频繁的情况下，通用查询日志会增长得很快。数据库管理员可以定期删除比较早的通用日志，以节省磁盘空间。

可以用删除日志文件的方式删除通用日志。要重新建立新的日志文件，可使用语句 mysqladmin –u root –p flush –logs。

6.3.5 慢查询日志

慢查询日志是记录查询时长超过指定时间的日志。慢查询日志主要用来记录执行时间较长的查询语句。通过慢查询日志，可以找出执行时间较长、执行效率较低的语句，然后进行优化。

1．启动和设置慢查询日志

在默认情况下，MySQL 中慢查询日志是关闭的，可以通过配置文件 my.ini 或者 my.cnf 中的 log-slow-queries 选项打开，也可以在 MySQL 服务启动时使用 --log-slow-queries[=filename]启动慢查询日志。启动慢查询日志时，需要在 my.ini 或者 my.cnf 文件中配置 long_query_time 选项指定记录阈值，如果某条查询语句的查询时间超过了这个值，这个查询过程将被记录到慢查询日志文件中。

在 my.ini 或者 my.cnf 文件中开启慢查询日志的配置如下。

```
[mysqld]
log-slow-queries[=path/[filename]]
long_query_time=n
```

其中，path 为慢查询日志文件所在的目录路径，filename 为日志文件名称。如果不指定目录和文件名，慢查询日志将默认存储在 MySQL 数据目录中的 hostname-slow.log 文件中。hostname 是 MySQL 数据库的主机名。参数 n 是时间值，单位是秒。如果没有设置 long_query_time 选项，默认时间为 10 秒。

2．查看慢查询日志

慢查询日志是以文本文件的形式存储的，可以使用文本编辑器直接查看。

提　示

借助慢查询日志分析工具，可以更加方便地分析慢查询语句。比较著名的慢查询工具有 MySQL Dump Slow、MySQL SLA、MySQL Log Filter 和 MyProfi 等。关于这些慢查询分析工具的用法，可以参考相关软件的帮助文档。

3．删除慢查询日志

和通用查询日志一样，慢查询日志也可以直接删除。删除后在不重启服务器的情况下，需要执行 mysqladmin -u root -p flush-logs 重新生成日志文件，或者在客户端登录到服务器执行 flush logs 语句重建日志文件。

6.4 课堂实践

6.4.1 账户管理与权限管理

1．实践目的

（1）理解 MySQL 的权限系统的工作原理。

（2）理解 MySQL 账户及权限的概念。

（3）掌握管理 MySQL 账户和权限的方法。

（4）学会创建和删除普通用户的方法和密码管理的方法。

（5）学会如何进行权限管理。

2．实践内容和要求

（1）利用 Navicat 图形工具实现下述操作。

① 将使用 root 用户创建 aric 用户，初始密码设置为 abcdef。让该用户对 gradem 数据库拥有 SELECT、UPDATE 和 DROP 权限。

② 使用 root 用户将 aric 用户的密码修改为 123456。

③ 查看 aric 用户的权限。

④ 用 aric 用户登录，将其密码修改为 aaabbb，并查看自己的权限。

⑤ 利用 aric 用户来验证自己是否有 GRANT 权限和 CREATE 权限。

⑥ 用 root 用户登录，收回 aric 用户的删除权限。

⑦ 删除 aric 用户。

⑧ 修改 root 用户的密码。

（2）利用命令实现下述操作。

① 使用 root 用户创建 exam1 用户，初始密码设置为 123456。让该用户对所有数据库拥有 SELECT、CREATE、DROP、SUPER 和 GRANT 权限。

② 创建 exam2 用户，该用户没有初始密码。

③ 用 exam2 用户登录，将其密码设置为 000000。

④ 用 exam1 用户登录，为 exam2 用户设置 CREATE 和 DROP 权限。

⑤ 用 exam2 用户登录，验证其拥有的 CREATE 和 DROP 权限。

⑥ 用 root 用户登录，收回 exam1 用户和 exam2 用户的所有权限。

⑦ 删除 exam1 用户和 exam2 用户。

⑧ 修改 root 用户的密码。

6.4.2 数据库的备份与恢复

1．实践目的

（1）理解 MySQL 备份的基本概念。

（2）掌握各种备份数据库的方法。

（3）掌握如何从备份中恢复数据。

（4）掌握数据库迁移的方法。

（5）掌握表的导入与导出的方法。

2．实践内容和要求

首先在指定位置建立备份文件的存储文件夹，如 D:\mysqlbak。

（1）利用 Navicat 图形工具实现数据的备份与恢复。

① 对 gradem 数据库进行备份，备份文件名为 gradembak。

② 备份 gradem 数据库中的 student 表。备份文件存储在 D:\mysqlbak，文件名称为 studbak.txt。

③ 将原有的 gradem 数据库删除，然后将备份文件 gradembak 恢复为 gradem。

④ 将 gradem 数据库中的 student 表删除，然后将备份文件 studbak.txt 恢复到数据库中。

（2）使用命令进行数据的备份和恢复。

① 使用 mysqldump 命令备份 gradem 数据库，生成的 gbak.sql 文件存储在 D:\mysqlbak。

② 使用 mysqldump 命令备份 gradem 数据库中的 course 表和 sc 表，生成的 cs.sql 文件存储在 D:\mysqlbak。

③ 使用 mysqldump 命令同时备份两个数据库，具体数据库自定。

④ 将 gradem 数据库删除，分别使用 mysql 命令和 source 命令将 gradem 数据库的备份文件 gbak.sql 恢复到数据库中。

⑤ 将数据库中的 course 表和 sc 表删除，分别使用 mysql 命令和 source 命令将备份文件 cs.sql 恢复到 gradem 数据库中。

（3）表的导入与导出。

① 利用Navicat图形工具分别将gradem数据库中的student表导出为.txt文件、word文件、Excel文件和html文件。在导出.txt文件时，根据个人需求，设置不同的栏位分隔符、行分隔符及文本限定符，导出的文件存储在D:\mysqlbak。

② 利用Navicat图形工具将导出的student表的.txt文件和Excel文件导入到数据库gradem中，表名分别为stud1和stud2。

③ 利用 SELECT…INTOOUTFILE 命令导出 sc 表的记录。记录存储到 D:\mysqlbak\scbak.txt中。

④ 删除sc表中的所有记录，然后利用LOAD DATA INFILE命令将scbak.txt中的记录加载到sc表中。

⑤ 使用 mysqldump 命令将 gradem 数据库中的 teacher 表中的记录导出到文本文件teacherbak.txt，要求字段之间使用空格“ ”间隔，所有字符类型的字段值用单引号括起来，定义转义字符为星号“*”，每行记录以回车换行符“\r\n”结尾，文件存储在D:\mysqlbak中。

⑥ 删除gradem数据库中teacher表，然后使用mysqlimport命令将d:\bak\teacherbak.txt文件中的数据导入到gradem数据库中的teacher表中，字段之间使用逗号“,”间隔，所有字符型字段值用双引号括起来，定义转义字符为单引号“\'”。

⑦ 使用mysqldump命令和mysql将student表的记录导出到xml文件中，文件名分别为stud1.xml和stud2.xml。文件存放在D:\mysqlbak中。

6.4.3 MySQL日志的综合管理

1．实践目的

（1）理解MySQL日志的作用。

（2）掌握各种日志的设置、查看、删除的方法。

（3）掌握使用二进制日志还原数据的方法。

2．实践内容和要求

首先在指定位置建立日志文件的存储文件夹，如D:\mysql\log。

（1）二进制日志。

① 启动二进制日志功能，并且将二进制日志存储到D:\mysql\log中。

② 启动服务后，查看二进制日志。

③ 然后向gradem数据库中的student表中插入两条记录。

④ 暂停二进制日志功能，然后再次删除student表中的所有记录（注意做好备份工作）。

⑤ 重新开启二进制日志功能。

⑥ 使用二进制日志来恢复student表。

⑦ 删除二进制日志。

（2）错误日志、通用查询日志和慢查询日志。

① 将错误日志的位置设置为D:\mysql\log目录中。

② 开启通用查询日志，并设置该日志存储在D:\mysql\log目录中。

③ 开启慢查询日志，并设置该日志存储在D:\mysql\log目录中。

④ 查看错误日志、通用查询日志和慢查询日志。

⑤ 删除错误日志。

⑥ 删除通用查询日志和慢查询日志。

3．思考题

（1）mysqladmin 命令能不能修改普通用户的密码？为什么？

（2）创建用户的方法有哪几种？

（3）如何选择备份数据库的方法？

（4）mysqldump 命令使用的文件只能在 MySQL 中使用吗？

（5）平时应该开启哪些日志？

（6）如何使用二进制日志和慢查询日志？

6.5 课外拓展

操作内容及要求如下。

1．数据库的备份和还原

首先在指定位置建立备份文件的存储文件夹，如 D:\ GlobalToysbak。

（1）利用 Navicat 图形工具实现数据的备份与恢复。

① 对 GlobalToys 数据库进行备份，备份文件名为 GlobalToysbak。

② 备份 GlobalToys 数据库中的 Toys 表。备份文件存储在 D:\ GlobalToyslbak，文件名称为 Toysbak.txt。

③ 将原有的 GlobalToys 数据库删除，然后将备份文件 GlobalToysbak 恢复为 GlobalToys。

④ 将 GlobalToys 数据库中的 Toys 表删除，然后将备份文件 Toysbak.txt 恢复到数据库中。

（2）使用命令进行数据的备份和恢复。

① 使用 mysqldump 命令备份 GlobalToys 数据库，生成的 gbak.sql 文件存储在 D:\ GlobalToysbak。

② 使用 mysqldump 命令备份 GlobalToys 数据库中的 Toys 表和 Orders 表，生成的 bak.sql 文件存储在 D:\GlobalToysbak。

③ 将 GlobalToys 数据库删除，分别使用 mysql 命令和 source 命令将 GlobalToys 数据库的备份文件 gbak.sql 恢复到数据库中。

④ 将 GlobalToys 数据库中的 Toys 表和 Orders 表删除，分别使用 mysql 命令和 source 命令将备份文件 bak.sql 恢复到 GlobalToys 数据库中。

2．日志的综合管理

首先在指定位置建立日志文件的存储文件夹，如 D:\ GlobalToys\log。

（1）二进制日志。

① 启动二进制日志功能，并且将二进制日志存储到 D:\ GlobalToys\log 中。

② 启动服务后，查看二进制日志。

③ 然后向 GlobalToys 数据库中的 Toys 表中插入两条记录。

④ 暂停二进制日志功能，然后，再次删除 Toys 表中的所有记录(注意做好备份工作)。

⑤ 重新开启二进制日志功能。

⑥ 使用二进制日志来恢复 Toys 表。

（2）错误日志、通用查询日志和慢查询日志。

① 将错误日志的位置设置为 D:\ GlobalToys\log 目录中。

② 开启通用查询日志，并设置该日志存储在 D:\ GlobalToys\log 目录中。

③ 开启慢查询日志，并设置该日志存储在 D:\ GlobalToys\log 目录中。

④ 查看错误日志、通用查询日志和慢查询日志。

习题

1．选择题

（1）用户的身份由（　　）来决定。

A．用户的 IP 地址和主机名　　B．用户使用的用户名和密码

C．用户的 IP 地址和使用的用户名　　D．用户用于连接的主机名和使用的用户名

（2）收到用户的访问请示后，MySQL 最先在（　　）表中检查用户的权限。

A．HOST　　B．USER　　C．DB　　D．PRIV

（3）要想移除账户，应使用（　　）语句。

A．DELETE USER　　B．DROP USER

C．DELETE PRIV　　D．DROP PRIV

（4）（　　）中提供了执行 mysqldump 之后对数据库的更改进行复制所需要的信息。

A．二进制日志文件　　B．MySQL 数据库

C．MySQL 配置文件　　D．BIN 数据库

（5）使用 SELECT 将表中数据导出到文件，可以使用哪一子句？（　　）

A．TO FILE　　B．INTO FILE

C．OUTTO FILE　　D．INTO OUTFILE

（6）以下哪个表不用于 MySQL 的权限管理？（　　）

A．HOST　　B．DB　　C．COLUMNS_PRIV　　D．MANAGER

（7）（　　）备份是在某一次完全备份的基础上，只备份其后数据的变化。

A．比较　　D．检查　　C．增量　　D．二次

2．填空题

（1）MySQL 的权限表共有 6 个，分别是________、________、________、________、________和________。

（2）MySQL 的访问控制分为两个阶段，分别是________和________。

（3）在 MySQL 中，授权使用________命令，收回权限使用________命令。

3．简答题

（1）什么是数据库的安全性？

（2）MySQL 的请求核实阶段的过程是什么。

（3）使用 GRANT 语句授予用户权限时，可以分为哪些层级？

（4）MySQL 的日志有哪几类？作用分别是什么？

（5）简述备份数据库的重要性。

（6）在 MySQL 中备份数据库的方法分为哪几类？用简单的语言描述这些方法。

（7）试说明在命令行中输入密码的方式及其优缺点。

参考文献

[1] 王珊，萨师煊. 数据库系统概论[M]. 4版. 北京：高等教育出版社，2006.

[2] 郭盈发，张红娟. 数据库原理[M]. 2版. 西安：西安电子科技大学出版社，2002.

[3] [英]Robin Dewson. SQL Server 2008 基础教程[M]. 董明译. 北京：人民邮电出版社，2009.

[4] 崔群法，祝红涛，赵喜来. SQL Server 2008 从入门到精通[M]. 北京：电子工业出版社，2009.

[5] 马桂婷，武洪萍. 数据库原理及应用（SQL Server 2008 版）[M]. 北京：北京大学出版社，2010.

[6] 黄缙华. MySQL 入门很简单[M]. 北京：清华大学出版社，2011.

[7] 施伯乐，丁宝康，汪卫. 数据库系统教程[M]. 2 版. 北京：科海电子出版社，2003.

[8] 刘增杰，张少军. MySQL 5.5 从零开始学[M]. 北京：清华大学出版社，2009.

[9] [美] Ramez Elmasri. 数据库系统基础[M]. 3 版. 邵佩英译. 北京：人民邮电出版社，2002.

[10] [美] Raghu Ramakrishnan. 数据库管理系统[M]. 2 版. 周立柱译. 北京：清华大学出版社，2002.

[11] 徐洁磐. 现代数据库系统教程[M]. 北京：北京希望电子出版社，2003.

[12] [美] Vikram Vaswani. MySQL 完全手册[M]. 徐少青等译. 北京：电子工业出版社，2005.

[13] 高海茹. MySQL 网络数据库技术精粹[M]. 北京：机械工业出版社，2002.

[14] 吴津津，田睿，李云，刘昊. PHP 与 MySQL 权威指南[M]. 北京：机械工业出版社，2011.